렉처 사이언스

KAOS

01

기원
the Origin

KNOWLEDGE AWAKENING ON STAGE

렉처 사이언스 KAOS 01
기원 the Origin

기획
재단법인 카오스

■ 이 책은 2015년 3월 25일부터 6월 4일까지 총 10회에 걸친 '2015 봄 카오스 강연 The Origin(기원)'을 책으로 만든 것입니다.

렉처 사이언스
KAOS
01

기원
the Origin

우리는 어디에서 왔고
어디로 가는가

재단법인 카오스

기획

김희준 박성래 박형주 배철현 우종학
이현숙 이홍규 최덕근 최재천 홍성욱

지음

Humanist

멈추지 마라, 질문을. 그리고 과학으로 저항하라!

아인슈타인은 이렇게 말했다. "가장 중요한 것은 질문을 멈추지 않는 것이다." 우리는 이 말이 과학의 정신을 드러내고 있다고 생각한다. 지금 이 책을 읽는 당신, 질문하라, 질문하라, 끊임없이 질문하라.

재단법인 카오스는 2014년 말 '과학 · 지식 · 나눔'을 모토로 강연, 지식콘서트, 출판 등을 통해 과학지식을 대중에게 보다 쉽고 재미있게 전달하기 위해 만들어졌다. 아홉 명의 석학으로 이루어진 과학위원회는 다양한 활동을 기획하고 자문하는 일을 하는데, 6개월 단위로 과학 주제를 선정하고 그 주제에 맞는 10회의 강연을 기획한다.
  2015년 1월 카오스 과학위원회가 발족한 뒤 선정한 첫 주제는 '기원, The Origin' 이다. 기원은 인간의 가장 근원적인 질문이자 과학의 가장 큰 질문을 담고 있기에 카오스 강연 대장정의 첫 주제로 이견 없이 선정되었다.

> **우리는 어디에서 왔는가? 우리는 누구인가? 우리는 어디로 가는가?**
> ─폴 고갱

이 책은 기원에 대한 열 개의 강의로 구성되어 있으며, 각 강의는 우리나라 최고 석학들의 이야기로 채워졌다. 1강은 '우주의 기원'으로 138억 년 전 빅뱅에서 지금의 우주가 탄생한 과정, 그리고 그 모든 것을 우리가 어떻게 알게 되었는지를 들려준다. 2강에서는 빅뱅에서 어떻게 물질이 만들어졌으며 어떻게 '가장 이상한 물질'인 생명으로 이어졌는지가 한 편의 서사시처럼 펼쳐진다. 지구는 어떻게 생겼고 또 달은 어떻게 생겨났을까? 우리의 푸른 행성 지구의 기원에 대한 궁금증을 풀고 난 다음에는 미지의 세계인 '생명의 기원'에 관한 이야기를 들려준다. 5강은 '암의 기원'인데 독자들은 이 주제가 너무 구체적이어서 생뚱맞다고 생각할 수도 있을 것이다. 하지만 암의 기원은 생명의 본질과 직접적인 관계가 있으며, 진화와 유전, 세포의 이야기를 담고 있다.
  후반부에는 과학과 인류학의 결합도 기다리고 있다. '현생인류와 한민족의 기원' 에서는 우리 한민족의 기원에 대한 질문을 던진다. 민족의 기원을 찾는 문제는 과학적일 수 있을까? 과학만의 기원을 좇기 아쉽다면 7강에서는 '종교와 예술의 기원'을 찾아 어두운 동굴의 세계로 내려간다. 8강 '문명과 수학의 기원'은 수학의 본질에 대해 말한다. '추상과 실용의 변증법적 결과'란 대체 무슨 뜻일까? '과학과 기술의 기원'을 다룬 9강에 이어 '한국 과학기술의 기원'이 마지막을 장식한다. 한국 과학기술의 기원은 언제로 잡아야 할까. 고려 말이나 세종 시대를 떠올린 사람들이라면 다소 실망할 듯하다. 10강에서는 한국 과학기술의 기원이 1966년이라고 말한다. 그해에는 무슨 일이 일어났던 걸까?

강연이 끝나고 1년 만에 책이 나왔다. 카오스 강연의 첫 책이니만큼 기울인 정성과 노력이 남달랐으리라. '기원'이라는 엄청난 주제는 쉽게 끝낼 수 있는 이야기가 아니기 때문에 이 책의 출간과 함께 기원에 관한 질문이 다시 이어지는 계기가 되었으면 한다.

　이 책의 출간을 위해 많은 사람이 애써주었다. 먼저, 강연에 선뜻 참가하고 책의 내용을 감수해준 열 명 강연자의 노고에 감사의 마음을 전한다. 그리고 과학책의 출간에 열정을 보내준 휴머니스트 출판사에도 감사드린다.

카오스재단은 우리가 진행하는 운동들이 단발적인 과학운동이 아닌, 지속적 과학문화운동이 되기를 바란다. 그러기 위해서는 과학을 사랑하는 사람들의 '동맹'이 필요하다. 이 책이 이러한 과학문화운동에 '합리적 회의주의'로 무장한 많은 사람의 관심과 참여를 촉진하는 계기가 되기를 기대해본다. 이 책을 읽은 당신이 질문을 멈추지 않기를, 그리고 과학으로 저항하기를 바라며.

모든 문화의 압제에 저항하는 자유로운 영혼들의 동맹, 그것이 과학이다.
— 프리먼 다이슨

카오스 과학위원회

KAOS

현대 과학의 잠재력은 과학을 사용하는 사람에 따라 천사의 얼굴과 악마의 얼굴로 바뀔 수 있습니다. 과학의 사용은 결국 사회의 결정에 맡겨지며, 선거를 통해 대표를 선출하듯 과학에 대해 무지해서는 그 정책을 현명하게 결정할 수 없습니다.

과학, 지식, 나눔. KAOS는 무대 위에서 깨어나는 지식(Knowledge Awakening On Stage)을 뜻하는 약자로, 과학을 쉽고 재미있게 전달하고자 노력하는 집단입니다. 과학은 알려져야 하고, 우리는 소통해야 합니다. 우리는 과학이 세상에 도움을 줄 수 있고, 과학적 사고가 세상을 바꿀 수 있다고 믿습니다. 그렇기 때문에 과학에 관한 심도 있는 지식을 강연, 지식콘서트, 책을 통해 대중과 소통하고, 인문학, 사회과학, 예술 등 다양한 분야와 교류하고자 합니다.

the ORIGIN

우주는 어떻게 태어났을까? 인간은 어디에서 왔을까? 지구는 어떻게 만들어졌을까? 과학에 관심이 없더라도 누구나 한번쯤은 우주나 생명의 시작에 대해 궁금할 것입니다.

우주는 빅뱅에서 시작되었고, 물질은 138억 년 전에 만들어졌으며, 지구는 45억 년 전에 태어났습니다. 인류는 언제부터 문명을 만들었고, 인류 역사상 가장 오래된 수학과 예술은 언제부터 시작되었을까요? 인간은 암을 극복하고 영원한 삶을 꿈꿀 수 있을까요?

인류가 던져온 수많은 질문 중 그 처음이자 시작을 나타내는 기원(the Origin). 우주, 물질, 지구에서 생명과 문명, 예술, 과학까지 그 기원이 이야기하는 신비롭고 아름다운 세계로 여러분을 초대합니다.

contents

1강

우주의 기원

경이로운 세계 우주,
그 시작을 찾아서

— 우종학

18

2강

물질의 기원

사실 우리는 138억 년 전에
태어난 겁니다

— 김희준

56

3강

지구의 기원
45억 년 전에 일어난 일

— 최덕근

4강

생명의 기원
우연한 일들의 집합이
생명을 탄생시키다

— 최재천

5강

암의 기원
답은 유전자에 있다

— 이현숙

92

122

154

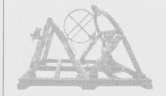

기원

gin

우주의 기원

경이로운 세계 우주,
그 시작을 찾아서

우종학

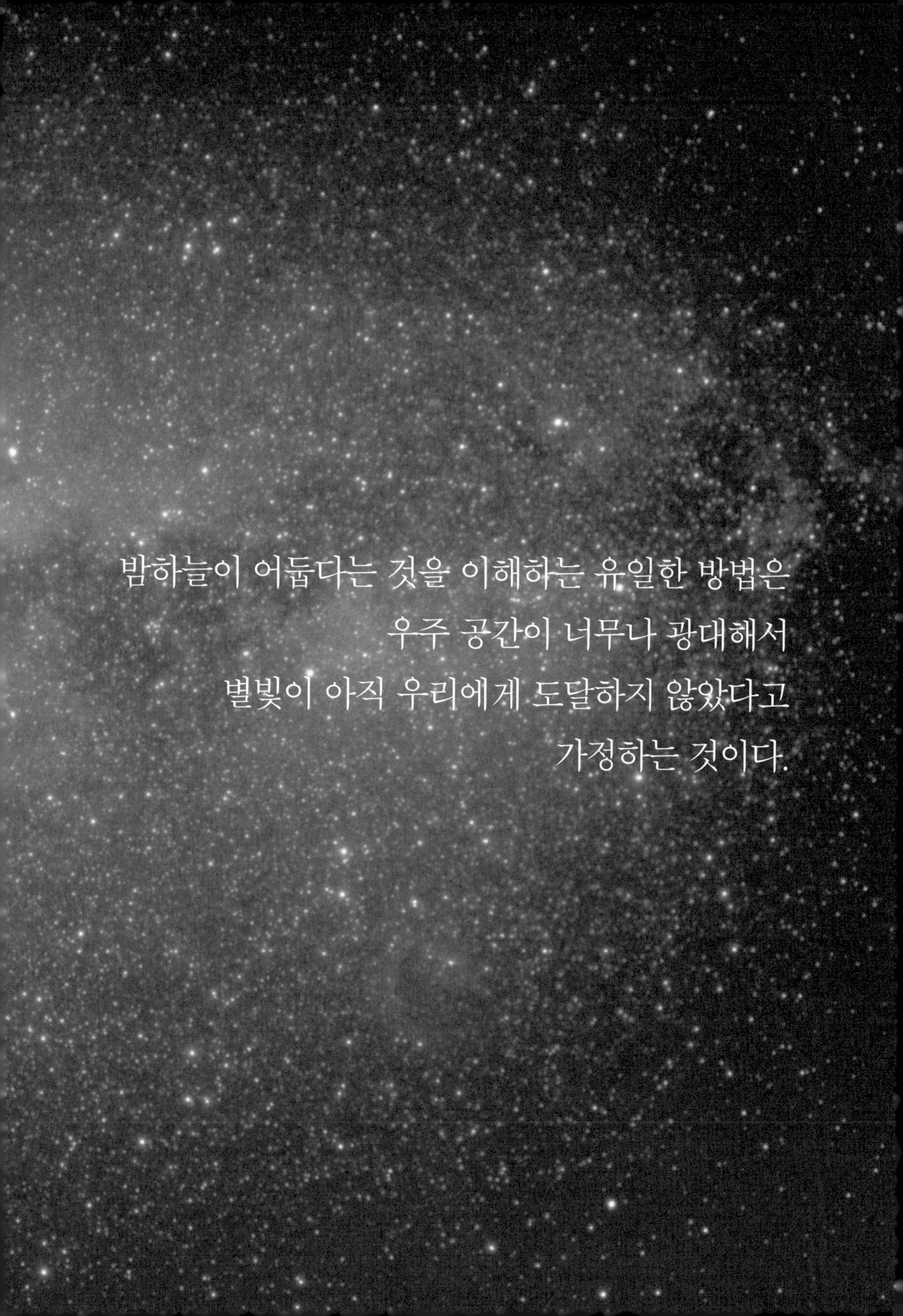

밤하늘이 어둡다는 것을 이해하는 유일한 방법은
우주 공간이 너무나 광대해서
별빛이 아직 우리에게 도달하지 않았다고
가정하는 것이다.

우종학

서울대학교 물리천문학부 교수로 우주에서 가장 흥미로운 대상이라 할 수 있는 블랙홀 주변의 물리현상과 은하의 진화 등의 주제로 왕성하게 연구하고 있다. 연세대학교 및 동 대학원에서 천문학을 전공했고 예일 대학교에서 블랙홀의 진화 연구로 박사학위를 받았다. 산타바바라 소재 캘리포니아 대학교 및 UCLA에서 연구원으로 근무했으며, 미국 항공우주국(NASA)에서 젊은 과학자에게 수여하는 '허블 펠로십'을 수상했다. 과학대중화에 깊은 관심을 갖고 다양한 강연과 저술 활동을 하고 있다. 저서로는《블랙홀 교향곡》,《무신론기자, 크리스천 과학자에게 따지다》등이 있으며 옮긴 책으로는《쿼크, 카오스, 기독교》,《현대 과학과 기독교의 논쟁》,《우주의 본질》(공역) 등이 있다.

The Origin

우리가 살고 있는 우주는 굉장히 경이로운 세상입니다. 다채로운 현상을 보여주며 우리에게 손짓하죠. 우리는 마치 요람에서 잠자고 있는 아기와 같이 막 태어난 별들이 우주 한편을 수놓은 모습을 목격하기도 합니다. 또 수많은 별이 모여 사는 공동체인 별의 성단을 연구하거나 파란 눈동자처럼 보이는 행성상 성운을 통해 태양의 미래가 어떻게 될지 예측하기도 합니다. 우리 선조들은 밤하늘에 보이지 않던 새로운 별이 나타났다고 해서 '초신성超新星'이라고 불렀지만, 사실 이 장관은 별이 태어나는 모습이 아니라 별이 죽어가는 장례식의 모습입니다.

> **초신성**
태양처럼 나이가 적고 질량이 작은 별들은 죽음을 맞이하면서 별의 내부가 우주 공간으로 흘러져나가 눈동자와 같은 장관을 연출한다. 반면에 태양보다 질량이 큰 별은 진화하는 마지막 단계로 급격한 폭발과 함께 엄청나게 밝아진 뒤 사라지는 역동적인 죽음을 맞이한다. 초신성이 바로 그것이다.

우주의 기원에 대한 질문은 인류가 던져온 수많은 질문 가운데 가장 큰 질문일 것입니다. 우주에는 수많은 별과 다채로운 현상이 있는데, 도대체 이 우주는 언제, 어떻게 시작되었고 현재의 이런 아름다운 모습으로 되기까지 어떤 일들이 있었을까요? 지금 이 자리에서 우주의 의미나 존재 이유, 우주에는 초월자가 있는가 같은 질문을 모두 다룰 수는 없습니다. 그것보다는 과학이라는 이름으로 우주는 어떻게 생성되었고, 어떻게 현재의 모습으로 변화되어왔는지, 우주의 현상 뒤에 있는 물리적 원인과 물리법칙 들은 무엇인지를 주로 다루겠습니다.

이 강의에서는 우리가 살고 있는 우주의 시공간이 과연 어떠한 곳이며 어떻게 팽창하고 있는지를 먼저 살펴보겠습니다. 두 번째로는 우주의 기원과 관련해서 빅뱅우주론이 무엇인지 알아보고, 마지막으로 우주의 거대한 구조를 형성하고 있는 거시구조가 어떻게 생성되었는가를 이야기해보겠습니다.

우주의 시공간

여기, 지구에서 보면 굉장히 많은 별이 빽빽하게 밤하늘을 수놓고 있죠. 별과 별 사이의 공간을 영어로 '인터스텔라interstella'라고 부르는데요, 인터스텔라 공간의 크기는 우리의 상상을 초월할 정도로 광활합니다.

우주에서 가장 빠른 빛의 속도로 달릴 수 있는 우주선을 타고 여행을 한다면 지구에서부터 달까지 가는 데 1초 정도가 걸립니다. 태양까지는 10분 정도면 되죠. 지구에서 태양계 끝까지 여행하는 데에는 대여섯 시간이면 충분합니다. 그러나 빛의 속도로 태양에서 가장 가까운 별까지 간다고 해도 4년 이상의 시간이 소요됩니다. 그래서 밤하늘에 보이는 별들은 빛의 속도로 수백 년 혹은 수천 년이 걸리는 거대한 공간을 차지하고 있는 것입니다.

인간의 눈에 보이는 별의 세계 너머에도 수많은 별이 있습니다. 지금 우리은하 안에는 태양처럼 밝게 빛나는 2000억 개가량의 별이 중력으로 묶여 거대한 나선구조를 띠면서 우리은하라는 하나의 소우주를 이루고 있습니다. 태양은 우리은하의 중심에서 빛의 속도로 2만 5000년 정도를 가야 하는 변두리에 위치하죠. 우리 눈에 보이는 밤하늘의 수많은 별 대부분은 이 태양 근처에 위치하고 있습니다. 빛의 속도로 우리은하를 가로지르려면 10만 년 이상의 시간이 걸리는데, 과연 그 바깥에도 우주가 있을 것인가가 20세기 초 천문학의 중요한 질문 중 하나였습니다.

은하는 우주 전체를 구성하는 가장 기본적인 단위입니다. 우주를 집에 비유한다면 은하는 집을 구성하는 벽돌 하나에 해당합니다. 막대형의 은하나 여러 은하가 그룹을 이루는 등 은하의 모습은 다양하며, 은하 하나에는 수십, 수백, 수천억 개 단위의 별이 있습니다. 그 별들 중에 많은 숫자가 아마도 태양처럼 행성을 거느리고 있는 외계행성계일 것입니다. 그리고 또 수많은 가스가 있어서 이 가스를 통해 수많은 별이 만들어지고 은하가 진화해나가는 과정을 우리가 공부하는 것이죠.

가을철이 되면 은하수 밑으로 다양한 별자리가 있고, 우리은하에 있는 다양한 별을 볼 수 있습니다. 그런데 이 별들 사이로 구름처럼 보이는 안드로메다성운Andromeda nebula을 볼 수가 있죠. 허블우주망원

1-1
허블우주망원경으로 관측한
우리은하

경으로 안드로메다은하Andromeda galaxy를 관측하면 약 1억 개 정도의 별들을 하나하나 낱개로 분해할 수 있습니다. 앞의 사진은 허블우주망원경으로 관측한 우리은하의 중심입니다.[1-1] 빨갛게 보이는 별들은 태양 정도거나 태양보다 나이가 많은 별들이고, 파랗게 보이는 별들은 막 태어난 젊은 별들이에요. 나이가 많은 별들 사이 인터스텔라 공간에서 새로운 별들이 태어나서 나이가 많고, 나이가 젊은 두 별들의 종족이 섞여서 우리은하를 이루고 있는 모습을 볼 수 있습니다.

우리은하에서 빛의 속도로 250만 년을 가면 안드로메다은하와 왜소은하dwarf galaxy가 있습니다. 안드로메다은하에는 우리은하보다 두 배 정도 많은 약 4000억 개의 별이 존재합니다. 아주 작은 크기의 왜소은하는 안드로메다 위쪽과 아래쪽 주변을 돌고 있습니다. 제가 어릴 때 본 만화에는 안드로메다은하에 오로라 공주가 살고 있었는데, 지금은 안드로메다의 뜻이 바뀌어 다른 의미로 사용되는 것 같습니다. 혹시 지금 안드로메다에 가 계신 분이 있다면 빨리 지구로 돌아오시길 바랍니다!

자, 그렇다면 여기서 굉장히 재미있는 사진 하나를 생각해봅시다. 우주의 거시세계로 나가면, 시간과 공간이 하나로 연결되는 것을 볼 수가 있습니다. 여러분이 지금 스마트폰을 꺼내서 안드로메다은하에 있는 오로라 공주의 사진을 '찰칵' 하고 찍었다면 여러분은 언제적 모습을 보는 걸까요? 250만 년 전의 모습을 보는 것입니다. 빛이 우리한테 오는 데 걸리는 시간이 250만 년이기 때문이죠. 그래서 여러분이 아리따운 오로라 공주의 모습을 찍었다고 하더라도 안타깝게도 그녀는 이미 죽은 상태일 것입니다.

천문학에서는 멀면 멀수록 빛이 우리한테 오는 데 시간이 더 많이 걸리기 때문에 결국 멀리 보면 멀리 볼수록 과거의 모습을 보게 되는 것이죠. 그래서 멀리 보면 우주 초기의 모습까지 볼 수 있게 되고, 우리는 100억 광년 이상의 거리를 보면서 100억 년 전 우주의 초기 모습을 직접 관측하고 그것을 통해 우주가 어떻게 변해왔는지를 연구할 수 있는 것입니다.

우리가 좀 더 깊이 우주 끝까지 들여다볼 수도 있습니다. 허블우주망원경으로 밤하늘의 별들이 없는 빈 공간을 지향해서 약 50일 정도 노출을 주고 사진을 찍으면 거의 우주 끝에 있는 은하들까지 영상에 담기게 됩니다. 다음 쪽에 있는 사진은 허블 익스트림딥필드Hubble Extreme Deep Field라고 하는데요, 보름달 크기의 50분의 1 정도 되는 아주 작은 공간을 찍은 것입니다.[1-2] 이 안에 약 5,500개의 은하들이 담겨 있는 것이죠. 사진에 보이는 하얀 점 하나하나가 별이 아니라 10억, 100억, 1000억 개의 별을 거느리고 있는 은하입니다.

재미있는 사실은 좀 불그스름한 노란색으로 보이는 덩치가 큰 은하가 있고, 푸르스름하고 하얗게 보이는 아주 작은 은하도 있다는 겁니다. 그 이유는 지금 우리가 2차원 평면으로 시간의 파노라마를 보고 있기 때문입니다. 크기가 큰 은하들은 가까이 있기 때문에 현재의 모습, 나이가 많은 별들이 주로 붉은색을 내기 때문에 붉게 보입니다. 크기가 아주 작은 은하들은 멀리 있기 때문에 빛이 우리에게 오는 데까지 그만큼 시간이 오래 걸립니다. 100억 년 전, 50억 년 전 젊은 은하의 모습을 보기 때문에 색깔이 다른 것이죠. 이 사진 한 장으로 굉장히 많은 연구가 진행되고 있습니다. 이렇게 허블우주망원경 같은 관측 시설을 통해 현재부터 과거까지 다양한 은하의 형태와 우주의 진화를 공부할 수 있습니다.

1-2 익스트림딥필드는 보름달 크기의 50분의 1 정도 되는 아주 작은 공간을 찍은 사진이다. 이 안에 5,500개 정도의 은하가 있다.

광활한 우주

밤하늘의 아주 작은 영역을 깊이 관측해서 연구할 수도 있지만, 아주 넓은 영역을 연구해서 3차원 우주의 구조가 어떻게 생겼는지 연구할 수도 있습니다. 〈매핑더유니버스Mapping the Universe〉라는 영상은 슬론Sloan 재단에서 많은 연구비를 들여 프린스턴 대학교를 중심으로 10년 정도 연구해 나온 결과물입니다. 은하 각각의 사진을 찍고 거리를 측정해서 3차원적으로 어떻게 분포되어 있는지를 보여주는 영상이죠. 여기에는 약 56만 개의 은하와 7~8만 개 정도의 퀘이사quasar 들의 실제 사진이 담겨 있습니다.

별의 운동과 종족에 따라 다양한 색깔과 크기, 형태를 가진 은하가 존재합니다. 지구에서 멀어질수록 일정한 밝기 이상의 은하들만 관측되기 때문에 은하의 숫자가 좀 줄어드는 것처럼 보입니다. 그러나 실제로 그렇지는 않죠. 우리를 중심으로 약 60만~70만 개의 수많은 은하가 3차원의 거대한 필라멘트 구조나 거미줄 같은 구조를 이루고 있습니다.

우리가 100억 광년 이상 아주 멀리가면, 별이 아직 태어나지도 않고 은하가 아직 만들어지지도 않은 과거의 시점까지 볼 수 있습니다. 거기에서 나온 빛이 소위 우주배경복사라는 우주가 막 생긴 빅뱅 직후에 나왔던 전자기파인데, 우주 전체에서 관측됩니다. 지구를 중심으로 놓고 가까이에는 아주 역동적으로 은하들이 펼쳐지는 현재의 우주 모습을 볼 수 있고, 우주의 끝까지 보면 우주가 막 태어났을 때의 우주배경복사 등을 볼 수 있는 것이죠. 남반구에서 실시되었던 2dF라고 하는 탐사의 경우 5억, 10억, 15억 광년의 거리에 따라 은하들이 어떻게 분포하는지를 보여줍니다.

우주 안에는 태양처럼 빛나는 별이 1000억 개 정도 있는 은하가 약 1000억 개 있습니다. 우주는 100억 광년 이상의 아주 광활한 크기입니다. 이런 우주를 보면서 우리의 삶을 다시 한 번 생각해볼 수 있을 것입니다. 여러분의 우주는 얼마나 큰가요? 집과 직장을 왔다 갔다 하면서 아주 작은 우주에서 살고 있는지도 모르죠. 그러나 비록 지구라는 아주 작은 행성에서 살고 있지만, 우리 지성의 품 안에 우주를 품고 인식의 틀 안에 우주를 담아낸다면 비로소 우주의 일부, 우주의 시민이 되는 것이 아닐까 생각해봅니다.

우주의 팽창

지난 100년 동안 과학은 굉장히 많이 발전했습니다. 과학이 발전하면서 수많은 발견이 이루어졌죠. 그중 가장 위대한 발견을 손꼽으라고 한다면 저는 우주가 팽창한다는 사실의 발견이 그중 하나일 것이라고 생각합니다. '우주가 팽창한다'는 이야기는 에드윈 허블Edwin Hubble이라는 미국 천문학자의 이야기에서 시작되죠. 최근에는 벨기에의 신부였던 조르주 르메트르Georges Lemaître의 업적도 재조명되고 있습니다. 허블은 우리 동네 은하들을 연구했는데, 안드로메다를 비롯해 여러 은하들의 거리를 측정했습니다. 그 전에는 거리 측정을 할 수 없었는데, 세페이드 변광성Cepheid variable이라고 하는 특별한 종류의 별을 연구해서 거리를 측정할 수 있게 되었죠.[1-3] 그래서 안드로메다 은하가 우리은하 내에 있는 은하가 아니라 훨씬 더 먼 거리에 있는 우리은하 밖에 있는 외부은하라는 것을 알게 되었죠.

허블은 거리 측정만이 아니라 은하들의 운동도 연구했습니다. 그랬더니 은하들이 멀어진다는 재미있는 사실을 발견하게 됩니다. 더 재

1-3
세페이드 변광성

미있는 것은 가까이 있는 은하에 비해 멀리 있는 은하가 더 빠른 속도
로 멀어진다는 것입니다. 예를 들어, 거리가 300만 광년 떨어져 있는
은하의 경우에는 초속 400킬로미터 정도의 속도로 멀어지고 있습니
다. 그런데 두 배 멀리 떨어져 있는 약 600만 광년 거리에 있는 은하
의 경우에는 그보다 두 배 빠른 초속 800킬로미터의 속도로 멀어진다
는 것을 허블이 알아냈습니다. 다시 이야기하면, 거리가 멀면 멀수록
은하들이 멀어지는 속도가 일정하게 비례해서 빨라진다는 것입니다.
우리는 이것을 '허블의 법칙Hubble's law'이라고 부릅니다.

풍선 위에 점을 찍어 놓고 풍선을 불면 풍선이 점점 커집니다. 이때
풍선이 커질수록 풍선 위의 점과 점 사이의 거리가 멀어지겠죠? 이것

이 바로 우주 공간이 팽창할수록 은하들이 멀어진다고 하는 것을 알려주는 관측적 사실이었습니다. 우리가 A라고 하는 점에 앉아 있으면 가까이 있는 C라고 하는 점보다 더 멀리 있는 D라고 하는 점이 주어진 시간 동안 멀어지는 거리가 더 커지게 됩니다. 그것은 결국 멀어지는 속도가 빠르다는 이야기가 되는 것이죠. 허블의 법칙이라고 하는 것은 은하들까지의 거리가 멀면 멀수록 그 은하가 우리로부터 멀어지는 속도가 비례해서 빨라진다는 것입니다. 그 결과 은하와 은하 사이의 공간이 일률적으로 늘어나고 있으며 우주가 팽창하고 있다는 결론에 도달하게 된 것이죠.

은하들까지의 거리는 세페이드 변광성을 통해 측정했는데, 은하들의 속도, 은하들의 운동은 어떻게 연구했을까요? 이것은 도플러 효과 Doppler effect를 통해서 은하 내에 있는 별들에서 관측되는 별의 흡수선들을 이용해 관측합니다. 은하가 정지했을 때와 은하가 우리 쪽으로 가까이 왔을 때 혹은 멀어질 때 그 은하의 운동에 따라 관측되는 빛의 파장은 변하게 됩니다.

신호등을 기다리고 있을 때 구급차가 지나가면 우에엥~ 하고 소리가 커지고 음이 높아지는 것을 경험했을 겁니다. 그러다가 구급차가 멀어지면 다시 소리가 낮게 떨어지죠. 칼슘이라는 원소는 두 개의 특별한 파장의 빛을 냅니다. 만약에 은하가 가까이 오면 이 두 개의 흡수선이 약간 파란색 쪽으로 움직입니다. 반대로 은하가 멀어지면 약간 붉은 쪽으로 움직이죠. 우리는 이것을 적색편이red shift, 赤色偏移라고 부르는데요. 얼마만큼 이 흡수선들의 파장이 변했는가, 즉 적색편이를 했는가를 측정해 정확하게 은하가 얼마만큼 빠른 속도로 운동하는가를 잴 수 있습니다. 자, 이러한 측정을 통해서 우리는 허블의 법칙을 90년 전에 허블이 했던 것보다 훨씬 더 정밀하게 측정하고 있습니다.

지금은 5억~10억 광년의 거리까지 세페이드 변광성이 아니라 초신성들을 이용해서 거리를 측정하고, 후퇴 속도를 측정해서 허블의 법칙을 아주 정밀하게 증명하고 있습니다. 그래서 이 기울기는 속도v와 거리d인데 이 상수 값에 해당하는 것이 기울기죠. 그 기울기가 바로 우주가 팽창하는 우주 팽창 속도입니다. 허블상수라고 부르기도 하죠. 현재는 메가퍼세크Mpc 당 대략 300만 광년 당 초속 70킬로미터 정도 속도로 우주가 팽창한다고 알려져 있습니다.

　'우주가 팽창한다'는 것은 우주가 점점 커진다는 것입니다. 거꾸로 말하면 과거에는 우주가 더 작았다는 것이죠. 그렇다면 시간을 점점 과거로 돌린다면 결국엔 우주가 매우 작았던 어떤 출발점, 시작점이 있을 것이라는 암시를 줍니다. 이를 통해 과학자들이 우주의 나이를 측정할 수 있는 것이지요. 예를 들어서 현재 우주가 얼마나 큰지, 현재 우주가 얼마나 빠른 속도로 팽창하고 있는지를 알면, 과거의 어느 시점에서부터 팽창해서 현재까지 왔는지, 즉 우주의 나이를 측정할 수 있습니다.

　물론 우주가 팽창하는 속도는 일정하지 않고, 시간에 따라서 변합니다. 그렇기 때문에 우주의 크기가 변하는 속도와 가속도를 포함한 미분방정식 두 개를 풀어야 하는 겁니다. 우리 우주 안에 은하가 1000억 개 있다면, 은하들은 중력에 의해서 서로 끌어당기기 때문에 각각의 중력이 우주의 팽창을 상쇄하는 역할을 합니다. 그래서 은하의 총질량과 현재 우주의 크기, 그리고 현재 우주의 팽창률도 알아야 하죠. 그런 것들을 통해서 미분방정식으로 상당히 깨끗하게 우주의 나이를 구할 수 있습니다. 현재 우주는 138억 년이 되었다고 알려져 있습니다. 138억 년 전에 아주 작았던 우주가 점점 팽창해 현재 100억 광년이 넘는 광활한, 아주 광대한 크기에 이르렀다는 것이 우리가 이해하는 우주의 역사입니다.

밤하늘은 왜 어두운가

과학이 발전하면서 우주의 장대한 역사가 인류의 눈앞에 하나하나 드러나고 있습니다. 그중 우리의 지성에 가장 큰 도전 과제는 아마도 빅뱅우주론big-bang cosmology일 겁니다. 빅뱅우주론은 우주가 팽창한다는 관측적 사실에서 출발해 우주가 무한히 오래된 것이 아니라 일정 정도 유한한 시간의 크기를 갖는다는 것을 알려주었죠. ^{Q1}

빅뱅우주론은 사실 매우 간단한 질문, '밤하늘은 왜 어두운가?' 라는 질문에서 출발합니다. 해가 졌으니까, 밤이 되었으니까 어둡지 않느냐고 반문하실지도 모르겠는데요, 이 간단한 질문이 뉴턴과 케플러를 비롯한 수많은 과학자를 괴롭혔습니다. 밤하늘이 어두운 게 왜 문제가 되는 걸까요?

뉴턴은 만유인력의 법칙, 중력을 하나의 법칙으로 제시했죠. 자기력—자석에는 인력과 척력이 있죠.—과 달리 중력의 경우에는 끌어당기는 인력밖에 없습니다. 그래서 만일 우주가 무한하지 않고 유한

Q1 :: 빅뱅우주론에 반대되는 또 다른 가설은 없을까요?

우주 팽창이 발견된 이후 1960~1970년대에는 영국의 천문학자 프레드 호일Fred Hoyle 등이 제시한 정상우주론steady-state universe이 빅뱅우주론의 경쟁 이론이었습니다. 빅뱅우주론을 반대한 이 이론은 우주 팽창하면서 끊임없이 새로운 물질이 창조되고 만들어진다는 이론이었습니다. 하지만 정상우주론에는 우주배경복사를 설명할 수 없다는 단점이 있었습니다. 반면에 빅뱅우주론은 우주가 작았다가 팽창하는 것이기 때문에 우주배경복사를 설명할 수 있었죠. 이 외에도 다양한 증거를 통해 정상우주론의 설득력이 떨어져 이미 폐기되었습니다. 1992년에 코비 위성을 쏘아 올리면서 빅뱅우주론은 확실하게 정설로 자리 잡게 됩니다. 프레드 호일은 빅뱅우주론을 비판하면서 "아니, 그 처음에 대폭발이 뻥big-bang! 하고 터졌다니 말도 안 돼."라고 라디오 방송에서 이야기했는데요, 그때 비꼬았던 말이 빅뱅우주론의 이름으로 자리 잡게 되었습니다.

하다면, 우주 내에 있는 은하들이 서로 끌어당겨서 결국엔 한 점으로 수축해 붕괴되지 않겠느냐라는 우려가 생길 수밖에 없죠. 지금 여러분이 앉아 있는 이 강당을 유한한 크기의 우주라 하고 여러분 한 사람 한 사람이 은하라고 한다면, 은하와 은하 사이에 끌어당기는 힘이 작용해서 결국에는 여러분이 분포하고 있는 중심, 우주의 중심으로 은하들이 모두 뭉쳐서 우주가 붕괴하고 말 것이라는 예측을 해볼 수 있습니다.

우주가 그렇게 한 점으로 붕괴할 수도 있다는 우려에 대해 뉴턴은 '우주는 아마도 무한히 클 것이다(무한히 크다면 중심이 없을 테니까요.).'라고 생각을 했습니다. 그런데 이렇게 유한한 우주가 아닌 무한한 우주로 가정한 뉴턴의 생각을 쭉 따라가다 보면, 굉장히 심각한 딜레마에 부딪히게 됩니다. 그것을 '올베르스의 역설Olbers' paradox'이라고 합니다.

■ **올베르스의 역설**

우주가 무한하고, 정적이고, 균일할 때

—모든 시선 방향에는 별이 존재한다.

—그렇다면 밤하늘은 낮처럼 밝아야 한다.

—그러나 실제 밤하늘은 어둡다.

여기에서 우주가 정적이라는 이야기는 줄어들거나 늘어나거나 팽창하지 않는다는 것이고, 균일하다는 것은 은하들이 어느 정도 일률적으로 퍼져 있다는 것입니다. 물론 그 당시에는 은하라는 개념이 없었으니까 별로 대체했습니다.

쉽게 정리해보죠. 나무가 빽빽하게 들어차 있는 숲에서는 하늘을 볼 수가 없습니다. 나무가 하늘을 가리기 때문입니다. 마찬가지로 만약 우주가 무한하다면 지구에서 어느 방향으로 보든 결국엔 그 방향마다 무한한 별이 있으니까 결국엔 별과 마주치겠죠. 그래서 밤하늘은 일정 정도의 밝기로 아주 밝게 빛나야 한다는 결론에 도달하게 됩니다. 그러나 실제로 밤하늘은 어둡기 때문에 역설이 되는 것이죠.

이 문제를 해결하려는 여러 제안이 있었는데 그중 상당히 의미심장한 것이 추리소설가이자 시인이었던 에드거 앨런 포Edgar Allan Poe의 "광대한 거리, 불충분한 시간"이라는 설명입니다. 에드거 앨런 포는 상당히 과학적인 내용들을 시 안에 담은 것으로 유명합니다. 포의 산문시 〈유레카Eureka〉 중 한 부분을 옮겨 봤습니다.

> 별들이 끝없이 이어져 있다면 밤하늘은 마치 은하를 보듯 일정한 밝기로 보일 것이다. 왜냐하면 밤하늘의 어느 방향을 보더라도 별이 없는 곳이 없을 테니까. 그러므로 실제로 밤하늘에 별이 없는 빈 영역이 수없이 많다는 것(다시 말하면 밤하늘이 어둡다는 것—저자 주)을 이해하는 유일한 방법은 우주 공간의 거리가 너무나 광대해서 별빛이 아직 우리에게 도달하지 않았다고 가정하는 수밖에 없다.

무슨 말이냐 하면, 우주가 무한히 크더라도 광대한 거리탓에 별빛이 우리한테 오는 데 시간이 너무 오래 걸리니까, 그 많은 별을 다 볼 수 없다는 것이죠.

윌리엄 톰슨 켈빈Lord Kelvin, William Thomson이라는 과학자도 비슷한 말을 했습니다. "무한한 공간, 유한한 나이." 우주 공간이 무한하더라도 우주 나이가 유한하면 별빛이 가장 멀리 갈 수 있는 거리는 우주의 나이에 해당하는 거리라는 것입니다. 만약 우주의 나이가 100만 살이라면 100만 년 동안 빛이 날아가는 거리까지만 우리가 볼 수 있고 이 거리 너머에 있는 별은 우리가 볼 수 없는 것이죠. 왜냐하면 아직 우리한테 그 별빛이 도착하지 않은 것이니까요. 우주의 나이에 해당하는 시간보다 더 먼 거리에 있는 것이니까요. 결국 우리는 유한한 숫자의 별만 볼 수 있기 때문에 올베르스의 역설은 해결된다는 것입니다.

현대 천문학의 성과로 이 문제를 조명해보면, 관측 가능한 우주의 크기를 표현할 수 있습니다. 빛은 우주의 나이 138억 년에 해당하는 시간만큼만 날아갈 수 있죠. 그렇기 때문에 138억 광년까지를 우주의 지평선이라고 할 수 있습니다. 이 지평선 너머에 있는 은하들은 관측 불가능한 것이죠. 우리한테 오는 데 138억 년, 우주의 나이보다 더 긴 시간이 걸리기 때문이에요. 반면에 우주의 지평선 안에 있는 은하들은 관측이 가능합니다. 그래서 이것을 우리가 관측 가능한 우주의 크기라고 부르는 것이죠.

재미있는 사실은 빛이 우주의 나이에 해당하는 138억 년을 날아오는 동안 우주가 더 팽창한다는 것이죠. 그래서 빛이 날아온 그 시점은 더 커지게 됩니다. 가령, 현재 138억 년을 날아온 그 지점은 138억 년 동안 빛이 날아오는 동안에 우주가 팽창하기 때문에 실제로는 지금 현재 시점으로 보면 세 배 정도 더 먼, 약 464억 광년의 거리에 있게 되는 것이죠. 현재 시점에서 우리가 볼 수 있는 우주의 크기는 464억 광년 정도입니다. 결국 허블의 우주 팽창에서 우주의 나이가 유한하다는 것을 통해 올베르스의 역설은 해결되는 것이죠.

관측 가능한 우주의 크기는 일정 정도 한계가 있기 때문에 우리가 무한한 숫자의 별을 볼 수 있는 것은 아닙니다. 물론 별빛이 날아오는 동안 도플러 효과 때문에 빛이 약해지고 적색으로 이동하는 문제도 있고, 별의 수명도 있기 때문에 무한한 숫자의 별을 볼 수 있는 것은 아닙니다. 몇 가지 설명이 있지만, 그중 '우리가 볼 수 있는 우주의 크기는 유한하다'는 사실이 가장 중요합니다.

빅뱅우주론의 탄생과 우주배경복사

빅뱅우주론은 우주 팽창의 발견을 통해서 시작되었지만, 사실은 알베르트 아인슈타인Albert Einstein의 이론에서부터 예측될 수 있었습니다. 아인슈타인은 1915~1916년경에 일반상대성이론을 만들죠. 일반상대성이론은 중력이론입니다. 뉴턴의 중력이론을 더 완성시킨 것이라고 생각하면 됩니다. 이 중력이론을 우주에 적용하면, 우주가 수축하거나 팽창하는 동적인 우주를 예측해볼 수 있죠. 그런데 아인슈타인은 우주가 수축하거나 팽창하면 안 될 거라고 생각했어요. 우주가 정적으로 있어야 한다고 생각한 아인슈타인은 우주의 중력, 수축할 수 있는 우주의 중력을 상쇄하는 하나의 상수 값을 자기의 방정식에 집어넣었어요. 이것을 "우주상수cosmological constant"라고 부릅니다. 이 우주상수를 집어넣으면 중력과 균형을 이루어서 우주가 정적인 상태로 유지됩니다.

그러나 얼마 지나지 않아서 허블은 관측적인 사실을 통해 은하들이 멀어지고 우주가 팽창한다는 사실을 발견하게 되었습니다. 이에 아인슈타인은 우주 팽창을 인정하면서 우주상수를 방정식에 집어넣었던 일을 큰 실수라고 인정하게 됩니다. 그래서 우주 팽창은 1920년대 허블의 발견 이후에 빠른 시간 내에 과학계에서 받아들여집니다.

그러나 본격적으로 빅뱅우주론이 발전하게 되는 계기는 1960년대에 우주배경복사가 발견되면서부터라고 할 수 있습니다. 그 주역은 전파천문학을 연구했던 아노 펜지어스Arno Allan Penzias와 로버트 윌슨 Robert Woodrow Wilson입니다. 이들은 우리은하 내에 있는 수소들을 전파 망원경으로 연구했는데요, 연구를 하다 보니까 굉장히 이상한 잡음이 계속 망원경에 잡혔습니다. 처음에는 이 잡음의 정체를 몰라 다 양한 방법으로 잡음을 없애려고 했죠. 심지어 전 파망원경 위에 비둘기가 와서 똥을 싸 고 갔는데, 그것 때문에 잡음이 생기는 게 아닌가 해서 배 설물을 치우고 비둘기 가 날아오지 못하게 총을 쏴서 쫓아 보 냈다는 일화도 전 해집니다. 어쨌거 나 온갖 노력을 다 했음에도 이 잡음은 없어지지 않았습니다. 이 잡음은 우주의 모든 방향에서 매우 균일하게 오고 있었죠.

　프린스턴 대학교에서는 이미 이러한 잡음을 찾으려는 연구를 하고 있었습니다. 소련의 과학자 조지 가 모프George Gamow는 일반상대성이론을 통해 우주가 매우 작은 상태에 서 팽창할 때, 처음으로 빛이 물질과 분리되면서 우주 초기의 빛이 나 왔을 것이라고 예측했습니다. 사실 그때 예측했던 그 빛을 바로 펜지 어스와 윌슨이 아주 우연하게 발견한 것이죠.

　이것을 '우주배경복사cosmic microwave background radiation'라고 합니다.

1-4
우주배경복사의 지도

여기서 마이크로웨이브microwave는 전자레인지에서 나오는 전자기파와 비슷합니다. 그런 전자기파가 우주의 모든 방향에서 일정하게 오고 있는 것이죠. 물론 지구상에서도 전자기파가 나오기 때문에 우주배경복사를 제대로 연구하려면 우주 공간으로 나가서 연구를 해야 합니다. NASA는 1990년대에 코비cobe라고 하는 위성을 쏘아 올려 우주배경복사를 자세히 연구했습니다. 그랬더니 우주 끝에서 오는 절대온도 2.7도에 해당하는 열복사가 우주의 전 방향에서 아주 균일하게, 등방성 있게 관측되죠. 왼쪽의 사진이 우주배경복사의 지도입니다.[1-4] 파랗게 보이는 부분과 초록색으로 보이는 부분은 온도 차이가 약간 나는데, 10만분의 1 정도밖에 차이가 나지 않습니다. 0.001퍼센트 정도로 아주 균일한, 2.7도의 우주배경복사가 바로 빅뱅우주론의 아주 강력한 증거가 됩니다.

물론 그 이후로도 다양한 연구가 이루어지고 있습니다. 최근에 발표된 플랑크 위성의 결과를 보면, 코비 위성의 지도보다 훨씬 해상도가 좋은 모양을 보여주고 있죠. 등방성을 가지고 있고, 균일하지만 약간의 온도 차이가 있습니다. 이 온도 차이는 우주의 밀도 차이를 보여주는 것인데요. 밀도가 약간 높은 지역과 약간 낮은 지역, 이것이 바로 우주의 거시구조를 이루는 하나의 밑거름이 되어서 나중에 우주의 구조를 만드는 역할을 하게 됩니다.

빅뱅우주론을 정리해보죠. 약 138억 년 전에 어떤 대폭발을 통해서 매우 작았던 우주가 팽창하기 시작합니다. 이 우주는 아주 빠르게 팽창하다가 전자가 양성자와 합쳐지면서 처음으로 빛이 나오게 되고, 우주 나이 약 38만 년에 우주배경복사가 나오게 됩니다. 그다음에는 빛을 내는 소스가 아무것도 없는 암흑시대가 되었다가 우주의 나이 4억 년 정도 되면 드디어 처음으로 별들이 만들어집니다. 그다음에 블랙홀이 만들어지고, 은하들이 만들어지죠. 현재 우주로 오면 슬로언 탐사에서 100만 개 정도의 은하를 관찰할 수 있는데요, 아주 드라마틱하고 역동적이며 다채로운 은하의 세계로 우주가 변하는 과정을 엿볼 수 있습니다.

빅뱅 이전

이제 여러분이 가장 궁금해하는 것에 대해 이야기하겠습니다. 빅뱅이 일어나기 전에는 어땠을까? 빅뱅 이전에는 무엇이 있었을까? 이런 질문은 과학자들을 상당히 곤혹스럽게 합니다.

빅뱅이 일어나는 시점을 특이점 singularity이라고 부릅니다. 사과를 두세 조각으로 나누는 것은 이해가 되지만, 사과를 0조각으로 나눈다는 것은 개념이 잘 성립하지 않죠? 빅뱅이 일어나는 시점은 수학적·물리학적으로 기술하기 어려운 만큼이나 답하기도 상당히 어렵습니다. 물론 우주가 매우 작았을 것이기 때문에 양자역학의 지배를 받게 돼서 어떤 진공에너지 같은 압력을 통해 우주가 팽창하기 시작했다는 다양한 이론적 아이디어가 있습니다. 그러나 이 아이디어들은 사실은 수학적·이론적인 모델에 가깝고 아직 엄밀하게 완성되었다고 보기는 어렵습니다. 그 외에도 다중우주multiverse나 M이론M-theory 등 다양한 이론이 있습니다.

천문학에서는 특히 경험적인 증거, 관측적인 증거가 굉장히 중요합니다. 관측적인 증거를 통해 어떤 이론이 맞는지 틀리는지를 변별할 수 있어야 그 이론은 정설로 자리 잡게 됩니다. 빅뱅 이전이라고 하는 것은 관측이 불가능한 영역입니다. 38만 년 전, 이전 단계에 대해서는 어떤 데이터도 얻을 수 없기 때문에 연구하기가 굉장히 어렵습니다. 일반상대성이론과 양자역학이 통합되는 그날이 오지 않는 이상은 플랑크시간Planck time보다 작은, 우주의 나이가 아주 아주 어렸을 때, 빅뱅의 시점을 연구하기는 무척 어렵습니다.

OX퀴즈로 풀어보는 우주 팽창

자, 여러분 우주 팽창에 대해 잘 이해하셨습니까? 제가 OX퀴즈를 내보겠습니다. 우주 팽창에 대한 다음 설명이 옳은지 틀린지를 맞춰보시면 됩니다.

먼저, 폭탄이 터질 때 파편이 퍼져나가는 것처럼 은하들도 퍼져나갈까요, 아닐까요? 폭탄의 경우에는 이미 공간이 존재하죠. 공간이 이미 존재하고 폭탄이 터지면서 파편들이 퍼져나갑니다. 여기에서도 허블의 법칙과 비슷한 것을 볼 수는 있습니다. 그런데 실제로 우주의 팽창은 이렇게 공간이 주어진 상태에서 은하들이 퍼져 나가는 것이 아니라 공간 자체가 이렇게 늘어나는 것입니다. 어떤 면에서는 은하가 움직이는 것이 아니라 공간 자체가 늘어난다고 이해하시면 좋겠습니다.[1-5]

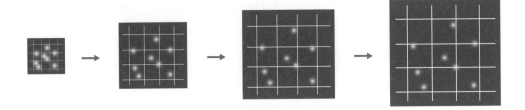

1-5
우주의 팽창은 공간 자체가
늘어나는 것이다.

하나 더 해보겠습니다. 우주가 팽창하면 은하의 크기는 팽창할까요, 아닐까요? 우주가 팽창하면서 은하의 크기가 팽창하면 별과 별사이의 공간, 즉 인터스텔라 공간은 팽창합니다. 태양계의 크기도 팽창하죠. 지구의 크기는? 여러분의 얼굴의 크기는? 얼굴이 팽창을 하면 걱정을 해야 될까요? 걱정할 필요가 없습니다. 내 친구 얼굴도 같이 커지니까요(웃음). 모든 것이 팽창한다고 하면 그 크기를 재는 자도 커지게 됩니다. 커진다는 것의 의미가 없어지게 되죠. 실제 우주에서는 이렇게 시간이 흐르면서 공간이 팽창합니다. 공간이 팽창해서 은하와 은하 사이의 거리는 멀어지는데, 은하 내부에는 1000억 개나 되는 별들이 중력에 묶여 있기 때문에 스케일이 작은 곳에서는 중력의 힘이 우주의 팽창하는 힘보다 압도적으로 커요. 그래서 은하의 크기는 커지지 않습니다. 여러분의 얼굴도 커지지 않으니까 걱정하지 않으셔도 됩니다.[1-6]

또 하나 더! 우주는 한 점을 중심으로 팽창한다. 맞을까요, 틀릴까요? 우주는 우리를 중심으로 봤을 때, 가까이 있는 은하보다 멀리 있는 은하가 더 빠르게 후퇴하는 양상을 보이지만, 다른 은하에서 보면, 그 은하에 가까이 있는 은하보다 멀리 있는 은하가 더 빠르게 팽창하게 됩니다. 이것은 여러분이 풍선에 점을 찍어놓고 불어보면 충분히 이해할 수 있습니다. 결국 우주에는 중심이 없다는 것이죠. 그래서 우리은하에서 보면 우리은하 주변으로 은하들이 멀어지지만, 다른 은하

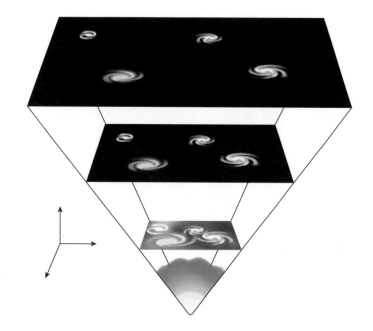

1-6
우주가 팽창해도 은하 자체가
커지지는 않는다.

에서 봐도 동일한 현상이 일어난다는 것을 쉽게 이해할 수 있을 것입니다.

경계 없는 우주

그럼 도대체 우리가 살고 있는 3차원의 시공간은 어떠한 기하학을 가지고 있을까요? 편평할까요, 휘어 있을까요? 자, 여기에서 제가 설명하고 싶은 것은 우주에는 경계가 없고, 중심도 없다는 것입니다. 우주가 팽창하면, 우주 경계 밖에는 무엇이 있나요? 이런 질문을 받곤 하는데, 우주에는 밖이 없습니다. 우주에는 경계가 없어요.^{Q2} 그리고 우주에는 중심도 없습니다.

이것을 이해하는 가장 쉬운 방법 중 하나가 3차원의 공간을 2차원으로 낮춰서 보는 거예요. 우리가 개미가 되었다고 가정하고 2차원만 움직여봅시다. 만약에 구가 있고, 구의 표면이 개미가 살고 있는 우주라고 한다면, 이 우주는, 휘어져 있는 우주죠? 이 우주는 개미가 아무리 걸어 다녀도 자기가 사는 우주의 끝, 경계를 만날 수 없습니다. 그러나 유한하죠. 무한히 큰 우주는 아니에요. 개미가 살고 있는 우주는 유한하지만 중심이나 경계가 없습니다. 그래서 우리가 유클리드 기하학을 넘어서 리만 기하학이나 다른 기하학들을 사용하다 보면, 머릿속으로는 상상하기가 어렵지만, 3차원의 공간도 유한하지만 경계가 없고 중심이 없는 공간이 충분히 가능합니다.

　자, 그래서 우리가 살고 있는 우주는 과연 어떤 곳인가요? 우리가 알고 있는 사실은 관측 가능한 우주의 크기는 138억 광년, 빛의 속도로 138억 년을 날아가는 거리의 시공간이라는 것이죠. 둘째로 우리가 알고 있는 것은 우주가 편평하다는 겁니다. 편평하다는 것은 우리가 일상적으로 쓰는 개념과는 좀 다른데요. 평행선을 그릴 수 있으면 편평한 것입니다. 그렇죠? 지구의 표면에서는 평행선을 그릴 수가 없죠. 지구의 표면에서는 두 개의 선을 그리면 서로 만납니다. 아, 그러나

Q2 :: 우주의 경계란 무엇일까요?

우주 경계의 문제는 좀 어려운 개념입니다. 우주 공간이 유한하면, 어떤 더 큰 공간 안에 우주가 들어 있다고 생각하기가 쉽습니다. 그러면 우주 밖은 무엇인가 하고 생각할 수가 있는데요, 수학적인 개념으로 봤을 때 밖이라는 곳은 존재하지 않습니다. 그래서 우주의 공간은 존재하는 전부예요. 밖이 아예 없는 것이죠.

시간도 마찬가지입니다. 138억 년 전을 보면, 그때부터 시간이 시작돼 138억 년이 흐른 것입니다. 그러면 빅뱅 이전은 무엇이냐고 한다면 어떤 의미에서는 138억 년 전이 없는 것이죠. 138억 년이 시간과 공간이 시작되는 시점으로 그렇게 생각할 수 있습니다.

빅뱅 이전의 공간 혹은 빅뱅우주론에서 다루는 공간 밖의 어떤 다른 차원의 공간이 있지 않겠나 하는 생각도 해볼 수가 있습니다. 다중우주론 같은 것들이 그런 접근일 텐데요. 우리가 볼 수 있는 우리 우주를 전체로 볼 것인지, 아니면 과학적인 탐구나 관측적인 증거를 얻기가 어려운 우리 우주 밖의 세계를 인정할 것인지는 철학적인 문제인 것 같습니다. 많은 이론 물리학자가 우리 우주 밖에 대한 연구를 하고 있지만, 경험적인 증거를 중요하게 여기는 사람들은 소설 같은 이야기라고 생각하기도 합니다.

1
우주 공간은 편평하고
무한하다(종이).

2
우주 공간은 편평하고
유한하다(토러스).

3
우주 공간은 곡률이 있고
유한하다(구).

1-7
우주의 세 가지 모델

편평한 우주에서는 평행선을 그릴 수 있어요. 그래서 세 가지 모델이 가능합니다.[1-7]

　하나는 편평한데 무한히 큰 우주를 생각해볼 수 있습니다. 예를 들어 A4 용지가 무한히 펼쳐져 있다면, 이러한 우주 공간은 편평하면서 무한한 크기죠. 두 번째로 편평하지만 유한한 크기를 갖는 우주를 생각해볼 수 있어요. 이 경우에는 도너츠 같은 토러스의 모양이 있으면, 표면적만 생각하는 겁니다. 2차원으로 한 차원 내린 것이니까요. 이런 토러스의 표면에서는 선 두 개를 그으면 만나지 않고 평행선을 그을 수가 있습니다. 그 이야기는 편평하다는 뜻이죠. 그러나 토러스의 표면적은 유한합니다. 일정하죠. 그러니까 편평하면서 유한한 우주를 생각해볼 수 있습니다. 우리 우주가 편평하다는 것은 알고 있는데 이렇게 무한한 공간인지, 유한한 공간인지는 아직 잘 모르고 있습니다.

　마지막으로 개미가 살던 곳을 구의 표면이라고 생각해볼 수 있어요. 이 경우에는 편평하지는 않죠. 휘어 있습니다. 곡률이 있고 유한하죠. 이것은 우리가 관측 가능한 138억 년 광년의 우주 안에서는 편평하지만 실제 우주가 그것보다 훨씬 더 크다면 사실 우주가 휘어져 있고, 우리는 휜 공간에서 굉장히 작은 영역에서 편평한 것처럼 그렇게 잴 수 있는 것이죠. 예를 들면, 지구는 곡률이 있지만 우리가 서울에서 살다 보면 서울은 편평한 것 같잖아요? 비슷하게 이럴 가능성도 있습니다. 과학자들은 토러스 모양의 우주 혹은 구형의 우주가 우리가 살고 있는 우주의 모습일 거라고 생각하지만 아직은 확실하게 모르는 것이죠.

우주의 거시구조: 암흑물질의 발견

100억 년의 시간 동안, 우주가 점점 팽창하는 기간 동안 우주의 내부, 우주의 공간 안에서는 거대한 거시구조가 만들어집니다. 우리가 슬로언 탐사와 2dF 탐사에서 본 것과 같이 1000억 개 단위의 별로 구성된 은하들이 거대한 필라멘트 구조를 이루는 이 거시구조는 바로 중력이 암흑물질들을 지휘해서 만들어낸 작품이라고 할 수 있습니다.

우주 안에는 세 가지 정도의 에너지 물질이 있다고 생각해볼 수 있습니다. 첫째 우리가 잘 아는 수소나 헬륨 같은 보통 물질이 약 5퍼센트 정도를 차지합니다. 반면에 우리 눈에 보이지 않는, 전지기파를 내지 않는 암흑물질이라고 하는 것이 한 27퍼센트를 차지하고, 물질이 아닌 에너지 형태이지만 아직 그 정체가 밝혀지지 않은 암흑에너지dark energy가 68퍼센트 정도를 차지하고 있습니다. 그래서 우주 전체에서 우리가 잘 아는 것은 5퍼센트밖에 없는 셈이죠.

암흑물질은 1930년대에 프리츠 츠비키Fritz Zwicky라는 천문학자가 처음 제시했습니다. 츠비키가 100개

> **암흑물질과 암흑에너지**
암흑물질의 경우 중력장을 계산할 수 있습니다. 그래서 은하의 회전속도를 가지고 정확하게 질량이 얼마인지를 측정할 수가 있고, 우주 전체에 암흑물질이 약 30퍼센트 정도 차지한다고 하는 것이 정략적으로 측정된 것이죠. 그래서 중력을 통해서 정확하게 측정할 수 있고요. 그러나 그 양이 암흑에너지는 68퍼센트고 암흑물질은 27퍼센트가 되기 때문에 암흑물질이 암흑에너지에 비해서는 훨씬 더 작은 힘이라는 것은 이미 알려져 있습니다.

암흑에너지의 정체는 천체물리학을 하는 사람들을 당황하게 하는 질문입니다. 우리가 아는 것은 현재 우주의 팽창 속도가 느려지지 않고 가속되고 있다는 것입니다. 그 이유는 우주를 팽창하게 만드는 압력이 중력보다 훨씬 더 우월하게 작용하기 때문입니다. 그러나 암흑에너지가 과연 무엇인지 밝히는 것은 21세기 천문학의 가장 큰 숙제입니다. 암흑에너지의 정체에 대해서는 처음 빅뱅이 생겼을 때 양자역학의 지배를 받는 진공의 에너지로 해석하기도 합니다만, 아직까지는 명확한 설명을 하기 어렵습니다. 이 부분에 대해서는 최소한 몇 십년의 연구가 이루어져야 답을 얻을 수 있을 것입니다.

단위의 은하가 모여 있는 은하단을 봤더니, 은하단 내의 은하들이 상대 속도가 초속 1,000킬로미터에 이를 정도로 굉장히 빠르게 운동했습니다. 그래서 그는 '이 은하들을 은하단 내의 중력으로 묶기 위해서는 은하단 내에 보이지 않는 질량이 굉장히 많을 것이다. 보이는 질량보다 보이지 않는 질량이 많을 것이다'라고 예측했죠. 당시에는 암흑물질이라는 말을 사용하지는 않았고, 미싱 매스missing mass, 즉 잃어버린 질량이라고 했습니다. 그러나 츠비키의 연구는 무시되었고, 이 잃어버린 질량에 대한 연구는 이루어지지 않았습니다.

그러다가 베라 루빈Vera Rubin이라는 여성 천문학자가 우리은하 내에 가스의 회전 운동을 연구하면서 주목받기 시작했죠. 루빈은 우리은하 중심에서부터 바깥쪽으로 별들이 어떻게 운동하는지를 알아봤더니, 가스의 속도가 줄어들지 않고, 일정하고 편평하게 유지된다는 굉장히 놀라운 관측적인 사실을 발견했습니다. 그것은 우리은하 바깥쪽에 굉장히 큰 중력장을 내는 보이지 않는 물질들이 있다는 것이었죠. 이것들이 암흑물질이라고 불리게 되었고, 50년 이상 연구가 진행되면서 이제는 암흑물질이 거의 정설로 설득력 있게 자리 잡고 있습니다.

우리은하의 별들은 대부분 중심에 모여 있습니다. 그래서 중심에서 점점 멀어질수록 별이나 가스가 회전하는 속도가 감소할 것으로 예측이 됩니다. 우리 태양계도 그렇죠? 태양계의 대부분 질량을 태양이 가지고 있기 때문에 행성들의 회전 속도가 거리의 제곱비로 작아지게 됩니다.

실제로 관측을 해보면, 태양의 회전 속도가 초속 200킬로미터 정도 됩니다. 바깥쪽의 별들도 대부분 200킬로미터 정도로 속도가 별로 줄어들지 않아요. 그 이야기는 별이나 가스가 빠르게 운동하게 만드는 강한 중력을 내는 뭔가가 은하의 바깥쪽에 분포하고 있다는 것을 보여줍니다. 물론 다른 은하들도 마찬가지예요. 네 개의 사례를 보죠. 나선은하 네 개를 연구해 보면, 은하 중심으로부터 10만 광년, 15만 광년, 20만 광년 거리에 따라 속도가 일정합니다. 한 은하의 경우에는 회전 속도가 조금 더 높지만 거의 일정합니다. 이 이야기는 나선은하들 바깥쪽에 빛을 내지 않는, 그래서 보이지는 않는 아주 강한 중력을 가진 암흑물질이 있다는 이야기입니다.

우리 눈에 보이는 물질이 허블우주망원경으로 사진을 찍으면 나타나는 정도라면, 아마 바깥쪽에는 약 5~10배 정도 많은 암흑물질이 있을 것으로 추정하고 있습니다. 물론 이 암흑물질은 직접 보이지 않기 때문에 중력의 영향을 통해서만 연구할 수 있는 것이죠. 저는 암흑물질의 존재 여부에 대한 질문을 많이 받는데요, 그 증거는 중력렌즈를 통해서도 확인할 수 있습니다.

멀리서 오는 빛은 질량이 큰 은하와 은하단을 지날 때 마치 돋보기를 통과하듯 휘어집니다. 중력렌즈gravitational lens는 이때 볼록렌즈처럼 작용해 굴절된 빛을 통해 중력의 유무를 관측합니다. 이는 아인슈타인의 일반상대성이론에서부터 예측된 것으로, 츠비키는 암흑물질 때문에 은하단 자체가 중력렌즈로 작용할 것이라고 예측했습니다. 그러다가 1979년에 퀘이사가―원래는 하나로 보여야 하는데―똑같은 두 개의 형태로 보이는 것이 관측되면서 중력렌즈 현상이 확증된 것이죠.

가령, 먼 우주에서 오는 빛은 지구로 직선으로 옵니다. 그런데 중간에 질량이 큰 은하단이 있으면 직선으로 가야할 빛이 휘어서 들어오게 돼요. 우리가 은하단의 사진을 찍으면 많은 은하가 찍히는데, 그중 길게 늘어진 것을 볼 수 있어요. 바로 은하단보다 훨씬 더 멀리 있는 은하가 휘어서, 찢겨져 호를 이루고 있는 모습으로 관측되는 것입니

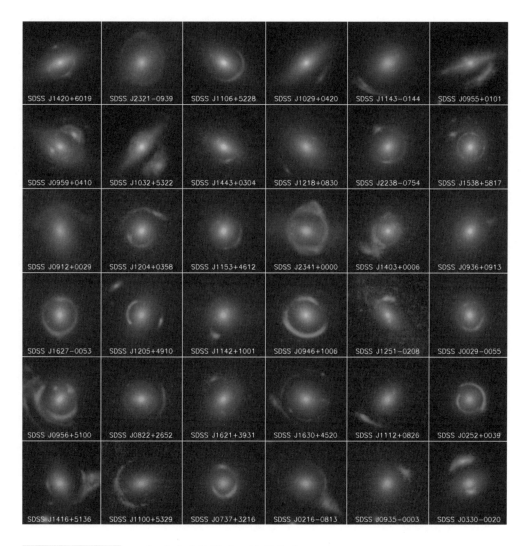

SDSS J1420+6019	SDSS J2321-0939	SDSS J1106+5228	SDSS J1029+0420	SDSS J1143-0144	SDSS J0955+0101
SDSS J0959+0410	SDSS J1032+5322	SDSS J1443+0304	SDSS J1218+0830	SDSS J2238-0754	SDSS J1538+5817
SDSS J0912+0029	SDSS J1204+0358	SDSS J1153+4612	SDSS J2341+0000	SDSS J1403+0006	SDSS J0936+0913
SDSS J1627-0053	SDSS J1205+4910	SDSS J1142+1001	SDSS J0946+1006	SDSS J1251-0208	SDSS J0029-0055
SDSS J0956+5100	SDSS J0822+2652	SDSS J1621+3931	SDSS J1630+4520	SDSS J1112+0826	SDSS J0252+0039
SDSS J1416+5136	SDSS J1100+5329	SDSS J0737+3216	SDSS J0216-0813	SDSS J0935-0003	SDSS J0330-0020

1-8

다양한 중력렌즈 현상

다. 이것이 중력렌즈의 현상이죠.

중력렌즈 현상은 다양하게 나타납니다.[1-8] 사진에서 노랗게 보이는 은하는 아주 질량이 큰 타원은하들입니다. 이 타원은하들이 굉장히 멀리 있는 퀘이사, 파란색 빛을 내는 퀘이사의 빛을 휘어서 동그랗게 아인슈타인 링을 만들거나 두 개로 만들기도 하고, 또 하나의 점으로 보이기도 하면서 다양한 형태를 만듭니다. 빛을 내는 소스와 중력렌즈와 우리의 시선 방향이 일직선이 되면 아주 동그란 원을 만들게 되고, 약간 빗나가면 다양한 형태로 관측되는 것이죠.

결국 은하단을 연구해보면 이 은하단이 렌즈로 작용해서 아주 멀리 있는 은하의 빛이 휘게 됩니다. 그래서 렌즈에 얼마만큼 빛이 휘었는지를 계산하면 얼마만큼의 질량이 은하단 내에 있는지를 상당히 정확하게 알 수 있습니다. 그렇게 계산을 해보면, 질량이 꽤나 큽니다. 또 이 은하단 내에 보이는 은하들을 다 세어서 그 빛의 양을 가지고 질량을 측정할 수 있습니다. 그 두 개를 비교해보면 중력렌즈를 일으키기 위한 질량이 열 배 정도 더 많이 필요해요. 많이 부족한 것이죠. 그 이야기는 이 은하단 내에는 빛을 내지 않는 보이지 않는 암흑물질이 굉장히 많다는 것을 뜻합니다.

이런 증거들을 통해 현대 천문학에서는 암흑물질이 존재할 거라고 거의 확신하고 있습니다. 물론 소수의 천문학자들은 여전히 그 존재를 인정하지 않고, 뉴턴 역학을 수정해서 이 다양한 현상을 설명하려고 합니다. 이를 수정 뉴턴 역학, 줄여서 먼드Modified Newtonian Dynamics, MOND라고 부르는데요, 아직까지는 암흑물질을 인정하는 것이 대세입니다.

거시구조의 진화: 중력이 지휘하다

우주가 팽창하는 동안 우주 내부에서는 수많은 암흑물질이 중력의 지휘 아래 서로 하나씩 뭉쳐져 거시구조를 이루게 됩니다. 슈퍼컴퓨터 내에 암흑물질 덩어리를 집어넣고, 중력을 집어넣고, 우리가 아는 물리법칙을 다 집어넣으면 100억 년 동안의 변화 과정을 볼 수 있어요. 초기 조건은 물론 38만 년 그 당시 우주의 모습입니다.[1-9] 아주 완

1-9
슈퍼컴퓨터로 측정한
초기 우주의 변화 상태

벽하게 균일하지는 않죠. 약간의 비등방성이 있는데, 이 조건들을 집어넣어서 슈퍼컴퓨터로 돌리면, 우주의 나이가 2.1억 년이었을 때는 암흑물질이 상당히 균일하게 퍼져 있다가 10억 년이 되면 좀 더 뭉칩니다. 중력은 인력만 작용하게 되니까요. 47억 년이 되면 빈공간이 많이 생겨나게 되고, 빈익빈 부익부 현상처럼 은하들이 모이는 곳은 더욱더 밀도가 높아지게 됩니다. 현재 우주로 오면 이렇게 필라멘트 구조들이 만들어지는데, 필라멘트들이 만나는 곳은 우주에서 밀도가 가장 높은 영역으로 되는 것이죠. 이 안에서는 1,000개 단위의 은하가 한꺼번에 모여 있는 초은하단 같은 것이 만들어집니다.

밀레니엄 시뮬레이션은 막스플랑크 연구소에서 100억 개 정도의 암흑물질 덩어리를 슈퍼컴퓨터 안에 집어넣어서 연구한 결과들입니다.[1-10] 그 결과를 보면, 우주 전체 크기의 10~20퍼센트 정도를 우리가 본다고 생각할 수 있는데, 현재 우주 속으로 점점 들어가보면 은하들이 거의 존재하지 않는 보이드void와 필라멘트들이 뭉쳐지는 밀도가 아주 높은 영역을 볼 수 있습니다. 그림에서 보이는 색깔은 온도를 나타냅니다. 검게 표시된 것들이 밀도와 온도가 매우 낮은 곳이고, 밝게 나타나는 영역들이 온도가 매우 높은 곳입니다. 작은 덩어리 하나하나는 암흑물질 덩어리로, 이 암흑물질 덩어리 안에서 우리가 아는 보통 물질들이 뭉쳐지면서 별들이 탄생하고 은하들이 만들어집니다.

우주의 나이 2.1억 년

작은 스케일로 보면 우주는 매우 불균일하지만, 아주 큰 스케일로 보면 우주는 상당히 균일한 모양으로 보입니다. 그래서 우주선을 타고 돌아다니며 현재 우주의 모습을 본다고 상상해봅시다. 스쳐지나가는 덩어리 하나하나가 다양한 크기를 갖고 있는 암흑물질 헤일로halo죠. 그 사이를 여행하며 우주에서 가장 밀도가 높은 지역으로 날아가보면, 필라멘트가 네 개 정도 연결되면서 수소 같은 가스들이 뭉쳐지고 이 안에서는 별이 폭발적으로 만들어졌을 것입니다. 현재 우주에서는 이렇게 거대한 크기, 거대타원은하 같은 것이 만들어지게 되었을 것입니다.

우주의 나이 10억 년

시간이 흐르면서 작은 덩어리의 은하들은 점점 뭉쳐지게 됩니다. 이것을 계층적인 합병hierarchical merging이라고 부르죠. 덩어리들이 두 개로 합쳐진 것이 다른 덩어리로 합쳐지고, 또 합쳐지고 또 합쳐지고 또 합쳐지면 결국 커다란 암흑물질 덩어리가 됩니다. 이 암흑물질 덩어리 안에서 보통 물질이 별을 만들어내

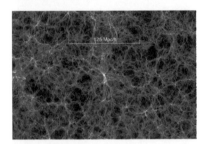

우주의 나이 47억 년

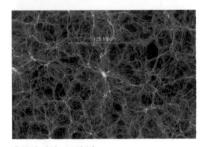

우주의 나이 136억 년

1-10
밀레니엄 시뮬레이션

면서 거대한 은하로 성장해가는 것이죠.

　우리가 직접 우주를 시간에 따라 관측할 수 없기 때문에 슈퍼컴퓨터를 통해 이런 연구를 하고, 이 연구 결과를 관측한 연구와 비교해보면서 다양한 은하의 진화, 우주의 흐름에 따라 이 거시구조가 어떻게 만들어지고 은하들이 어떻게 생성되는지 연구할 수 있습니다.

우주의 기원, 그 풀지 못한 숙제

　지금까지 우주의 시공간에서부터 우주가 어떻게 팽창하는지, 빅뱅 우주론이 어떻게 만들어졌는지, 또 우주 내의 거시구조는 중력을 통해 어떻게 만들어지게 되었는지를 살펴봤습니다. 과학이 발전하면서 과학자들이 우주의 모습에 대해 더 자세하게 연구할 수 있게 되었죠. 그러한 과학의 결과들은 인류 지성에 도전을 주고 인간의 가슴을 벅차게 만들기도 합니다.

　우주의 기원에는 아직 풀지 못한 숙제가 많습니다. 이것은 미래의 과학도가 풀어나가야 할 숙제일 텐데요. 아마도 이 우주의 기원에 관한 모든 문제를 우리 인간이 다 풀 수 없을지도 모릅니다. 그럼에도 우주를 이해하고자 하는 인류의 노력은 계속 끊임없이 지속될 것이고, 우리는 그 우주라는 실체에 한 발 한 발 더 다가갈 것입니다.

QnA

우주의 기원에 대해
묻고 답하다

대담

우종학 교수
강연자

오세정 교수
서울대학교 물리천문학부

김성근 교수
서울대학교 화학부

이현숙 교수
서울대학교 생명과학부

오세정 우주의 시작, 그 기원에 대해 말씀해주셨는데요, 그렇다면 우주의 끝은 어디일까요?

우종학 우주의 기원(시작)과 우주의 미래(끝)는 아주 긴밀하게 연결되어 있습니다. 어떤 면에서는 우주가 막 시작되었을 때의 조건들이 이미 우주의 미래를 결정했다고 해도 과언이 아닙니다. 우주 내에는 결국 두 가지 힘, 우주를 팽창시키는 압력과 그 압력에 반대로 작용하는 중력의 경쟁이 있습니다. 중력은 우주 전체에 있는 은하의 개수가 1000억 개 정도 되니까, 그 은하들에 작용하는 중력이 우주 팽창을 점점 느리게 할 것입니다. 반면에 우주가 시작하는 시점에 주어졌던 그 압력이 우주를 밀어내겠죠.

그런데 이미 게임은 끝났습니다. 압력이 중력에 비해 굉장히 우세해서, 현재 우주는 가속팽창을 하고 있습니다. 중력은 압력을 이길 수가 없고, 압력에 의해 우주 팽창은 계속될 것입니다. 그래서 우주는 계속 팽창해서 점점 커지고, 그러다 보면 모든 것이 아주 차갑게 식어가고, 별과 은하가 만들어질 수도 없는 운명을 맞게 될 것이라고 예측하고 있습니다.

김성근 우주에서 빛이 어딘가를 경유하거나 휘어져서 온다면 직선으로 오는 거리보다 더 과거의 모습을 담을 수 있지 않을까요?

우종학 빛은 직진을 하는데, 빛이 달리는 시공간이 중력으로 휘어져 있으면 그 휜 공간을 따라오게 됩니다. 관측자의 시각에서 빛이 블랙홀 근처를 지나간다면 블랙홀의 중력장에 의해 휜 시공간을 따라가기 때문에 빛이 휘어서 가게 되는 것이죠. 중력렌즈 현상도 동일합니다.

우리가 사는 공간이 관측 가능한 우주 안에서 편평하다고 생각되지만, 토러스처럼 우주의 공간이 유한하다면, 여전히 편평하지만 토러스의 표면에서 평행선을 두 방향으로 그릴 수가 있습니다. 한 지점을 출발해서 돌아올 수 있는 길이 두 가지이기 때문에 말씀하신 것처럼 가까이에서 오는 빛과 또 전혀 다른 방향에서 오는 빛이 동시에 관측될 수 있고, 이것이 우주배경복사 안에 어떤 흔적을 남길 수가 있습니다. 플랑크 위성의 관측 자료와 같은 연구 결과를 통해 자세하게 분석하면 앞으로 우주가 무한히 큰 종이와 같은 형태인지, 아니면 토러스의 표면처럼 더 멀리 있는 빛이 가까이 있는 빛이 동시에 올 수 있는지를 연구해볼 수 있을 것입니다.

질문 1 중력렌즈 현상은 블랙홀에서도 똑같이 일어난다고 들었습니다. 그러면 이것이 암흑물질인지 블랙홀인지를 어떻게 구별할 수 있나요?

우종학 중력렌즈를 통해서 측정하는 양은 얼마만큼의 중력장이 필요한지를 계산하는 것이기 때문에 질량을 측정하는 것입니다. 그래서 그것이 블랙홀인지 암흑물질인지 아니면 백색왜성같이 빛을 내진 않지만 질량을 많이 가지고 있는 물질인지 구별을 할 수는 없어요. 그러나 암흑물질의 경우에는 은하단처럼 굉장히 넓은 공간 안에 수백만 광년 이상이 되는 공간 안에 분포되어 있고, 블랙홀의 크기는 굉장히 작습니다. 블랙홀은 한 점이라고 생각할 수가 있고, 거대 블랙홀이라고 하더라도 사건 지평선의 크기가 수십 광년, 100광년 정도입니다. 그 때문에 블랙홀이 일으키는 현상과 은하단에서 암흑물질이 일으키는 현상이 굉장히 다르게 나타납니다.

이현숙 우주배경복사에서 전자기파를 내는 것, 그것이 결국은 잡음으로 들리는 것인지 궁금합니다. 물리학의 언어에서 그 전자기파를 내는 소리가 별들의 소리가 되는 것인지요?

우종학 우리가 보통 가시광선에 해당하는 것을 빛이라고 하지만, 물리학적으로는 광자가 다양한 파장을 가질 수가 있습니다. 그래서 가시광선뿐 아니라 자외선, 엑스선, 감마선까지 갈 수도 있고, 파장이 길어지면 적외선, 밀리미터파, 마이크로파, 전파까지 갈 수가 있는 것이죠. 모든 파장이 다를 뿐 같은 빛이라고 보는 것입니다. 우주배경복사는 빛과 물질이 분리되었을 때 우주의 온도가 절대온도 3,000도 정도 됩니다. 그것이 138억 년을 거치면서 도플러 효과에 의해 1,000배 정도 주파수가 길어지게 됩니다. 그래서 가시광선이 아니라 마이크로파로 관측되는 것이죠. 펜지어스와 윌슨이 했던 연구들은 마이크로파를 관측할 수 있는 전파망원경으로 관측을 하다가 마침 마이크로파 잡음을 받게 된 것이죠.

우주배경복사를 관측하는 전파 관측의 경우는 빛의 파장이 길어서 라디오 방송에 사용하는 파장대와 비슷하게 됩니다. 그래서 빛을 소리로 바꿔 들을 수 있죠. 잡음이라는 표현도 빛을 소리로 비유한 것입니다.

물질의 기원

사실 우리는 138억 년 전에 태어난 겁니다

김희준

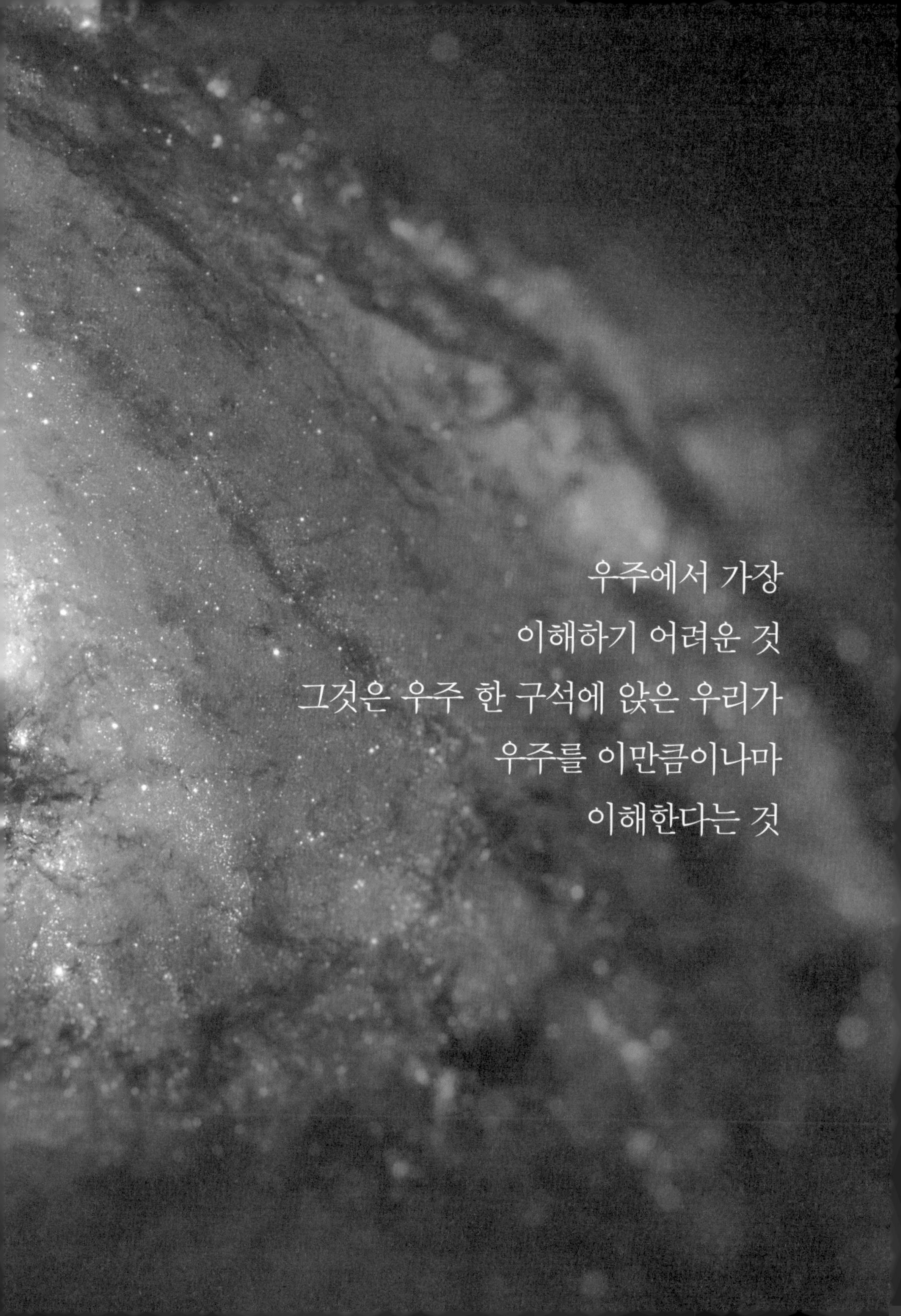

우주에서 가장
이해하기 어려운 것
그것은 우주 한 구석에 앉은 우리가
우주를 이만큼이나마
이해한다는 것

the blossoms are rich
and the big picture is
beautiful.

Almond Tree

Van Gogh

Ahmed
Nobel P
in Chem

김희준

어린 시절부터 별을 바라보고 꽃의 색과 향기에 빠져 자연스레 과학자의 길을 걷게 되었다. 서울대학교 화학과를 졸업하고, 1977년 미국 시카고 대학교에서 물리화학 전공으로 박사학위를 받았다. 20년간 미국에서 연구원 생활을 하다 1997년 서울대학교 교수가 되었고, 우주와 생명의 역사를 융합적으로 배우는 '자연과학의 세계' 과목을 15년 이상 강의해왔다. 사물의 배후에 있는 기본 원리를 깊이 이해하기 위해 전공인 화학뿐 아니라 물리학, 천문학, 생명과학에도 꾸준히 관심을 갖고 연구해왔다. 현재 서울대학교 명예교수이자 광주과학기술원 석좌교수로 있으면서 학부생과 함께 유명한 논문이나 강의 등을 바탕으로 토론식 수업을 진행하고 있다. 《자연과학의 세계》, 《과학으로 수학 보기》, 《생명의 화학/삶의 화학》, 《밀러와 함께하는 기초화학》, 《철학적 질문 과학적 대답》, 《빅뱅 우주론의 세 기둥》 등 많은 저서를 펴냈다.

물질의 기원에 대해 알기 전에 먼저 새겨두어야 할 것이 있습니다. 물질이란 무엇일까요? 여러분은 물질입니다. 저도 물질이고요. 바위도, 꽃도, 저 별도 물질입니다. 세상 만물입니다. 존재하는 모든 것입니다. 물론 빛만 빼고요. 그렇다면 이 물질은 어디에서 나왔을까요?

찰스 다윈Charles Darwin이 《종의 기원On the Origin of Species》을 발표한 뒤 누군가 이렇게 물었다고 합니다. 지금 존재하는 어떤 생물종이 그보다 앞서 있던 다른 종에서 기원한 것이라면, 그렇게 계속 거슬러 올라간다면 지구 생명의 기원이 있을 것이 아니냐, 그 최초의 생명은 어떻게 태어났느냐고요. 다윈은 생명의 기원을 논할 바에는 차라리 물질의 기원을 논하는 게 나을 거라고 답했답니다.

우리가 알고 있는 생명은 안타깝게도 지구상의 생명뿐입니다. 따라서 생명의 기원과 물질의 기원을 추적해보면 지구의 기원, 태양계의 기원에 닿을 겁니다. 다른 각도에서 생명의 관점에서 본다면 물질의 기원은 원소의 기원입니다. 그리고 원소의 기원은 우주의 기원으로 이어집니다.

우리 자신과 우리 주위의 만물을 만드는 물질의 기원은 별의 기원으로, 나아가 빅뱅의 순간까지 거슬러 올라갑니다. 놀라운 사실은 이러한 물질의 진화 과정이 인과관계에 따라 서로 연결된 일련의 사건으로 구성되어 있다는 것입니다. 따라서 합리적으로 파악할 수 있습니다. 지구의 탄생, 생명의 탄생, 인류의 출현 등 우주의 역사에서 나중에 일어난 사건들은 다분히 무작위적이고 확률적인 사건입니다. 이와는 달리 초기 우주에서 일어난 물질의 진화 과정은 인과관계에 따른 필연적 요소들이 지배하고 있습니다.

오늘 이 시간에는 물질이 어떻게 생겨났는지 이야기해볼까 합니다. 빛을 제외하고 온 우주에 물질 아닌 것은 없습니다. 결국 물질의 기원에 관한 이야기는 우주의 탄생으로 이어지게 될 겁니다.

우리는 어디에서 와서 어디로 가는가

물질의 기원이란 우리가 어디서 어떻게 왔는가와 같은 아주 기본적인 물음에서 시작합니다. 이와 관련해서 아주 좋은 그림이 있습니다. 바로 고갱의 〈우리는 어디에서 왔고 어디로 가는가?〉입니다.[2-1] 워낙 유명한 작품이라 다들 아실 겁니다. 우리가 어디에서 왔는지를 추적해보면 그 답은 물질의 기원에 닿습니다. 그리고 우주의 기원으로 이어지죠.

과학적으로 무언가의 '기원'을 다룬 사람은 아마도 찰스 다윈이 처음일 겁니다. 그전에는 딱히 무언가의 '기원'에 대해 파고들었다는 연구를 접해보지 못했습니다. 적어도 과학적으로는요.

다윈의 진화 이론을 한마디로 이야기하자면, 한 종은 다른 어떤 종으로부터 자연선택 과정을 거쳐서 이어져왔다는 것입니다. 그랬더니 누군가가 이런 의문을 제기했다죠. 그렇다면 지금 한 종의 기원으로 거슬러 올라가면 세상에 가장 처음에 생긴 생명, 그 생명의 기원에 닿지 않겠느냐고요. 그럼 그 최초의 생명은 어디서 왔을까요? 다윈은 생명의 기원을 논하려면 차

> 〈우리는 어디에서 왔고 어디로 가는가〉
원제는 〈우리는 어디에서 왔는가? 우리는 누구인가? 우리는 어디로 갈 것인가?Doù Venons Nous? Que Sommes Nous? Où Allons Nous?〉이다. 폴 고갱Paul Gauguin의 이 작품은 인간 존재의 근원에 대한 물음을 담고 있다. 그림을 살펴보면 오른쪽에서 왼쪽으로 이야기가 흐르는데, 어린 아기를 통해 우리의 과거를 묻고(오른쪽), 과일을 따는 사람을 통해 현재를 보며(가운데), 웅크린 늙은 여인의 모습에서 미래를 엿볼 수 있다(왼쪽). 인간의 탄생, 삶, 그리고 죽음의 세 단계를 표현한 것이다. 그림 왼쪽 상단에는 타히티 전설 속의 여신 히나의 상과 여신의 힘을 빌려 되살리고자 한 고갱의 딸 알린이 그려져 있다.

2-1

폴 고갱의 〈우리는 어디에서
왔고 어디로 가는가〉

라리 물질의 기원을 이야기하는 게 낫다고 했습니다. 아마 제가 볼 때 '기원'이라는 단어가 과학적으로 사용된 것이 그때가 처음일 겁니다.

고갱의 그림은 타히티라는 '야생'의 세계에서 아무런 걱정 없이 사는 사람도 자신의 기원에 대한 근원적인 궁금증이 있었다는 것을 보여줍니다. 우리 주변은 물질로 가득합니다. 그리고 물질이 아닌 빛으로도 가득하죠. 즉 세상은 물질과 빛이 상호작용을 하면서 만들어간다고 볼 수 있습니다. 하지만 불과 100년 전만 해도 물질의 기원을 증명하거나 과학적으로 논의한다는 것조차 생각하지 못했을 겁니다.

현대 과학은 우주의 기원부터 지금까지 이어져오는 138억 년의 과정을 일목요연하게 정리할 수준에 이르렀습니다. 처음에 빅뱅이 있었고, 벼락같이 짧은 순간에 입자들이 급격하게 진화합니다. 쿼크, 전자, 양성자, 중성원자가 만들어졌죠. 그때는 아주 가벼운 수소, 헬륨 정도만 생겼습니다. 그리고 몇 억 년이 흐른 뒤에 별들이 태어나죠. 이 별들 또한 자기 삶을 살아가고 진화를 합니다. 별이 생겨나고 늙고 죽는 과정에서 우리 몸에 들어 있는 대부분의 원소들이 생기죠. 결국 별의 진화는 동시에 원소의 진화라고 볼 수 있습니다.

처음에 수소에서 모든 원소가 생기고, 그다음으로 이것들이 우주 공간에서 서로 만나 화학적으로 결합을 합니다. 그래서 수소, 메탄, 암모니아 같은 간단한 화합물들이 만들어지죠. 그리고 나서 이것들이 지구상에서 반응을 거쳐서 생명에 꼭 필요한 아미노산, 핵산, 뉴클레오타이드 같은 것들을 만들죠. 이런 현상을 화학적 진화라고 합니다.

생명이 태어난 다음에는 그 생명들이 여러 형태로 진화합니다. 종이 진화하는 거죠. 이것은 생물학적 진화입니다. 그리고 여기에 우리 인류의 진화를 보탤 수 있죠. 이러한 다섯 가지 진화 과정을 거쳐 지금 여기 있는 여러분에까지 이르게 된 것입니다.

이렇게 입자의 진화, 원소의 진화, 화학적 진화, 생물학적 진화, 인류의 진화라는 다섯 단계의 진화를 거쳐 우리는 여기에 와 있습니다. 이 사실을 100년 전에는 아무도 이해하지 못했어요. 상상하지도 못했죠. 이와 관련해 제가 쓴 시를 한 편 소개해드릴까 합니다.

The universe is a big picture

Filled with mystery

The drama is cosmic

And so dynamic

The most incomprehensible

Thing about the universe

Is that it is comprehensible.

This is Einstein's fine verse

About man's place

In the universe.

우주는 수수께끼로 가득한

거대한 역사

그 거대한 드라마는

또한 역동적이네

우주에서 가장

이해하기 어려운 것

그것은 우주 한 구석에 앉은 우리가

우주를 이만큼이나마

이해한다는 것

이것은 우주에서

인간의 위치에 관한

아인슈타인의 말

   오늘 이 강의를 듣는 여러분은 한 시간 뒤쯤에는 아인슈타인보다 우주에 대해 더 많은 것을 이해하게 될 겁니다. 아인슈타인은 1955년에 세상을 떠났기 때문에 빅뱅우주론도 들어보지 못했거든요. 그런데 우리는 그것을 이해하고 있죠. 이 거대한 우주에서, 그중에서 아주 작은 지구라는 행성에 살고 있는 우리가 우주의 시작을 이해하게 된 것입니다. 지구 바깥에 또 다른 생명체가 있을지는 모릅니다. 하지만 적어도 우리가 이와 같은 사실을 이해했다는 것만으로도 우리 인류는 우주에서 상당히 특별한 위치에 있을 겁니다.

시간을 거슬러 올라가면

우주가 탄생한 순간부터 지금까지 이어지는 일련의 과정은 우발적인 사건의 연속입니다.[Q1] 46억 년 전에 태양계가 생기고, 지구가 하필 이 위치에 이만한 크기로 생겨난 것 역시 우발적인 사건이죠. 하지만 이 모든 것이 전체적으로 보면 하나하나 어떤 인과관계를 통해서 연결되어 있어요. 일련의 사건을 통해 여기까지 온 것이죠. 이제 10이라는 숫자로 이야기해보겠습니다. 지금부터 열 배씩 시간을 거슬러 올라가서 어떤 일이 일어났는지, 그때 우리는 무엇이었는지 짚어보겠습니다.

먼저 10년 전을 살펴보겠습니다. 대략 10여 년 전에 우리나라에서 월드컵이 열렸습니다. 우리나라 축구 국가대표 선수들이 세계 4강에 올랐죠.

10의 제곱인 100년 전에는 어떤 일이 일어났죠? 제1차 세계대전이 벌어졌습니다. 유럽의 질서가 재편되고, 나아가 세계의 세력 지도가 달라졌죠. 10의 세 제곱인 1,000년 전에는 세상이 어땠을까요? 유럽,

---

Q1 :: 우주의 탄생 이후 발생한 수많은 우발적인 사건에는 어떤 것이 있을까요?

초기 우주에서 양성자와 중성자가 떠돌다 충돌할 때를 먼저 꼽을 수 있죠. 그때 충돌의 속도와 강도는 의도한 것이 아닙니다. 우연이죠. 우발적으로 만나서 물질이 탄생한 것이죠. 태양계도 마찬가지입니다. 태양계의 회전 운동에는 각운동량이라는 것이 있습니다. 수평으로 바깥으로 뻗어나가려는 힘이 있고, 수직으로는 중력이 작용해서 납작해지죠. 이 힘은 처음에 어떻게 생겼을까요? 이 아름다운 궤도 역시 우발적인 사건의 결과입니다. 또 아마도 40억 년, 50억 년 전 우리 가까이에 있는 초신성이 폭발해 그때 충격파가 여기에 미쳐서 수소와 헬륨 들이 뭉치고, 몇 억 년 동안 그것들이 뭉치고 흩어지고 돌면서 태양계가 생겼다는 것이죠. 이 모든 것이 우발적인 사건의 연속입니다.

특히 중세 유럽은 암흑기에 휩싸입니다. 참담하고 끔찍한 역사라는 의미뿐만 아니라 오랫동안 큰 변화도 없고 특별한 기록도 없는 나날이었다는 의미입니다.

10의 네 제곱인 1만 년 전으로 가봅시다. 인류는 농사를 짓기 시작합니다. 그리고 10만 년 전쯤에는 드디어 현생인류인 호모 사피엔스 *Homo sapiens*가 분기되었죠. 100만 년 전에는 인류의 조상이 불을 사용하기 시작합니다. 물론 이때의 인류는 호모 에렉투스*Homo Erectus*입니다.

10의 일곱 제곱인 1000만 년 전은 아주 중요한 시기입니다. 바로 우리 인류의 조상과 침팬지의 조상이 갈라지는 시기죠. 이 둘이 공통 조상에서 갈라지는 시점을 대략 700만 년 전이라고 보는데, 반올림해서 1000만 년 전이라고 합시다.

1억 년 전에는 어땠을까요? 공룡이 6500만 년 전에 멸종했으니까 1억 년 전에는 공룡이 지구를 지배하고 있었을 겁니다. 그다음에 10의 아홉 제곱인 10억 년 전에는 누가 지구를 지배하고 있었을까요? 아니, 무언가가 살아 있긴 했을까요? 그때까지만 해도 지구의 육상에는 생명체가 전혀 없었습니다. 식물, 동물은커녕 박테리아도 없었죠. 모두 바닷속에만 있었어요. 대략 40억 년 전에 처음 생명이 태어났다고 보는데, 그렇다고 해도 10억 년 전에는 아직 모두 바다에 있었어요. 캄브리아기 대폭발을 거치기도 전이니까 종도 무척 단순했을 겁니다. 어쩌면 바다, 그러니까 지구 전체를 말합니다. 당시 지구 최고의 강자는 광합성 박테리아인 시아노박테리아*cyanobacteria*였을 겁니다. 처음 광합성을 시작한 뒤 아주 빠른 속도를 지구의 바다를 점령했죠.

여기에서 다시 또 열 배로 거슬러갑시다. 드디어 10의 10제곱입니다. 100억 년 전이죠. 이때는 거의 우주의 기원에 근접합니다. 아마도 이때쯤에 처음으로 별이 생겼을 겁니다.

빅뱅우주론의 세 기둥

　우주가 탄생한 순간을 설명하는 빅뱅이론은 세 기둥으로 확실히 지지됩니다. 먼저 허블우주망원경이 찍은 사진입니다. 허블 울트라딥필드Hubble Ultra Deep Field라는 사진을 봅시다.[2-2] 이 사진은 인간이 찍은 가장 멀리 있는 천체의 사진입니다. 적색편이를 통해 계산하면 가장 멀리 있는 은하가 130억 광년 정도 떨어져 있다고 합니다. 138억 년 전에 우주가 태어났고, 그 뒤에 별과 은하가 생겨났다고 하죠. 이 모습은 굉장히 초기의 은하 모습일 겁니다. 이 은하들이 우주의 팽창에 관해 우리에게 무엇을 이야기해줄까요? 바로 멀어져간다는 것입니다. 우리와 멀리 떨어져 있을수록 더 빨리 멀어지죠. 이게 우주의 팽창입니다. 이 정보는 빛으로 옵니다. 스펙트럼의 편이는 빛의 형태로 드러나고, 그것은 은하로부터 알 수 있는 겁니다.

　그다음 기둥은 배경복사입니다. 이 배경복사는 은하와 은하 사이의 빈 공간에 가득 차 있죠. 지금은 절대온도 3도 정도지만, 처음에는 온도가 상당히 높았을 겁니다.

　세 번째 기둥은 원소의 분포입니다. 우리 우주에 어떤 원소가 얼마나 있는지를 보면 빅뱅의 증거를 확인할 수 있습니다. 별과 은하는 대부분 수소와 헬륨으로 구성되어 있습니다. 수소와 헬륨의 비율이 대개 3 대 1 정도죠. 별과 별 사이의 공간에도 아직 별이 되지 못한 수소와 헬륨이 있습니다. 즉 이 세 번째 단서는 빛을 내는 은하를 비롯한 모든 공간에 있습니다. 은하의 어느 공간을 봐도 수소와 헬륨의 비율이 3 대 1인데, 이를 통해 빅뱅이 옳다는 것을 알 수 있는 겁니다. 그런데 이것은 시간적 분포에 대한 단서도 제공합니다. 우리와 가까운 은하를 보면 기본적으로 수소와 헬륨의 비율이 3 대 1이지만, 그 안에

철이나 마그네슘 등의 원소가 조금이나마 섞여 있습니다. 그런데 멀리 있는 은하일수록 이런 기타 원소의 양이 적어요. 스펙트럼의 강도를 통해 파악할 수 있죠. 130억 광년 떨어져 있는 은하에서는 다른 원소는 안 보이고 오직 수소와 헬륨만 있습니다. 이를 통해 시간의 단서가 보이는 것이죠. 이런 빅뱅이론에 입각하면 원소의 기원과 물질의 기원도 이해할 수 있습니다.

물질의 기원에 대한 탐사

물질의 기원에 대한 과학적 연구는 20세기 후반에 본격적으로 시작되었습니다. 그런데 1978년 노벨 물리학상 수상자인 아노 펜지어스가

'원소의 기원The origin of elements'이라는 제목으로 노벨
상 수상 강연을 합니다. 펜지어스는 로버트 윌슨과 함
께 우주배경복사를 발견한 공로로 노벨상을 받았죠.
이 강연에서 펜지어스는 원소의 생성에 관한 이야기
를 자세히 펼칩니다.

2-3
조지 가모프, 랠프 앨퍼의
《화학적 원소의 기원》

펜지어스는 먼저 원소의 기원, 즉 물질의 기원에 대
한 연구의 발전 과정을 간단히 요약합니다. 1930년대
에는 핵물리학이 시작되는 시기입니다. 이 시기에 중
성자를 발견했죠. 그 과정에서 한스 베테Hans Bethe 등
의 과학자가 태양에서 수소가 융합하는 과정을 발견
하고, 원소가 생성되는 주 무대는 별이라고 주장했습니다.

하지만 이러한 주장에 의문이 제기되었습니다. 우리 태양은 계산
결과 내부 온도가 1000만 도 정도인데, 그 정도면 수소가 융합은 하더
라도 철이나 우라늄 등은 생성될 수 없습니다. 별의 온도보다 최소한
10배에서 100배 정도 더 높아야 하죠.

1940년대에는 다른 이론이 등장했습니다. '별이 생기기 이전의 상
태pre-stellar state', 즉 온도와 밀도가 극도로 높은 상황에서 모든 원소가
생겼다는 주장이 나왔죠. 이때 이 이론을 주도한 사람이 조지 가모프
George Gamov입니다. 가모프는 제자인 랠프 앨퍼Ralph Alpher와 함께 1948
년에 《화학적 원소의 기원The Origin of Chemical Elements》이라는 유명한 논
문을 발표합니다. 이 논문에서 가모프는 초기의 빅뱅 우주에서 수소
를 비롯한 모든 원소가 생겼다고 주장했죠.[2-3]

여기 재미있는 이야기가 있는데, 가모프는 '알파베타감마'를 연상
시키기 위해 연구자들의 이름을 따서 자기 이론의 이름을 '앨퍼-베
테-가모프 이론Alpher-Bethe-Gamov Theory'이라고 부릅니다. 한스 베테는 이

연구에 관여한 바가 전혀 없었고, 자신의 이름이 들어간 것도 몰랐다고 해요. 물론 둘이 워낙 친해서 별다른 문제는 없었다고 합니다.

가모프의 주장 역시 곧 난관에 부딪힙니다. 1950년대에 이르면 제2차 세계대전 당시 사용했던 원자폭탄에 대한 연구 결과가 공개됩니다. 그때 프레드 호일Fred Hoyle 등의 연구자가 원자폭탄의 원리에 대한 연구를 통해 별의 핵합성 이론을 더 정교하게 다듬죠. 그 핵심은 간단합니다. 원자폭탄은 중심에 폭발 물질인 우라늄을 넣고 굉장한 밀도와 온도를 가해야 폭발합니다. 이를 위해 그 주위를 기존의 폭탄으로 둘러싸고 순간적으로 폭발시키죠. 그렇게 폭발한 것이 원자폭탄입니다. 호일은 별에서도 이와 같은 과정이 일어난다고 이해했어요. 별 내부에 엄청난 압력과 온도가 존재한다는 것이죠.

1960년대에 이르면 이 이론도 부족함이 드러나요. 별의 중심이 고온고압이긴 하지만 별에서 모든 원소가 생겨날 수는 없었죠. 1965년에 우주배경복사가 발견되면서 빅뱅이론이 확실히 증명되고, 가벼운 원소인 수소와 헬륨은 빅뱅의 순간에 등장하고 나머지 무거운 원소는 이후 별에서 만들어진다는 이론이 확립됩니다.

물질의 기원, 즉 세상과 우리 몸을 구성하는 원소 중에서 수소는 빅뱅 때 생겨나고 탄소를 비롯한 여러 원소는 별에서 생겼다고 볼 수 있습니다. 그러니까 사실 우리는 모두 138억 살인 것입니다.[Q2]

Q2 :: **수소는 138억 년 전에 탄생했다고 하셨는데요, 138억 년 전에 만들어져 그 뒤로는 생성되지 않는 것이 있을까요?**

처음에 일정한 양이 생긴 뒤 그다음 새로 생기지 않는다고 보는 것은 쿼크입니다. 쿼크는 빅뱅의 순간에 생겼고, 그 뒤로는 절대 생기지 않았습니다. 이것들은 극도로 높은 온도에서 처음 생긴 뒤 자기들끼리 조합을 이루어 양성자가 되고 중성자가 되는 것이죠. 입자의 진화라는 표현을 쓴 것은 아주 기본적인 입자가 주어진 뒤 이것들이 서로 조합을 해가면서 여러 가지로 바뀌어나간다는 의미에서였습니다. 결론적으로 양성자는 처음 생성된 후에 다시 생기기는 어렵습니다. 이렇게 초기에 생긴 뒤 새로 생기지 않게 진화하는 게 타당하다고 말씀드립니다.

초기 우주에서 일어난 일

초기 우주에서는 어떤 일이 일어났을까요? 빅뱅이 일어나고 100억 년이 지난 뒤, 대략 그 시기에 우리 태양계가 생겨납니다. 태양계의 나이가 46억 살이니까 좀더 구체적으로 말하면 빅뱅 90억 년 뒤에 태양계가 생겼죠. 우주 전체의 나이에서 앞에서 3분의 2까지는 태양계가 없고, 나머지 3분의 1의 시기에만 태양계가 있었다는 겁니다. 1년으로 환산하면 9월 말, 10월 초에야 태양계가 생겼다고 볼 수 있죠.

빅뱅 이후 3억 년에서 4억 년쯤 되자 별과 은하가 생겼다고 합니다. 별이 생기고 그 별을 중심으로 태양계가 생기는 과정 사이에, 별 내부에서 무거운 원소들이 탄생해 태양계 안에 자리를 잡습니다.

그보다 훨씬 더 올라가서 빅뱅 이후 30만 년경에는 상당히 중요한 일이 일어납니다. 그전까지는 온도가 지나치게 높아 전자가 모두 떨어져 있었습니다. 중성원자가 만들어질 수 없었죠. 그런데 이때쯤부터 온도가 낮아지면서 드디어 전자가 원자핵과 달라붙기 시작합니다. 우주의 역사에서 처음으로 원자가 생기는 것이죠.

빅뱅 3분 후 역시 아주 중요한 순간입니다. 바로 빅뱅의 핵합성이 끝나죠. 그리고 빅뱅 1초 후에서 3분 사이에 수소와 헬륨이 생깁니다. 바로 이 1초. 빅뱅이 일어나고 바로 그 1초 후에 우리 몸에 있는 수소가 생겼다고 볼 수 있습니다.

양성자는 빅뱅이 일어나고 1마이크로초에 생겼습니다. 이때는 워낙 온도가 높아 양성자와 중성자가 왔다 갔다 평형을 이루다가 1초쯤 되면 안정되죠. 더 이상 역반응이 일어나지 않으면서 수소가 생겼다고 볼 수 있습니다. 이렇게 빅뱅의 순간 1마이크로초에 양성자가 생성되긴 했는데, 그렇다면 양성자는 과연 어디에서 생겨났을까요? 바로 쿼크$_{quark}$입니다. 쿼크에서 양성자가 생겨났습니다. 이것이 지금까지 우리가 물질의 기원을 이해하는 기본적인 틀입니다.

입자의 표준모형

양성자와 중성자가 뭉쳐서 헬륨이 되는 데까지 3분이 걸렸습니다. 이번에는 잠시 양성자와 중성자에 대해 알아봅시다. 양성자는 업쿼크 두 개와 다운쿼크 하나로 구성되어 있습니다. 중성자는 반대로 업쿼크 하나에 다운쿼크 둘이죠.[2-4] 우주의 신비가 여기에 있습니다. 양성자와 중성자를 따로따로 만든 것이 아니라 그보다 작은 기본 입자를 다르게 조합해서 만든 것이죠. 이게 재미있는 이유는 바로 여기서 우주 만물이 형성되기 때문입니다.

양성자와 중성자를 이루는 기본 입자인 쿼크에 대해 설명하기 전에 짧은 시 한 편을 소개하겠습니다.

There was a physicist named Murray Gell-Mann.

He was a friend of Richard Feynman.

On the standard model he did embark.

The awkward name of quark

Was derived from James Joyce's Muster Mark.

머리 겔만이라는 물리학자가 있었네.

그는 리처드 파인먼의 친구.

표준모형에 그는 올라탔네.

쿼크라는 이상한 이름.

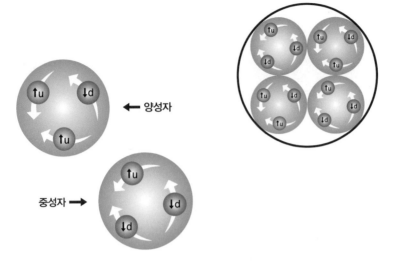

제임스 조이스의 마크 대장에서 나왔네.

머리 겔만Murray Gell-Mann은 캘리포니아공과대학의 물리학 교수로, 쿼크라는 이름을 붙여준 사람이에요. 겔만은 쿼크의 존재에 이름을 붙일 때 제임스 조이스James Joyce의 책《피니건의 경야Finnegan's Wake》에 나오는 대사를 인용했어요. 그 책에 "마크 대장을 위해 만세 삼창 Three Quarks for Muster Mark"이라는 말이 나와요. 겔만은 여기서 쿼크의 이름을 따왔죠.

표준모형의 핵심은 여섯 종류의 쿼크와 여섯 종류의 렙톤lepton이 있다는 겁니다.[2-5] 모두 물질을 구성하는 기본적인 입자죠. 이 둘의 차이는 쿼크는 상대적으로 무거운 입자라는 겁니다. 이 중 우리 몸에 있는 세 가지가 중요합니다. 일단 업쿼크와 다운쿼크는 우리 몸에 있습니다. 이것들이 양성자와 중성자를 만들고, 그것들이 원자가 되기 때문이죠. 또 하나 우리 몸에 있는 것은 전자electron입니다. 물론 이 중에

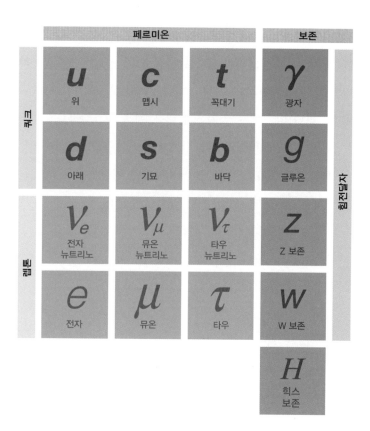

는 뉴트리노neutrino도 있기는 합니다. 하지만 영구히 있는 것이 아니라 계속해서 우리 몸을 통과하죠. 쿼크와 렙톤을 합쳐서 페르미온fermion 이라고 합니다.

옆에는 힘전달자force carriers라는 네 가지 입자가 있습니다. 이것까 지 포함해서 모두 열여섯 개 기본 입자죠. 힘전달자에는 전자기력을 매개하는 광자photon가 있고, 그다음으로 Z보존Z boson과 W보존W boson 이 있습니다. 이것들은 약한핵력을 매개하죠. 글루온gluon은 강한핵력 을 매개합니다. 원자핵에서 양성자를 잡아주는 역할을 하죠.

눈치가 빠른 사람은 여기에 네 가지 힘 중에서 중력이 빠져 있다는 것을 알아차렸을 겁니다. 중력을 매개하는 입자, 가칭 그래비톤Graviton 이 발견되면 이 표는 달라질 겁니다. 사실 2016년 초에 그래비톤의 발견이 발표되었습니다.

　여기서 하나 더 주목할 것이 있습니다. 바로 힉스입자죠.[>] 모든 물질은 질량이 있는 에너지입니다. 질량이 있어야 비로소 물질이 되는 것이죠. 바로 이 힉스보존이 입자에 질량을 부여하는 입자입니다. 피터 힉스는 이것을 예견했고, 결국 발견되었습니다. 그래서 2013년에 노벨 물리학상을 받았죠. 이를 통해 표준모형은 더욱 힘을 얻게 되었습니다.

무한히 작은 쿼크

　업쿼크와 다운쿼크는 어떻게 중성자를 만들었고, 나아가 우리 몸을 구성하는 탄소, 산소, 철 등이 생겨날 때 왜 이 두 쿼크가 필요했는지를 살펴봅시다. 다시 시 한 편을 소개하겠습니다.

In the beginning was a big challenge

How from quarks to proton change

While light and matter interchange.

The key was to arrange

Quarks with fractional charge

To nature's advantage

Revealing Creator's infinite knowledge.

> **신의 입자, 힉스**
>
> 힉스입자는 1964년 영국의 이론물리학자 피터 힉스가 처음으로 존재를 예언한 가상의 입자로, 물질을 구성하는 입자의 종류와 입자 사이에 작용하는 힘을 설명하는 현대 물리학의 표준모형에서 빼놓을 수 없는 요소다.
>
> 초기 우주 대폭발과 함께 여러 입자가 생겨났다. 이 입자들은 물질을 쪼갤 수 없을 때까지 쪼개고 났을 때 남는 것으로, 기본 입자 12개(쿼크 6개, 렙톤 6개)와 이들 사이에서 힘을 전달하며 상호작용을 담당하는 매개 입자 4개, 그리고 힉스입자 등 총 17개의 소립자로 구성된다. 힉스입자는 이 16개의 입자 각각에 질량과 성질을 부여하는 역할을 하기 때문에 "신의 입자"라고 불렸다. 그러나 물질의 기본 입자 중 유일하게 관측되지 않아 오랜 기간 가상의 존재로만 여겨졌다. 49년 동안 가설로만 존재했던 '힉스입자'는 CERN의 LHC를 통한 공동 연구로 마침내 입증되면서 2013년 피터 힉스, 프랑수아 앙글레르에게 노벨 물리학상을 안겨주었다.
>
> 무신론자인 힉스는 노벨 물리학상 수상자인 리언 레더먼이 자신의 책에서 힉스입자를 '신의 입자'로 표현하자 오해를 부를 수 있다며 사양했다고 한다.

태초에 커다란 도전이 있었네.

쿼크에서 어떻게 양성자를 만들까?

빛과 물질이 뒤섞일 때.

부분전하를 띤 쿼크가 배열되었지.

자연의 진화에서

조물주의 무한한 지식이 드러나네.

쿼크에서 어떻게 양성자와 중성자가 생겼을까요? 빛과 물질이 섞여 있는 상태에서 감마선이 전자와 반전자로 나뉘고 다시 만나서 빛이 되는 등 굉장히 역동적인 상황이 이루어집니다. 이때 이것들이 양성자로 만들어지려면 쿼크가 특정한 방식으로 조합해야 합니다.

쿼크의 특징은 부분전하를 띤다는 것입니다. 양성자 1, 전자 −1 흔히 이렇게 이해하고 있죠. 업쿼크는 플러스 3분의 2이고, 다운쿼크는 마이너스 3분의 1이라고 합니다. 이것들이 배열되어 우주와 자연히 형성되는 것입니다. 그런데 이 과정이 참 쉽지 않죠.

다시 시 한 편으로 이 과정을 살펴봅시다.

There was no way

To be able to say

Or even imagine

How the quarks would combine

To make proton

As well as neutron.

설명할 수도

상상할 수도 없네.

쿼크는 어떻게 만나서

양성자 그리고

중성자를 만드는지.

쿼크는 빅뱅 이후 10^{-34}초 정도에 만들어졌어요. 거의 빅뱅의 순간이죠. 그때는 앞으로 어떤 일이 일어날지 상상도 할 수 없었습니다. 무슨 의도가 있는지도 알 수 없죠.

Quark's charge is truly innovative.

Up quark is two thirds positive

And down quark is one third negative.

As the particles evolve

Up and down quarks combine two to one

To make proton.

They combine one to two

To make neutron, too.

Proton is made to carry charge distinctive.

Neutron is made to carry charge suggestive.

쿼크는 참말로 창의적이지.

업쿼크는 플러스 3분의 2

다운쿼크는 마이너스 3분의 1.

입자가 진화할 때

업쿼크와 다운쿼크가 2 대 1로 조합해서

양성자가 되었네.

업쿼크가 다운쿼크가 1대 1로 만나 뒤섞여

중성자도 되었네.

양성자의 전하는 돋보이고

중성자의 전하는 암시적이네.

　입자가 진화하는 초기의 순간에 업쿼크와 다운쿼크가 2 대 1로 만나 양성자가 되었어요. 그리고 반대로 1 대 2로 만나 중성자가 되었죠. 양성자가 1을 가진 상황은 이해하기가 어렵지 않습니다. 이미 전자가 있기 때문이죠. 전자의 전하는 마이너스 1입니다. 쿼크가 만들어질 때 같이 만들어졌죠. 그런데 나중에 조합 과정에서 양성자가 플러스 1이 되니까 이것이 마이너스 1과 만나 중성원자가 되는 것입니다.

　양성자의 전하 1이 모이면 여기서 탄소를 비롯한 여러 원소가 됩니다. 반면에 전하가 0인 경우는 어떨까요? 아무 쓸모없는 것이 아닙니다. 전하가 0이라는 것은 반발력이 없다는 뜻입니다. 전기적인 반발을 하지 않는다는 것입니다. 탄소가 뭉쳐 생명이 탄생하는데, 탄소가 되기 위해선 핵에 양성자가 여섯 개 있어야 해요. 그런데 양성자는 가까이 다가가면 반발력이 무한히 증가합니다. 그런데 다행히 중성자에는 전하가 없어요. 즉 반발력이 없는 거죠. 따라서 중성자가 양성자의 반발력을 무마하면서 핵을 만들게 되는 것입니다.

A proton or a neutron is almost empty.

The point-like nature is quark's property.

The space between the quarks is plenty.

Unfathomable is nature's subtlety.

양성자와 중성자는 거의 비었네.

점입자의 성질은 쿼크에 중요해.

쿼크 사이의 공간은 드넓고

자연의 오묘함은 헤아릴 수 없네.

쿼크는 우리가 알고 있는 중력이나 전자기력 같은 힘과는 작용하는 방식이 다릅니다. 쿼크는 일종의 점입자예요. 이 말은 크기가 없다는 뜻입니다.[Q3] 가령 현재 우주에 있는 쿼크의 수를 대략 추산할 수 있어요. 우주 전체 은하의 수에 각 은하에 있는 1000억 개의 별의 질량을 곱하는 식으로 하면 쿼크의 수를 가늠할 수 있어요. 대략 10^{80}으로 나오죠.

10^{-5}미터는 세포의 크기입니다. 10^{-10}미터는 수소 원자의 크기죠. 양성자의 크기는 10^{-15}미터입니다. 이 안에 세 개의 쿼크가 들어 있습니다. 그러면 쿼크의 크기는 얼마나 될까요? 10^{-20}미터 정도 될까요? 그럴 수는 없습니다. 쿼크가 그 정도 크기라면 현재 우주의 모든 쿼크의 수를 곱했을 때 감당할 수 없는 크기가 나옵니다.

쿼크는 빅뱅 이후 10^{-34}초에 생겨났어요. 이때 쿼크가 만약 유한한 크기를 가진다면 쿼크가 차지하는 부피가 우주의 부피보다 커져버립

Q3 :: 쿼크의 크기가 없다는 것은 질량이 없다는 의미인가요?

쿼크의 크기가 점이라는 것은 수학적으로 완전히 0이라는 의미가 아닙니다. 측정할 수 없고 잴 수 없다는 거죠. 자극은 이와 다릅니다. 강의 내용대로 크기가 크면 그 수가 워낙 많아 전체 부피가 우주보다 커지죠. 그래서 도대체 얼마나 작은 것이냐고 말할 수 없을 정도로 작다는 것입니다.

이 쿼크의 세계는 불확정성 원리로 설명할 수 있는데요. 아까 세 개의 쿼크가 양성자라는 유한한 크기에서 자유롭게 돌아다닌다고 했습니다. 그런데 이때 쿼크의 위치를 확정할 수 있어요. 쿼크가 어디 있다고 이야기하는 순간 불확정성 원리가 깨지죠. 여기 있는가 싶어서 보면 저기 있고, 저기 있는가 싶어서 보면 여기 와 있죠. 자유롭게 돌아다녀요. 존재는 확실하지만 크기와 위치를 확인할 수 없는 세계일 뿐 수학적으로 0은 아닙니다.

니다. 결국 쿼크는 점이 될 수밖에 없어요. 양성자에 쿼크가 세 개 들어 있다고 한다면, 양성자는 사실상 텅 비어 있는 것과 마찬가지라고 해야 합니다.

쿼크에서 양성자로

쿼크 세 개가 모여 유한한 크기의 양성자를 만드는 과정에서 강한 핵력의 특성이 나옵니다. 양성자의 힘은 10^{-15}미터인 그 크기에서 작용합니다. 만약 이보다 작아지면 힘은 사라지고 쿼크는 자유롭게 돌아다닙니다.

강한핵력은 전기력의 약 100배, 정확하게는 137배입니다. 이 힘이 작용하는 거리를 1페르미fermi라고 하죠. 다시 말해 강한핵력은 1페르미 거리 안에서만 작용한다는 뜻입니다. 그 안에서는 자유롭게 움직이지만 그 바깥으로 나가면 힘을 잃는 거죠.

끈에 묶인 강아지 두 마리에 비유할 수 있겠네요. 강아지 두 마리가 서로 묶여 있습니다. 이 둘이 가까이 있을 때는 서로 묶인 것을 모른 채 신나게 뛰어놀죠. 그런데 만약 녀석들이 다른 방향으로 뛰어가면 묶인 끈에 의해 힘이 작용합니다. 이게 바로 강한핵력의 특징이죠. 강아지를 쿼크라고 보면 양성자는 거의 지구 정도의 크기라고 볼 수 있습니다. 그러니 텅 비었다고 해도 과언이 아니죠.

양성자는 수소의 원자핵입니다. 따라서 수소가 헬륨보다 먼저 만들어졌어요. 하지만 수소 하나로는 결코 생명이 만들어지지 않아요. 생명이 만들어지려면 무거운 원소가 있어야 하고, 헬륨이 만들어지려면 양성자 두 개가 합쳐져야 하죠. 그런데 양성자가 가까이 붙으면 어마어마한 반발력이 생겨서 합쳐지지 않아요. 이때 중성자가 등장합니다. 양성자가 1페르미 안에 접근하면 양성자 쿼크와 중성자 쿼크가 묶이게 됩니다. 이렇게 중소수가 만들어집니다.

중수소는 비록 수소보다는 무겁다고 하지만 아직까지는 수소입니다. 무거운 원소가 아니죠. 중수소에 중성자 하나가 붙으면 삼중수소가 되고, 여기에 또 양성자가 결합하면 드디어 헬륨이 됩니다. 빅뱅이후 3분 동안 충돌하면서 드디어 헬륨이 만들어진 것이죠. 여기까지 빅뱅 핵합성의 원리입니다.

우주가 탄생하고 3분 뒤 우주에는 수소와 헬륨이 만들어졌습니다. 이때의 핵합성식은 간단합니다. 두 개의 양성자와 두 개의 중성자가 조합해 헬륨이 되는 것이죠. 하지만 별에서 여러 원소가 만들어지는 과정은 상당히 복잡합니다. 처음에는 중성자와 양성자의 질량이 비슷하게 보여서 거의 같다고 생각했습니다. 하지만 정확히 측정해보니 양성자와 전자가 합친 질량이 중성자보다 가볍습니다. 중성자가 무겁다는 것은 에너지가 높다는 것이고 이는 중성자가 더 불안하다는 뜻입니다. 그래서 가만히 있으면 중성자가 붕괴하고 맙니다. 이것을 베타 붕괴라고 하는데, 이때의 반감기는 15분이에요. 15분 만에 반으로 줄어든다는 것입니다. 하지만 우주는 다행히도 이 과정을 3분 만에 끝내죠. 여기에 우주의 팽창이 또 다른 영향을 미칩니다. 팽창한다는 것은 밀도, 즉 입자 간의 거리가 멀어진다는 것이고, 동시에 온도가 낮아집니다. 그러면 핵합성이 일어나기가 어렵죠. 우리 우주는 이 과정을 고작 3분 만에 해치운 겁니다.

별에서 일어난 일

수소와 헬륨이 융합해서 우주를 이루는 수많은 원소를 만들어낸 과

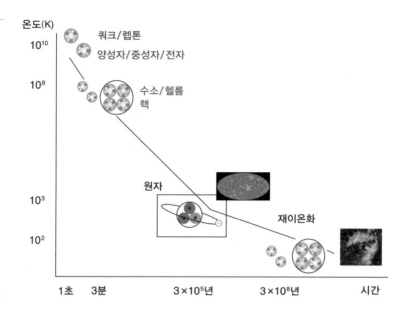

2-6
빅뱅 이후 별의 탄생 과정

정을 살피려면 먼저 별이 태어나는 과정을 봐야 합니다.[2-6]

빅뱅이 일어난 초기에 쿼크와 렙톤이 생겼습니다. 그 1초 정도 후에 양성자와 중성자가 생기고, 3분 뒤에 헬륨이 생겨났습니다. 이후 온도가 낮아지면서 전자가 달라붙어 중성원자가 됩니다. 이때는 38만 년 정도 뒤입니다. 이후 무려 3억 년 동안 '별 볼 일 없이' 우주만 계속 팽창합니다. 실제로 별이 없었으니 말 그대로 별 볼 일 없던 시절이죠.

빅뱅 이후 3억 년이 지나 별이 태어나는데, 별이 핵융합을 하려면 전자가 분리되어야 합니다. 이것을 재이온화reionization라고 합니다. 처음에 이온이었던 것이 중성이 됐다가 다시 이온화되기 때문에 이렇게 말합니다. 재이온화 이후 별이 탄생하는데, 이때 온도가 변화는 과정은 아래 식으로 표현할 수 있습니다.

$$T = \frac{10^{10}}{t^{\frac{1}{2}}}$$

여기서 T는 온도입니다. 우주의 나이가 1초일 때는 100억 도 정도 되었죠. 그런데 이 수식의 분모에는 시간의 제곱근이 들어갑니다. 초 단위죠. 그렇다면 여기서 시간이 2분이나 3분 정도 흐른 뒤(약 100초) 에는 온도가 10억 도로 뚝 떨어집니다. 이런 상황에서 별은 어떻게 태어나는지를 보겠습니다.

별이 생길 때는 물질이 뭉치게 됩니다. 상식적으로, 뭉치면 온도는 높아집니다. 입자가 서로 가까이 오면 위치에너지가 낮아지고, 넓은 공간에서 거리가 멀어지면 위치에너지가 높아집니다. 우주 공간에 있던 수소와 헬륨 들은 중력에 의해 모입니다. 하지만 우주는 자꾸 팽창하죠. 그러니 별에서 태어나려면 시간이 무척 오래 걸립니다. 과연 이 것들이 뭉쳐서 별이 될지도 의심스러운 상황입니다.

3억 년쯤 지나니 수소와 헬륨이 부분적으로 모여 별과 은하가 형성 되는데, 그 중심의 온도가 1000만 도쯤 이르면 드디어 융합이 시작됩니다. 문제는 이때 중성자가 없다는 것입니다. 반감기가 15분밖에 되지 않기 때문에 이미 수소나 헬륨에 잡혀 있는 것을 제외하면 자유로운 중성자는 없습니다. 핵융합 때는 두 개의 양성자가 두 개의 중성자로 바뀌어야 하는데, 중성자의 에너지가 더 높기 때문에 시간이 무척 오래 걸립니다. 이 과정이 바로 태양에서 일어나는 반응입니다.

우리 태양은 지금까지 50억 년 정도 탔다고 하고, 아직 50억 년을 더 타오를 수 있습니다. 이 태양이 다 타버리고 나면 어떻게 될까요? 중심에 있는 연료, 즉 수소가 고갈됩니다. 그러면 수소의 폭발로 밖으로 향하는 압력이 사라지죠. 그럴 때 힘을 얻는 것은 중력입니다. 밖으로 향하는 폭발력이 없으니 중력만 남아서 기세를 펴는 거죠. 힘의 균형이 무너진 별에서 중력만이 강하게 작용하면 별이 내부로 응축됩니다. 결국 다시 온도가 올라가죠. 이렇게 1억 도 정도 온도가 올라가면 그 순간 중요한 반응이 생깁니다.

헬륨은 온도와 밀도가 극도로 높은 상황에서는 서로 합쳐집니다. 헬륨의 전하는 +2인데, 이것들이 뭉치면서 반발하면 양성자 반발보다 그 힘이 네 배 더 강합니다. 그러나 원자폭탄의 경우처럼 안쪽에서 온도가 급격히 상승하면서 탄소가 만들어질 수 있지요. 드디어 생명이 탄생할 가능성이 생긴 겁니다.

처음 별이 생겨날 때, 즉 수소가 헬륨으로 융합하는 과정에 있는 별을 주계열성이라고 합니다. 우주의 별들을 분류하면 대각선상에 대부분의 별들이 모여 있는데, 이를 주계열성이라고 하죠. 그러다 별 중심의 수소가 고갈되면 중심에 헬륨이 남고, 얼마 뒤에는 온도가 올라가면서 탄소가 만들어지죠.

그 과정을 자세히 살펴보겠습니다. 별 중심의 온도가 1억 도 정도 되면 바깥 부분은 3,000도에서 5,000도 정도가 됩니다. 그 중간 어느 지점에는 온도가 1000만 도에서 2000만 도에 이르죠. 이 온도가 수소를 융합하기에 적합한 온도입니다. 중심의 수소는 고갈되었지만 중심에서 벗어난 부분에는 아직 수소가 남아 있습니다. 그럼 수소 융합이 별의 중심이 아니라 약간 바깥쪽에서 일어나게 됩니다. 이렇게 되면 별이 급격하게 커집니다. 별이 커지면서 표면 온도가 떨어지는데, 이게 우리 눈에 적색으로 보이죠. 그래서 이런 별을 적색거성이라고 합니다.

적색거성은 폭발이 별의 중간에서 일어나기 때문에 바깥으로 폭발력이 향하기도 하지만, 안쪽으로도 향합니다. 원자폭탄의 원리와 같죠. 이것을 안쪽을 향해 폭발한다고 해서 내파Implosion라고 합니다. 이 과정에서 다시 별의 내부 온도가 올라가고 탄소가 생기는 것이죠.

이제 별의 중심에는 탄소핵이 모입니다. 중심 탄소핵의 질량이 태양 질량의 1.4배가 넘으면 온도가 또 올라가고, 그 결과 산소가 생기고, 네온이나 마그네슘 등의 원소가 생기는 것입니다. 만약 1.4배가 못되면, 융합이 이루어지지 않아 중력 수축으로 별이 작아지고 표면 온도는 높아집니다. 이런 별이 바로 백색왜성이죠.

인간에게 중요한 것은 무거운 별입니다. 무거운 별에서는 탄소가 다시 한 번 알파 입자와 충돌해서 산소가 되고, 그대로 진행하다 철까지 이어집니다. 가장 안정한 상태가 되죠. 하지만 여기서 끝이 아닙니다. 역시 중력이 작용해 내부 온도가 올라가 100억 도 정도에 이르면 결국 별이 견디지 못하고 폭발해버리죠. 이것이 바로 초신성 폭발입니다. 이 초신성 폭발이라는 역동적인 순간에 철부터 우라늄까지 나머지 원소가 모두 생기는 것입니다.

과학의 아름다움을 느끼며

지금까지 살펴본 것을 정리하면, 원소의 생성은 크게 세 단계로 나눌 수 있습니다. 빅뱅의 순간에 수소와 헬륨이 나타나고, 수소와 헬륨이 뭉쳐 만들어진 별의 내부에서 탄소부터 철까지 만들어지죠. 그다음 별이 폭발하는 초신성 폭발의 순간에 철부터 우라늄까지 만들어지는 것입니다.

다른 각도에서 살펴보면, 우주 공간에 있는 수소와 헬륨이 모여 별이 되고, 그것이 폭발해 수소와 만나 2세대 별이 되죠. 또 그게 폭발해서 섞이면 3세대 별이 되는 것입니다. 이 과정에서 무거운 원소들이 생기고, 폭발과 함께 우주 공간으로 흩어서 성간물질과 만나 지구라는 제한적인 공간을 형성하죠. 그리고 그 안에서 생명이 탄생한 것입니다.

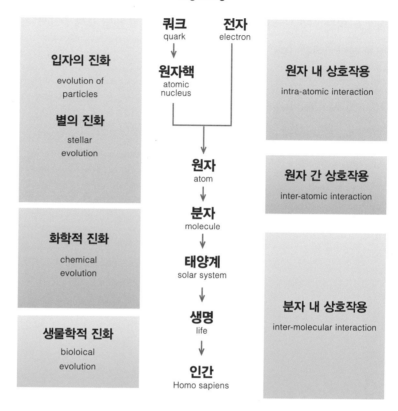

빅뱅
Big Bang

입자의 진화
evolution of
particles

별의 진화
stellar
evolution

화학적 진화
chemical
evolution

생물학적 진화
bioloical
evolution

쿼크
quark

전자
electron

원자핵
atomic
nucleus

원자
atom

분자
molecule

태양계
solar system

생명
life

인간
Homo sapiens

원자 내 상호작용
intra-atomic interaction

원자 간 상호작용
inter-atomic interaction

분자 내 상호작용
inter-molecular interaction

이걸 또 다른 각도에서 보면, 결국 빅뱅에서 출발해서 쿼크와 전자가 만들어지고 쿼크들이 모여서 양성자, 헬륨 같은 원자핵을 만들고, 여기 전자가 붙으면 중성원자가 되고 원자가 결합해서 분자가 되고 태양계를 만들고 생명을 만들어서 여기까지 왔단 말이죠.

원자의 측면에서 보면, 초기의 과정은 쿼크와 쿼크의 상호작용 등 사실상 원자 내부에서 일어나는 과정입니다. 그다음 원자가 생겨난 뒤에는 화학적 결합이 일어나죠. 그리고 현재 우주에서 일어나는 대부분의 일은 분자들 간의 상호작용입니다.[2-7]

마지막으로 1999년 노벨 화학상 수장자인 이집트의 아메드 즈웨일 Ahmed Zewail의 시를 읽어보겠습니다. 그는 빈센트 반 고흐Vincent van Gogh 의 〈꽃 피는 아몬드 나무Almond Blossom〉[2-8]라는 그림을 보여주면서 이 렇게 이야기했습니다.

> With a good beginning,
>
> even if branching is
>
> unpredictable,
>
> the blossoms are rich
>
> and the big picture is
>
> beautiful.

> 시작이 좋으면,
>
> 가지가 어디로 뻗을지
>
> 알 수 없어도
>
> 꽃은 만개하리라.
>
> 그리고 큰 그림이
>
> 아름답다.

즈웨일은 자신의 일생 혹은 자신이 연구한 펨토화학Femto Chemistry의 발전을 염두에 두고 이런 시를 읊었을 텐데, 이것이 우주의 역사와도 잘 맞습니다. 빅뱅이라는 시작이 좋았습니다. 그 뒤 어디로 뻗어갈지 예상할 수는 없었지만 수많은 사건을 거치면서 별이 태어나고, 태양 계가 생성되고, 지구가 만들어졌습니다. 그 위에서 꽃이 피고 새가 날 고 아이들이 재잘거리는 것이죠. 이 얼마나 멋진 일입니까.

우주가 만들어지고 3억 년 동안의 암흑기, 그 별 볼 일 없던 시절에 비하면 지금 우주는 얼마나 아름답습니까? 지금도 우주 곳곳에서 우리가 이해할 수 없는 우발적인 사건들이 끊임없이 일어나고 있지만, 첫 단추를 멋지게 채웠기 때문에 여기까지 온 것이라고 볼 수 있습니다. 물질의 기원을 찾아 떠난 여행에서 우리는 우주의 탄생을 보았고, 그때부터 지금까지 멋지고 아름다운 우주의 진화를 보았습니다.

QnA

물질의 기원에 대해 묻고 답하다

대담

김희준 교수
강연자

고계원 교수
고등과학원 수학과

김성근 교수
서울대학교 화학부

정하웅 교수
카이스트 물리학과

고계원 쿼크가 양성자나 중성자 이외의 공간에도 존재하나요?

김희준 쿼크는 양성자나 중성자에서 벗어나면 힘이 없어집니다. 그런데 처음 쿼크가 생길 때는 아직 양성자나 중성자가 없었습니다. 따라서 그때 쿼크는 양성자나 중성자의 내부가 아니라 우주 공간을 자유롭게 떠다녔다고 할 수 있습니다. 문제는 지금이죠. 지금도 우주 공간에 쿼크가 자유롭게 돌아다닌다고 보기는 어렵습니다. 물리학자들은 양성자나 중성자가 쿼크를 잡고 있는 힘이 너무 크기 때문에 절대 떼어놓을 수 없다고 봅니다.

정하웅 통계물리학을 전공했고 빅데이터 분석을 하는 사람으로서 오늘 강연을 듣기 전에 인터넷에 '물질'이라는 단어를 검색해봤습니다. 물질과 관련해 사람들이 궁금해하는 주제가 무엇인지 알아보기 위해서였죠. 그랬더니 연관검색어로 발암물질, 유해물질, 오염물질 등이 가장 많이 나왔습니다. 원자까지는 여러 원소도 만들고 사람도 만들고 했는데, 분자 단위로 가면 이런 나쁜 물질들이 많이 나오는 걸까요?

김희준 죄송한 이야기지만 그거는 우리가 화학을 제대로 이해하지 못하기 때문에 나온 오해입니다. 물질은 가치중립적입니다. 세상은 모두 물질입니다. 우리도 물질입니다. 노자는 일찍이 이런 말을 했습니다. 道生一, 一生二, 二生三, 三生萬物. 도에서 하나가 생겨나고, 하나에서 둘이 생기고, 둘에서 셋이 생기고, 셋에서 만물이 생긴다는 것이죠. 물질도 이와 마찬가지입니다. 태초에 에너지가 생겼고, 거기서 빛과 물질 혹은 물질과 반물질 혹은 쿼크와 렙톤이 생겼습니다. 쿼크와 렙톤에서 양성자, 중성자, 전자가 생겼고, 여기서 만물이 생겨난 것이죠. 여러분이 좋아하는 모든 것이 이 세 가지에서 생겼습니다. 맛있는 음식, 귀여운 애완동물 모두 양성자, 중성자, 전자로 만들어진 겁니다. 물론 살다 보면 인체에 해로운 것이 있을 수도 있습니다. 하지만 거기에 집중하면 커다란 오해만 생길 뿐입니다.

질문 1 양성자가 쿼크 세 개로 이루어져 있다고 하셨는데, 업쿼크와 다운쿼크의 비율이 반드시 2대 1이어야만 하나요? 업쿼크와 다운쿼크의 구성이 다를 가능성은 없는지 궁금합니다. 그리고 중성자가 베타붕괴를 거쳐 양성자로 붕괴된다고 하셨는데, 그럴 경우 다운쿼크가 업쿼크로 변할 수 있는 것은 아닐까요? 그래서 결국 중성자가 모두 없어지고 양성자만 남게 되는 건 아닌지 궁금합니다.

김희준 쿼크가 다른 방식으로 조합될 수는 있습니다. 중간자라고 하는 것인데, 그게 현재 우주를 구성하지는 않아요. 사실 쿼크의 전하가 다른 식으로 정수값이 나오기는 어렵습니다. 물론 가능성이 전혀 없는 것은 아니지만, 현재 우주를 구성하는 데는 지금의 구성이 가장 안정적이라는 것이죠.
두 번째 질문도 무척 중요합니다. 중성자가 무거운 원자에게 잡히면 그 상태로 영속적으로 갑니다. 우주의 역사만큼 오래 가죠. 베타 붕괴 과정은 다운쿼크 하나가 업쿼크로 바뀌는 것을 말합니다. 이때 작용하는 힘이 약한핵력이라는 것인데, 언젠가 중성자가 모두 없어지고 양성자로 변한다는 것은 충분히 가능합니다.

질문 2 힉스 입자가 양성자나 중성자와 어떤 관계가 있는지 이해되지 않습니다. 그 부분을 설명해주십시오. 또 우주에 우리가 알지 못하는 물질도 굉장히 많다고 들었습니다. 물론 알지 못하는 것에 대해 질문한다는 것이 우스운 일이긴 하지만, 우리가 아직 알지 못하는 물질 역시 그 기본적인 구성이 지금까지 밝혀진 물질과 같은 형태일 것이라고 짐작하시는지, 아니면 그 역시 알 수 없는지 말씀해주십시오.

김희준 힉스입자의 정의는 물질에 질량을 부여하는 입자입니다. 쿼크와 렙톤의 질량은 10^{-34}이라고 했죠. 그런데 불확정성의 원리에는 시간이라는 요소가 있습니다. 만약 힉스입자가 질량을 부여하는 것이라고 하면, 아마도 힉스입자가 쿼크나 렙톤보다 먼저 생겨났을 거라고 볼 수 있습니다. 혹은 동시에 생겨났죠. 쿼크가 생긴 뒤에 힉스입자가 생겨나 질량을 부여한다는 것은 논리적으로 맞지 않기 때문이죠.
그리고 우리가 아직 모르는 물질의 구성이 쿼크가 아니라는 것은 확실합니다. 왜냐하면 우리가 아는 소위 근원 물질이라는 것은 전자기적인 것이기 때문에 빛과의 상호작용으로 그 존재를 파악할 수 있는 것이죠. 그런데 사실 우주 전체의 23퍼센트는 암흑물질이 차지하고 있습니다. 암흑물질은 말 그대로 암흑입니다. 보이지 않아요. 빛과 상호작용을 하지 않는다는 겁니다. 그렇다면 그것은 쿼크나 렙톤이 아니라는 뜻이죠. 그래서 과학이 재미있는 것입니다.

질문 3 원자를 만지면 어떤 느낌이 들죠?

김희준 만질 수가 없습니다. 우리 몸을 구성하는 원자의 수는 10^{28}개입니다. 그래서 하나의 원자를 만진다는 건 불가능하죠. 다만 이렇게 말할 수는 있어요. 원자를 만지면 딱딱해요. 원자라는 게 사실은 텅 비어 있어요. 태양부터 명왕성까지 태양계의 중심에 아무것도 없다고 비유할 수 있을 정도로 텅 비어 있죠. 하지만 이런 태양계 두 개가 충돌을 한다면 어떨까요? 두 태양이 정면으로 충돌할 가능성은 굉장히 희박합니다. 하지만 원자는 그렇지 않아요. 텅 비어 있지만 그 자체로 충돌해요. 그래서 굉장히 딱딱할 거라고 봅니다.

질문 4 현재 쿼크와 렙톤이 가장 작은 소립자라고 하는데, 만약 과학 연구가 더 진행된다면 쿼크보다 작은 입자를 발견할 수 있을까요?

김희준 사실 쿼크가 최종일 수 없을 거라고 생각해요. 그렇다면 어디까지 갈 수 있을까요? 이 문제에 대해 연구하는 분들이 있습니다. 최근에 초끈이론이라는 것이 나왔어요. 이 이론에 따르면 모든 것이 어떤 끈의 떨림에 따라서 달라진다는 식이에요. 이해하기는 쉽지 않지만, 어찌 보면 참 아름다운 이론이에요. 하지만 아직 옳다 그르다 검증할 수 없는 상황이죠. 언젠가 스티븐 호킹이 이런 말을 한 적이 있습니다. 지금처럼 과학 연구의 도구가 커지다가는 다음 단계에서는 어떤 이론을 증명하기 위한 입자가속기가 태양계만 해질 것이라고요. 불가능한 일이죠? 제가 볼 때는 인간이 거의 갈 때까지 간 것 같아요. 그렇다고 해서 슬프거나 안타까운 건 아니고, 이 정도까지 온 것도 대단히 놀라운 일이죠.

정하웅 초끈이론에 대해서 부연하겠습니다. 우리는 흔히 우리가 살고 있는 이 세계가 공간적으로 3차원에 시간까지 포함해 4차원이라고 이야기합니다. 하지만 초끈이론에 따르면 4차원이 아니라 10

차원이 존재한다고 해요. 다만 우리가 3차원밖에 인식하지 못할 뿐이죠. 지금도 쿼크보다 더 근원적인 무언가가 있을 것이라며 연구를 거듭하는 사람들이 있습니다. 문제는 현재 과학기술의 한계로는 그것까지 증명하기가 어렵다는 것이죠. 한때 쿼크도 실험으로 증명할 수 없다고 했지만, 입자가속기를 만들어서 실험을 했습니다.

고계원 아까 쿼크를 간접적으로 관측 가능하다고 하셨는데, 그게 어떤 의미인가요?

김희준 가령 전자는 관측이 가능합니다. 톰슨이 원자에서 전자를 떼어 관측을 했죠. 원자에서 전자를 떼어내 휘는 정도를 보고 질량도 봤어요. 이런 의미에서 쿼크를 관측할 수는 없습니다. 다만 간접적인 충돌을 통해 존재를 가늠하는 것이죠. 양성자를 놓고 전자 등을 쏘았을 때 이것이 휘는 정도를 통해 내부에 부분적으로 +전하와 −전하가 있다는 것을 알아채는 거죠.

질문 5 빅뱅이 우주의 시작이라고 하셨는데, 빅뱅은 어디서 나왔을까요? 빅뱅 자체도 어떤 물질에서 비롯된 것을 아닐까요?

김희준 누구나 품을 수 있는 의문입니다. 빅뱅 이전에 대한 궁금증은 누구나 있죠. 하지만 빅뱅 자체가 물질에서 나왔다고 하기는 어렵습니다. 처음 빅뱅 순간 주어진 것은 물질도 아니고 빛도 아닌 순수한 에너지였어요. 그것이 순간적으로 빛과 물질로 바뀐 것이죠. 빅뱅 자체가 물질에서 시작되었다면 그 물질을 포함하는 우주를 또 생각해야 합니다. 그래서 빅뱅 이전에는 물질이나 빛이라는 게 전혀 없었다고 봐야 합니다.

질문 6　업쿼크와 다운쿼크 등 다양한 입자에 대해 연구하는 것이 꿈인 고등학생입니다. 이런 입자들의 성질은 어떻게 연구하나요?

김희준　쿼크의 전하량이 3분의 2다 어쩌다 할 때 처음에는 그저 이론이었어요. 머리 겔만이 여러 가능성을 따져보면서 발표한 이론이었죠. 그런데 나중에 간접적으로 외부 충돌 실험을 통해 그 존재가 확인되었죠. 이런 식으로 연구합니다.

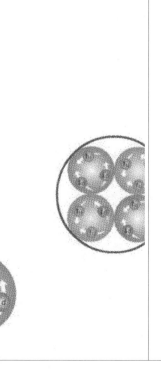

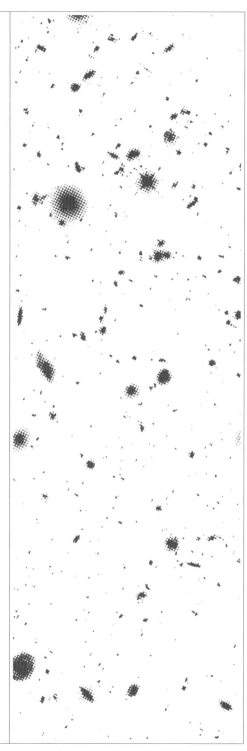

지구의 기원

45억 년 전에 일어난 일

최덕근

흔히 지질학이라고 하면 암석 자체만을 다룬다고 생각하지만, 사실 지질학에서 다루는 것은 지구의 역사입니다. 지구의 역사를 다룬다는 것은 지구가 탄생한 순간부터 지금까지 일어난 모든 일을 다룬다는 것입니다.

최덕근

삼엽충 화석을 통해 한반도 자연의 역사를 연구하는 고생물학자다. 1971년 서울대학교 지질학과를 졸업하고 1983년
미국 펜실베이니아 주립대학교에서 박사학위를 받았다. 한국동력자원연구소 연구원을 거쳐 1986년부터 2014년까지
서울대학교 지구환경과학부 교수로 재직했고 현재 명예교수로 있다. 학생들에게 자유로운 상상과 판단을 하게 하여
창의성을 키우는 수업으로 정평이 나 2005년에 교육상을 받기도 했다. 2013년에 지질학 연구에 대한 공로로 운암지
질학상을 수상했고, 2015년에 《한반도 형성사》를 출간하여 미래창조과학부 장관이 수여하는 한국 과학기술도서상
저술상을 받았다. 《10억 년 전으로의 시간 여행》, 《내가 사랑한 지구》, 《한반도 형성사》, 《시간을 찾아서》, 《지구의 이
해》 등의 저술이 있다.

여러분은 하루가 깁니까, 짧습니까? 하루 24시간이 모자라 더 있
었으면 합니까, 아니면 하루가 너무 지루해서 조금 더 짧았으면 좋겠
습니까? 1년은 어떠세요? 한 해 한 해가 너무 빨리 흘러서 아쉽나요,
아니면 빨리 시간이 흘러서 나이를 더 먹고 싶은가요?

하루는 24시간, 1년은 365일입니다. 그렇게 하기로 정했어요. 더 잘
게 쪼개도 되고, 더 크게 뭉쳐도 상관은 없습니다. 어차피 지구의 자
전과 공전 속도를 어떻게 나누느냐에 따라 다른 거니까요. 그런데 아
주 오랜 옛날에도 지구의 자전 속도가 지금과 같았을까요? 화석을 이
용해 알아낸 연구 결과에 따르면 3억 년 전에는 1년이 390일이었고,
하루가 22.5시간이었다고 합니다. 4억 년 전에는 1년이 400일이고 하
루가 22시간이었죠. 하루가 조금씩 느려지고, 달력은 조금씩 얇아진
셈이죠. 지구가 처음 탄생했을 때는 이보다 훨씬 빨리 자전했으리라
는 것을 알 수 있습니다.

약 46억 년 전 우리은하의 가장자리에 태양계를 이룰 성운이 모여
있었습니다. 99퍼센트의 가스와 1퍼센트의 먼지로 이루어진 이 성운
이 수축하면서 태양이 생겨났습니다. 태양 주변을 원반 형태로 돌던
가스와 먼지가 합쳐져 미행성을 이루었고, 이 미행성들이 뭉쳐 지구
를 포함한 태양계의 행성들이 탄생했습니다. 그리고 45억 년이 지난
지금, 지구는 육지와 바다에서 수많은 생명이 태어나고 살아가면서
아름다운 환경을 이루고 있습니다.

지질시대와 역사시대

지구의 탄생 과정과 그 직후의 이야기는 '지구의 어린 시절'이라는 말로 표현할 수도 있습니다. 지구는 어떻게 탄생하게 되었는지, 막 탄생했을 때는 어떤 모양이었고, 어떤 활동을 했는지 알아보겠습니다.

여러분은 혹시 지질시대라는 말을 들어본 적이 있나요? 언제부터 언제까지를 지질시대라고 하는지, 어떤 시대를 지질시대라고 한다면 지질시대가 아닌 것이 있다는 뜻일 텐데, 그것이 무엇인지 생각해본 적이 있나요?

역사시대라는 말은 많이 들어보았을 겁니다. 역사시대는 언제죠? 바로 지금입니다. 역사시대는 사람이 글로 무언가를 기록한 이후의 시대를 말해요. 글을 남기지 못한 시대, 그래서 삶의 흔적으로 당시의 생활을 유추하는 시대를 선사시대라고 부르기도 하죠. 문헌에서는 선사시대와 지질시대를 혼동해서 쓰기도 합니다. 지구의 역사를 공부할 때는 이렇게 큰 단위로 시대를 구분합니다.[2]

> 선사시대와 역사시대
> 선사시대와 역사시대는 문자를 사용하기 전후로 나뉜다. 선사시대는 문자로 기록하기 이전의 시대pre-history를 말하며, 두 시대의 과도기에 원사시대pre-history가 존재한다.

역사시대의 시작점은 대략 6,000년 전으로 어림잡습니다. 지구는 46억 년 전에 탄생했고, 역사시대는 6,000년 전에 시작했죠. 그렇다면 지구의 삶에서 역사시대는 아주 짧은 시간일 뿐입니다. 학술적으로 지질시대를 정의할 때 이 역사시대의 시작점이 기준이 됩니다. 지구가 탄생해서 역사시대의 시작까지를 지질시대라고 정의합니다. 범위를 더 좁게 본다면 지구에서 가장 오랜 암석이 만들어졌을 때부터 역사시대의 시작까지로 정의하죠.

이번 강연의 범위는 '지구의 탄생부터 가장 오래된 암석'까지의 역사입니다. 좁은 의미에서 지질시대 이전의 역사를 다루는 것이죠. 지금까지 발견된 가장 오래된 암석은 몇 살일까요? 40억 살입니다. 이 말은 지구에서 가장 오래된 기록이 40억 년 전에 형성된 암석이라는 뜻입니다. 지구는 46억 년 전에 탄생했고, 가장 오래된 암석은 40억 년이 되었습니다. 그 사이 6억 년은 기록이 없습니다. 40억 년 전부터만 기록이 있습니다. 기록이 없는 이 6억 년 동안 어떤 일이 일어났는지 이야기하는 것이기 때문에 사실 오늘 강연은 제 마음대로 해도 될 겁니다. 기록이 없으니까요.

지질학이란 무엇인가

많은 사람이 산을 좋아합니다. 우리나라 사람이 가장 많이 즐기는 취미가 등산이라고 할 정도죠. 산에 가는 이유는 뭘까요? 오로지 건강만은 아닐 겁니다. 보기가 좋아서 가는 거죠. 등산로에서 볼 수 있는 꽃과 나무도 예쁘고, 산 정상에서 바라보는 경치도 아름답죠. 하지만 산을 올라가는 사람 중에서 이 산은 어떻게 만들어졌을지, 저 바위는 어떻게 형성되었을지 생각하는 사람은 많지 않을 겁니다.

저는 산에 갈 때마다 이 산은 어떻게 생겼는지를 궁리하면서 다닙니다. 지질학을 40년 넘게 연구하다 보니 일종의 직업병이 생긴 셈이죠. 그래서 어디를 가든 가장 먼저 '이 암석은 언제 만들어졌을까? 어떤 과정이었지?' 하는 생각을 하는 거죠. 아마 식물학자라면 여러 나무를 보면서 다니겠죠. 사람마다 보는 관점이 다르니까요.

지질학이라는 학문을 간단히 정의하면 '지구의 구성 물질, 구조, 그리고 역사를 다루는 학문'이라고 할 수 있습니다. 요즘에는 지구에 대해 이야기할 때 지구시스템이라는 표현을 자주 사용합니다. 여담입니다만 제가 대학에 다닐 때는 지질학과라고 했는데, 10여 년 전부터 지구시스템과학부라는 이름으로 바뀌기도 했죠.

지구시스템이라는 것은 크게 수권, 기권, 생물권으로 나눌 수 있습니다. 간단히 말해, 지권geosphere은 우리가 발을 딛고 사는 고체 지구를 말합니다. 고체 지구는 반지름 6,370킬로미터의 암석 덩어리라고 할 수 있죠. 고체 지구의 구조는 바깥 부분부터 지각이 있고, 맨틀, 외핵, 내핵으로 이루어져 있습니다. 고체 지구를 이루는 주요 구성 원소는 산소, 철, 규소, 마그네슘입니다. 이 네 가지가 94퍼센트를 차지하죠. 자연계에서 발견할 수 있는 원소가 88종에 이른다는 점을 생각하면 이 네 가지가 상당히 큰 비중을 차지한다는 것을 알 수 있습니다. 그러니 나머지 84종은 모두 6퍼센트 미만이 있는 셈이죠.

수권hydrosphere은 고체 지구를 덮고 있는 해양, 빙하, 지하수, 강, 호수 등을 말합니다. 말 그대로 물과 관련된 것이죠.[Q1] 지권과 수권을 덮고 있는 것은 기권hydrosphere입니다. 흔히 대기라고도 하죠. 기권은 우리가 들이마시는 공기입니다. 대부분 질소와 산소로 구성되어 있죠. 이 지권과 수권, 기권 사이에 있는 것, 바로 생물입니다. 우리 인간을 포함해서 온갖 식물과 동물이 살고 있죠. 이것이 바로 생물권biosphere입니다. 현재 지구상에 존재하는 것으로 알려진 생물종은 약 200만 종입니다. 물론 학자에 따라서 1000만 종 혹은 1억 종까지 있

Q1 :: 지구상의 물은 어떻게 만들어졌나요?

초기 지구의 표면에는 마그마 바다가 200만 년 정도 존재했다고 알려져 있습니다. 즉 이 기간 동안에 지구 각지에서 화산 활동이 격렬하게 일어났다는 건데요. 한편, 현재 화산 활동에서 나오는 휘발성 성분들을 보면 87퍼센트가 수증기이며, 그다음으로 많은 것이 이산화탄소(12퍼센트)입니다. 결국 암석 알갱이가 떨어지면서 지구의 임계온도가 내려가면, 다시 말해서 지구 겉 부분의 온도가 낮아지면 수증기가 물이 되는 것이죠. 당시는 기압이 높기 때문에 수증기가 액체로 내려가는 온도가 380도 정도로 알려져 있습니다. 결국 물의 근원은 지구 내부라는 것이고, 온도만 내려가면 바다가 만들어진다는 것이죠. 화산 활동 중 대기를 채운 수증기들이 액화되어 물이 되고 바다를 이룬 것으로 볼 수 있습니다.

을 것이라고 추정하기도 합니다.

지구를 이해한다는 것, 다시 말해 지구시스템을 이해한다는 것은 이 지권, 수권, 기권, 생물권 사이의 역동적인 관계를 이해한다는 것입니다. 흔히 지질학이라고 하면 암석 자체만을 다룬다고 생각하지만, 사실 지질학에서 다루는 것은 지구의 역사입니다. 지구의 역사를 다룬다는 것은 지구가 탄생한 순간부터 지금까지 일어난 모든 일을 다룬다는 것입니다. 예를 들면 10억 년 전에 바다가 어떻게 만들어졌을까, 그때는 대기가 무엇으로 이루어져 있었을까, 그때는 어떤 생물이 살았을까 등 지구시스템을 이루는 모든 것에 대해 연구하는 것이죠.

태양일과 항성일

우리가 쓰는 시간 단위는 연월일입니다. 1년은 지구가 태양을 한 바퀴 공전하는 겁니다. 하루는 지구가 스스로 한 바퀴 자전을 하는 것이죠. 그렇다면 한 달은 뭘까요? 1년을 12등분한 겁니다.

하루는 24시간입니다. 그런데 이런 의문을 품어본 적 있나요? 왜 하루는 24시간일까? 왜일까요? 그냥 그렇게 정한 겁니다. 약 4,000년 쯤 전에 고대 이집트에서 이렇게 정했습니다. 이집트는 나일강을 중심으로 한 농경사회였습니다. 시간을 정확히 알 필요가 있었죠. 그래서 낮과 밤을 각각 12단위로 나누었습니다. 문제가 생겼습니다. 여름에는 낮이 길고, 겨울에는 짧아진다는 것이죠.

2,000년 전에 그리스의 학자들이 다시 하루를 나누었습니다. 24시간으로 세분했죠. 이때 하루의 기준은 태양이 지구를 한 바퀴 도는 것이었어요. 당시까지 지동설은 없었어요. 지구가 우주의 중심이고 태양이 지구 주위를 돈다고 생각했죠. 그래서 태양이 지구를 한 바퀴 도

는 데 걸리는 시간을 하루로 잡았습니다.

하루는 뭘까요? 사전적인 의미로는 '지구가 스스로 한 바퀴 도는 데 걸리는 시간'입니다. 그렇다면 지구가 한 바퀴 돌았다는 것은 무엇이고, 그것을 어떻게 알 수 있을까요? 지구가 한 바퀴 도는 것이라고 말하기는 쉽지만, 그 기준을 정하기는 쉽지 않습니다. 쉽게 말해 어느 지점의 자오선을 기준으로 태양이 연속해서 두 번 통과한다는 의미가 무엇이냐는 것이죠.

태양이 머리 위에 온 시점을 '남중'이라고 합니다. 이 남중에서 이튿날 다시 태양이 남중에, 즉 우리 머리 위에 온 시점까지 걸리는 시간을 태양일이라고 합니다. 이 태양일만을 하루의 기준으로 삼을까요? 아닙니다. 태양일 말고도 항성일이라는 것이 있습니다.

태양은 가만히 있는데 지구만 홀로 태양 주위를 도는 것이 아닙니다. 태양도 우리은하 주위를 한 바퀴 돕니다. 태양의 은하 공전 주기는 약 2억 5000만 년입니다. 계산해보면 지구가 태어난 뒤 대략 스무 바퀴 정도 돈 셈이죠. 그리고 사실 우리은하도 무언가의 중심을 돌고 있습니다. 은하계도 돌고, 태양계도 돌고, 지구도 도는 것이죠. 무척 복잡합니다.

지구만 도는 것이 아니라 우주 공간의 천체가 모두 돌기 때문에 어느 천체를 기준으로 지구의 자전을 측정하느냐에 따라 하루의 길이도 달라집니다. 이렇게 태양 이외 천체의 남중을 기준으로 한 하루를 항성일이라고 합니다.

태양일[3-1]은 오늘 태양이 남중할 때부터 내일 태양이 남중할 때까지 지구가 공전궤도상에서 365분의 1만큼 더 이동한 상태입니다. 그러므로 사실 태양일은 지구가 365분의 366바퀴 도는 데 걸리는 시간인 셈이죠. 이것을 우리가 24시간으로 정한 겁니다.

3-1
태양일과 항성일

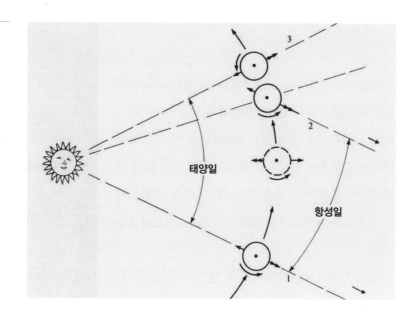

항성일은 굉장히 멀리 있는 별을 기준으로 정하는 것입니다. 어떤 별이 남중한 시점에서 다음날 다시 남중할 때까지 걸리는 시간입니다. 지구에서 태양까지의 거리는 1억 5000만 킬로미터입니다. 이것을 1천문단위(Astronomical Unit), 약자로 1AU라고 합니다. 그런데 태양 이외에 지구와 가장 가까운 별은 4.2광년 떨어져 있습니다. 거리로 환산해 보면 40,000,000,000,000킬로미터죠. 태양보다 수만 배 정도 떨어져 있죠. 항성일은 별빛이 무척 먼 곳에서 오기 때문에 공전궤도상에서 지구가 이동한 거리 효과를 무시할 수 있습니다. 따라서 지구의 자전을 정확히 반영하는 것은 사실 항성일이죠. 그리고 그 시간은 23시간 56분입니다.

현재 사용하고 있는 하루는 태양을 기준으로 하는 태양일이며 '평균 24시간'입니다. 여기서 평균이라는 말은 하루의 길이가 똑같지 않다는 걸 의미합니다.

> **태양일 vs 항성일**
지구는 태양 주위를 돌기 때문에 오늘 태양이 남중한 때부터 내일 태양이 남중할 때까지 지구는 공전 궤도상에서 약 1/365만큼 이동한 상태다. 그러므로 태양일은 지구가 366/365바퀴 도는 데 걸린 기간을 말한다.
항성일은 어떤 별이 남중한 때부터 다음 날 다시 남중하기까지 걸린 시간을 말한다. 별빛은 무척 먼 곳에서 오기 때문에 공전궤도상에서 이동한 거리 효과를 무시할 수 있다. 그렇기 때문에 태양일과 항성일 중 지구의 자전을 정확히 반영하는 것은 항성일이다(약 23시간 56분).

하루는 꼭 24시간일까

하루는 항상 24시간이고, 1년은 언제나 365일일까요? 이런 물음이 나오는 것 자체가 이미 아닐 수도 있다는 의미겠죠. 놀랍게도 1세기경에 이미 그렇지 않다는 것을 알아냈습니다. 저는 화석을 공부하는 사람이니까, 하루가 24시간이고 1년이 365일이라는 명제가 틀렸음을 보여주는 화석 증거를 보여드리겠습니다.

1963년 미국의 고생물학자 존 웰스John Wells가 《사이언스》에 논문을 한 편 발표합니다. 웰스는 산호 화석을 전공하는 사람이었죠. 산호는 물속의 식물성 플랑크톤과 공생을 하면서 골격을 형성합니다. 따라서 식물성 플랑크톤이 광합성 활동을 활발하게 하면 그만큼 골격이 잘 만들어지고, 광합성 활동이 약하면 덜 만들어지죠. 이런 사실에 근거해 웰스는 어떤 아이디어를 떠올렸습니다.

광합성 활동은 일반적으로 여름에 강하고 겨울에는 약하죠. 따라서 산호 골격의 지름이 여름에는 길고 겨울에는 짧았을 것이라고 생각했습니다.[3-2] 사진에 보이는 가는 선들이 하루에 자란 길이입니다. 이 중에 흰색으로 표시한 두 선이 겨울이죠. 현재 살아 있는 산호의 성장선은 약 365개입니다. 그런데 석탄기, 지금부터 3억 년 전은 390개임이 밝혀졌습니다. 그보다 더 이전인 4억 년 전 데본기의 산호 화석에는 성장선이 400개가 됩니다.

이것이 무슨 의미일까요? 3억 년 전에 1년은 390일이었다는 것이고, 4억 년 전에는 400일이었다는 것입니다. 지구의 공전 속도가 일정

3-2
산호의 성장선

하다면 하루의 시간이 달라지는 것이죠. 3억 년 전에는 하루가 22시간 30분이었고, 4억 년 전에는 22시간이었다는 이야기가 됩니다.

이 자료뿐 아니라 다른 여러 자료를 종합해 내린 결론은 간단합니다. 옛날로 갈수록 1년의 날수는 늘어나고, 하루의 시간은 짧아진다는 것이죠. 앞으로는 어떨까요? 앞으로는 느려질 겁니다. 현재 지구의 자전 속도는 1만 년에 0.2초씩 느려지고 있습니다.^{Q2} 자연과학을 공부하다 보면 단순한 계산을 많이 하게 되는데요, 이대로 가다간 약 75억 년 뒤에는 지구가 자전을 멈추게 됩니다. 걱정스럽나요? 걱정할 필요는 없습니다. 어차피 50억 년 후에 태양이 별로서의 일생을 마감할 테니까요.

지구에 골격을 갖춘 생물이 탄생한 것은 대략 5억 4000만 년 이후입니다. 따라서 그 이후에 나타난 생물의 성장에 따른 성장선을 파악할 수 있습니다. 그 이전에 있던 생물은 알 수가 없죠. 지구상에 생명이 출현한 때는 대략 38억 년 전이라고 합니다. 지구는 46억 년 전에 만들어졌고요. 그렇다면 그 사이에는 어떤 일이 있었을까요? 이것을 알기 위해서는 지구와 달 그리고 태양의 형성 과정을 이해해야 합니다.

Q2 :: 지구의 자전이 계속 느려지는 원리는 무엇인가요?

달의 인력으로 발생하는 기조력(조석력)이 원인입니다. 만유인력의 법칙에 따르면 질량을 지니는 물체 사이의 인력은 거리의 제곱에 반비례합니다. 즉 거리가 멀어질수록 인력도 작아집니다. 따라서 지구의 각 부분에 작용하는 달의 인력 또한 세기가 다릅니다. 달에 가까운 부분이 가장 세고, 지구의 중심이 그다음이며, 달에서 먼 쪽이 가장 약합니다. 이때 지구의 중심을 기준으로 보면, 달에 가까운 쪽은 달에 끌려가는 힘을 받는 것처럼 보입니다. 달과 먼 쪽은 달과 반대편으로 힘을 받는 것처럼 보이겠지요.

이 영향으로 유체인 바닷물이 지구 양편으로 볼록하게 솟아오릅니다. 한편 지구의 자전 속도가 달의 공전 속도에 비해 느리므로, 지각과 바닷물의 형태 사이에 상대 속도가 발생하여 마찰이 일어납니다. 지구가 느려지는 이유는 바로 이 마찰이 원인입니다. 여기에는 사실 달의 인력뿐 아니라 태양의 인력 또한 관여합니다. 하지만 태양은 멀리 있기 때문에, 달에 비해 지구에 미치는 영향이 절반 정도 수준으로 작습니다.

태양계의 구성원

태양계 형성 시나리오는 제 주 전공은 아니지만, 지구를 공부하다 보면 함께 공부할 수밖에 없는 영역입니다. 따라서 지금부터 할 이야기는 제가 직접 연구한 것이라기보다는 다른 사람의 연구를 정리해서 말씀드리는 셈이죠.

태양은 무얼까요? 아주 간단합니다. 태양은 별입니다. 수소와 헬륨으로 이루어진 별이죠. 여기서 별은 스스로 빛을 내는 항성을 뜻합니다. 태양계에는 항성인 태양을 중심으로 행성과 위성, 소행성, 혜성 등 많은 천체가 있죠.[3-3]

태양계의 끝은 어디일까요? 역시 간단합니다. 태양의 중력이 미치는 영역까지입니다. 그럼 거기는 어디일까요? 명왕성의 궤도까지일까

요? 명왕성만 해도 지름이 약 2,000킬로미터나 됩니다. 그러니 그 바깥 지역에도 태양의 힘이 미칠 수 있을 겁니다.

태양의 주 구성원에는 행성, 위성, 왜행성, 소행성, 혜성 등이 있다고 했습니다. 그렇다면 태양계의 행성은 무엇일까요? 먼저 태양의 중력권 안에 있어야 합니다. 그래서 태양을 중심으로 공전을 해야 하죠. 그다음으로는 충분한 질량이 있어야 합니다. 다른 말로 하면 충분히 커야 한다는 겁니다. 이 말은 다시 자체 중력으로 '유체역학적 평형'을 이루어야 한다는 뜻입니다. 말이 어렵지만 사실 간단합니다. 스스로 중력이 있어 둥근 형태를 이루어야 한다는 뜻이죠. 예를 들어 고구마처럼 길쭉하게 생긴 행성은 있을 수 없다는 거죠. 세 번째 조건이 중요합니다. 자신의 공전궤도에서 지배적인 역할을 해야 합니다. 다른 궤도는 몰라도 최소한 자기 궤도에서는 주인공이어야 한다는 거죠.

명왕성이 태양계의 행성에서 제외된 것은 이 세 번째 이유 때문입니다. 명왕성은 지름이 2,300킬로미터고, 그 위성 카론의 지름은 1,200킬로미터입니다.[3-4] 그래서 달이 지구 주위를 돌 듯이 카론도 명왕성의 주위를 돕니다. 그런데 이 둘의 크기가 엇비슷하기 때문에 무게중심이 명왕성과 카론의 중간에 있습니다. 지구와 달은 질량 차이가 80대 1입니다. 그러니 그 무게중심이 지구에 있죠. 수많은 위성을 거느린 목성도 마찬가지고요. 명왕성은 안타깝게도 그러지 못합니다. 명왕성 주위를 카론이 도는 게 아니라 명왕성과 카론의 중간 어느 지점을 중심삼아 둘이 서로 회전하는 것으로 봐야 하죠. 주연과 조연의 구분이 애매한 것입니다.

2006년 국제천문연맹은 이런 이유로 명왕성에게서 태양계 행성의 지위를 박탈했습니다. 대신 왜행성dwarf planets이라는 말을 만들어냈죠. 혹은 '명왕성 같은 것들'이라는 의미로 plutoids라고도 부르기로 했습니다.

그 후에 왜행성이 많이 발견이 됐습니다. 하우메아Haumea, 마케마케Makemake, 에리스Eris 등이 발견되었죠. 태양계의 중심에는 태양이 있고, 그 주변에 행성이 있고, 행성 주변에는 위성이 있습니다. 그리고 왜행성이 있습니다. 행성 중에서 가장 바깥에 있는 해왕성Naptune 바깥 30AU에서 50AU에 이르는 공간에 이런 왜행성이 어마어마하게 많습니다. 이런 것을 카이퍼벨트Kuiper Belt(태양계의 해왕성 궤도보다 바깥이며, 황도면 부근에 천체가 도넛 모양으로 밀집한 영역)라고 합니다.

왜행성 바깥에도 많은 태양계 천체가 있습니다. 특히 혜성 같은 것들은 궤도가 비정형이기 때문에 무척 멀리까지 갔다가 돌아오죠. 이런 것들은 묶어서 '오르트구름'이라고 해요. 카이퍼벨트는 최대 50AU, 멀리 나가는 것들은 200AU도 나가는데, 오르트구름은 10만

AU까지 봅니다. 거의 1광년보다 먼 셈이죠. 그러니까 태양계가 얼마나 큰지 알 수 있겠지요!

태양계의 형성 과정

태양계는 우리에겐 아주 중요하지만, 사실 우리은하에서 보면 그다지 대단치 않은 별에 속합니다. 크기가 작기 때문이죠. 지금 이 순간에도 우리은하에서는 계속해서 별이 만들어지고 있습니다. 별은 성운이 수축해 만들어지는데, 현재 천문학자들이 관측한 바에 따르면 대부분의 성운은 역학적으로 안정되어 있습니다. 즉 수축하지도 않고 팽창하지도 않는다는 것이죠. 별이 만들어지려면 성운이 수축해야 하죠. 결국 주변 어딘가에서 초신성 폭발이 일어나야 한다는 것입니다.

초신성이 폭발하면 엄청난 파동이 충격을 주기도 하고, 또 폭발과 함께 퍼져나가는 물질이 주변의 성운에 들어가 균형을 깨뜨리죠. 안정된 성운의 균형이 깨지면 별은 자동적으로 만들어지게 됩니다. 성운은 대부분 99퍼센트의 가스와 1퍼센트도 안 되는 먼지로 구성되어 있습니다. 이 먼지는 거의 마이크로미터 수준의 크기인데, 쉽게 설명하자면 담배연기의 입자가 그 정도 크기입니다.

성운의 수축으로 태양이 만들어졌다면, 우리 태양 성운은 아마 46억 년 전만 해도 안정적이었을 겁니다. 그런데 어느 날 가까이에 있던 어느 별이 일생을 마감했겠죠. 초신성 폭발이 일어나야 하니 굉장히 큰 별이었을 겁니다.

성운이 수축하면 중앙부에서 태양이 만들어지고, 주변에 원반이 형성됩니다. 그 시기를 대략 45억 7000만 년 전, 더 정확하게 측정한 값은 45억 6800만 년 전 정도로 예측합니다. 그 뒤 어느 정도 시간이 지나 원반에 있던 먼지들이 정전기 때문에 서로 달라붙기 시작합니다. 그러다 점점 덩치가 커지는 것이죠.

요약하자면 이렇습니다. 어느 초신성 폭발로 태양 성운이 수축해서 일단 원시 태양이 만들어집니다. 그 주변에 원반이 형성되고, 그 원반에서 원시행성이 만들어집니다. 그리고 그 이 원시행성이 우리 행성의 기원이 되는 것입니다.

원반의 회전 적도면에 알갱이들이 모이는데, 이 과정은 태양 성운이 수축하고 첫 수천 년 동안 일어납니다. 그 뒤 지름 1킬로미터 미만의 미행성이 생성되고 이후 그것이 주변의 알갱이를 흡수하면서 지름 1,000킬로미터의 원시행성이 만들어집니다. 그중 몇 가지가 모여 지금 우리가 알고 있는 지구형 행성이 만들어지죠. 어떤 자료에 따르면 우리 지구형 행성 영역에 수천 킬로미터 정도 되는 원시행성이 적어도 20개 정도 모였다고 해요. 그중 가장 많은 원시행성이 모여서 지구가 이루어졌다고 생각합니다. 그 기간은 1,000만 년이라고도 하지만 대략 수천만 년 정도로 볼 수 있습니다.

이런 실마리는 운석에 대한 연구를 통해 알 수 있습니다. 2008년에 《사이언스》에 발표된 논문을 소개하겠습니다. 지름 5센티미터 크기의 작은 운석에 대한 논문이죠. 논문의 저자인 벤저민 바이스Benjamin Weiss가 이 운석에 남아 있는 잔류 자기를 측정한 결과 이 운석이 떨어져 나온 행성의 크기는 약 160킬로미터 정도라고 합니다. 45억 6500만 년 정도 전에 형성된 것이죠. 앞에서 이야기한 미행성 단계에 있는 것들에서 떨어져나왔죠. 현재까지 알려진 가장 오래된 운석의 나이가 45억 6800만 년이니까 굉장히 초기에 태어났다는 사실을 알 수가 있습니다. 결국 이런 것들이 모여서 지금 우리가 살고 있는 행성이 만들어졌다고 보면 됩니다.

지구와 달의 탄생

지구형 행성에는 수성, 금성, 지구, 화성이 있습니다.^{Q3} 그런데 우리 지구는 다른 지구형 행성과 달리 굉장히 커다란 위성을 갖고 있죠. 화성에도 위성이 있다고 알려져 있지만, 아마도 무척 작을 겁니다. 크기도 수 킬로미터밖에 되지 않고, 그래서 소행성 내에서 붙잡혔을 거라고 해석하기도 하죠. 달은 지름이 3,400킬로미터에 이를 정도로 엄청나게 큰 위성입니다.

달은 어떻게 생겨나게 됐을까요? 현재 지구와 달이 만들어지는 과정을 설명하는 가설 중 가장 유력한 것은 거대 충돌설입니다. 두 개의 큰 원시행성이 부딪쳤다는 것이죠. 간단히 설명하면, 약 45억 년 전, 그러니까 태양계가 탄생한 지 5000만~6000만 년이 지난 뒤 지금 지구 크기의 90퍼센트 정도인 원시 지구에 화성 크기의 원시행성이 충돌한 것이죠. 이 원시행성의 이름은 테이아Theia라고 합니다. 테이아의 어원은 그리스 신화에서 달의 어머니, 즉 달의 여신의 어머니란 뜻입니다.³⁻⁵

이 두 개의 커다란 원시행성이 충돌하면 어떤 일이 벌어질까요? 두 행성이 충돌하면, 가운데 있던 무거운 물질이 합쳐져 핵이 굉장히 커집니다. 그 주변에 있던 물질들은 서로 충돌하면서 바깥으로 튕겨나가죠. 물론 이 중에는 지구 인력권을 벗어난 것도 있을 겁니다. 하지

Q3 :: 지구형 행성인 금성에 물이 없는 이유는?

지구와 금성은 크기가 비슷합니다. 금성에 물이 없는 이유는 간단히 말해서 태양에 너무 가깝기 때문입니다. 태양복사 에너지의 영향을 크게 받아 물 분자 대부분이 수소와 산소로 분해되어버린 것이지요. 이 현상을 광전리라고 합니다. 광전리로 인해 발생한 수소는 가볍기 때문에 지표면으로부터 멀리 벗어나게 됩니다. 이러한 이유 때문에 금성에는 물이 거의 없습니다.

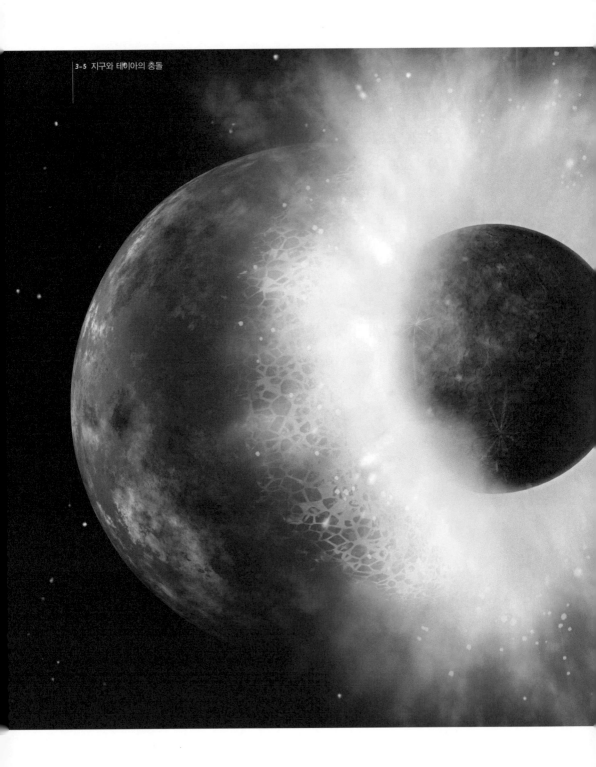

만 결국 원시 지구의 중력 때문에 튕겨나간 암석 부스러기들이 지구 주위를 계속 돌게 됩니다. 이 경우 로슈한계Roche limit라는 특정한 영역에 있는 덩어리들은 지구 안으로 떨어지고, 그 바깥에 있는 것들은 서로 뭉치고 모여 달을 형성하는 것이죠.

컴퓨터 모델링을 한 결과 1년도 지나지 않아 지구 주변을 돌던 암석 부스러기가 모두 떨어진다고 해요. 그러니까 일단 충돌한 이후 달이 굉장히 빨리 만들어졌다는 것입니다. 그런데 계산 결과, 충돌 후 지구의 하루가 5시간 또는 6시간 정도이고 1년은 약 1,600일이 되는 것으로 나옵니다. 엄청난 속도로 뱅글뱅글 돌았던 것이죠.

지금 태양계에서 가장 빠른 속도로 자전하는 행성은 목성입니다. 10시간마다 한 바퀴씩 돌죠. 지구도 초창기에는 그것보다 빠른 속도로 돌았다는 것입니다. 당시 지구와 달의 거리는 약 2만 4000킬로미터였습니다. 지금은 약 36만 킬로미터 정도죠. 지난 45억 년 사이에 14만 킬로미터나 멀어진 것입니다. 45억 년 전의 지구에서는 달이 엄청나게 크게 보였을 겁니다. 조력도 지금보다 강해서 파도도 무척 크게 치고, 밀물과 썰물도 지금보다 차이가 컸으리라 예상할 수 있죠. 지금 이 순간도 달은 1년에 3센티미터씩 지구로부터 멀어지고 있습니다.

원시 지구와 테이아가 충돌한 직후 지구의 질량은 증가했습니다. 지금의 90퍼센트 크기에서 지금의 크기로 늘어났죠. 아마 그때 지구의 자전 속도와 자전 주기, 기울기가 정해졌으리라 생각됩니다. 금성은 자전 속도가 234일입니다. 무척 느리죠. 그리고 금성은 지구와 반대 방향으로 자전을 하죠. 이를 보면 행성이 만들어지는 마지막 단계에서 어떤 사건이 일어났느냐에 따라, 또 어떤 방향으로 충돌했느냐에 따라 많은 것이 정해짐을 알 수 있습니다. 금성은 지구와 반대 방향으로 자전을 하죠.

로슈한계 범위 안에 있던 암석 부스러기(말은 부스러기라고 하지만 사실은 지름이 수십 킬로미터에 이르는 것들입니다)들이 지구로 떨어질 때 엄청난 에너지를 품은 채 지구와 충돌합니다. 그 결과 지구의 겉 부분은 녹을 수밖에 없고, 그래서 마그마 바다가 만들어집니다. 정확한 값은 아니지만 학자들은 그 깊이가 수백 킬로미터는 되지 않을까 추정합니다. 이렇게 작은 운석들이 끊임없이 지구와 충돌하기 때문에 탄생 직후 지구의 모습은 마치 이글거리는 불덩어리 같았을 겁니다.

지구가 마그마 바다로 뒤덮인 기간은 충돌 후 200만 년 정도일 거라고 추정합니다. 바꿔 말하면 그 뒤부터는 마그마의 겉 부분이 식어서 굳기 시작했다는 뜻입니다. 하와이나 제주도에서 볼 수 있는 검은 용암지대를 상상하시면 됩니다.

44억 년 전에 일어난 일

지구와 테이아가 충돌한 뒤 수백만 년 동안 지구는 용암으로 덮여 있었죠. 그럼 대륙과 바다는 언제 만들어졌을까요? 이것을 알려면 대륙과 바다의 특성을 알아야 합니다. 지금 지구의 겉 부분은 대륙지각과 해양지각으로 나뉘어 있습니다. 해양지각의 두께는 평균 7킬로미

	대륙지각	해양지각
두께	평균 35(10~70)km	평균 7(5~8)km
P파의 속도	6km/s	7km/s
밀도	2.7	3.0
구성암석	화강암, 퇴적암	현무암

3-6
대륙지각과 해양지각의 비교

터밖에 되지 않습니다. 반면 대륙지각은 평균 35킬로미터나 되죠. 그러니까 대륙지각이 해양지각에 비해 평균 다섯 배 정도 두꺼운 셈입니다.

또 지진파에서도 차이가 있습니다. p파라는 지진파의 속도가 해양지각에서는 초속 7킬로미터이고 대륙지각에서는 초속 약 6킬로미터입니다. 해양지각이 조금 빠르죠. 밀도도 다릅니다. 대륙지각은 밀도가 2.7이고 해양지각은 3.0입니다. 해양지각이 조금 무겁다는 뜻이죠. 구성 암석도 다릅니다. 평균적으로 대륙지각은 화강암이나 퇴적암으로 구성되어 있습니다. 서울에서 볼 수 있는 암석의 대부분은 화강암입니다. 북한산이나 관악산 등 서울 주변의 산은 거의 화강암이죠. 반면에 해양지각은 거의 현무암으로 되어 있어요.[3-6]

지구에서 가장 오래된 암석은 캐나다 아카스타에 있는 편마암입니다. 약 40억 년 된 암석이죠. 이 말은 40억 년 무렵 지구의 모습을 알수 있는 기록이 있다는 뜻입니다.[3-7] 현재 지구상에서 오래된 암석, 시생대에 형성된 암석은 곳곳에 분포되어 있습니다. 시생대는 25억 년 이전 시대를 말합니다. 다시 말하면 40억 년에서 25억 년 사이의 시대를 말합니다. 시생대 암석이 발견되지 않은 지역은 25억 년 이후에 만들어졌다고 할 수 있습니다. 아마 25억 년 이전에는 지구의 대륙도 굉장히 좁았을 겁니다.

가장 오래된 암석 말고, 가장 오래된 물질은 뭘까요? 그것은 광물로 44억 년 전에 만들어진 것이 발견되었습니다. 2001년에 오스트레일리아의 잭힐스Jack Hills 역암에 대한 논문이 발표되면서 그 안에 있던 광물이 세상에 알려졌죠. 잭힐스 역암은 27억 년 전의 암석인데, 이 암석 안에서 44억 년이나 된 광물을 찾은 겁니다.

그 광물의 이름은 지르콘zircon입니다. 놀라운 사실은 크기가 200마이크로미터밖에 되지 않는다는 겁니다.Q4 200마이크로미터면 0.2밀리미터죠. 육안으로는 보기 힘들 정도로 작은 알갱이지만 과학적 의미는 엄청납니다. 지르콘 덕분에 이전까지 전혀 알 수 없던 사실들이 밝혀졌습니다. 지르콘은 화강암질 마그마에서 잘 형성되고, 변성작용이나 풍화작용에 강합니다. 다른 암석은 계속 순환을 하면서 성질이 변하는데 지르콘은 그러지 않는다는 뜻입니다.

무엇보다 지르콘 속에는 우라늄이 불순물로 들어 있습니다. 다행히도 그 우라늄을 통해 암석의 연령을 측정할 수 있죠. 그렇다면 44억 년 된 자그마한 알갱이가 알려주는 과학적인 의미는 무엇일까요?

거대 충돌설에 따르면 충돌 직후에는 지구 주변에 있던 암석덩어리

Q4 :: 가장 오래된 광물의 크기가 0.2밀리미터에 불과한데 어떻게 찾아낼 수 있었는지 궁금합니다.

지르콘은 크기가 수백 마이크로미터밖에 되지 않습니다. 지르콘 광물은 화강암 같은 암석으로부터 다음과 같은 수작업을 이용해 추출합니다. 먼저 화강암을 잘게 부숴서 가루로 만듭니다. 그 후 이 암석 가루를 쟁반에 올려놓고 수돗물을 천천히 떨어뜨립니다. 지르콘은 밀도가 높아 중광물에 해당합니다. 따라서 다른 가벼운 광물에 비해 덜 이동하고 쟁반 위에 남게 되겠지요. 이렇게 얻은 시료를 전자현미경이나 질량분석기를 통해 분석하여 지르콘 광물임을 특정 짓습니다.

들이 굉장히 많이 떨어졌습니다. 그래서 시간이 흐를수록 떨어지는 불순물이 점점 줄어든다고 생각했어요. 그러다 보니 지구의 해양이 언제 만들어졌는지, 대륙이 언제 생겨났는지를 밝힐 수가 없었습니다.

그런데 새로운 시나리오에 따르면, 지르콘은 화강암질 마그마에서 만들어지기 때문이 먼저 화강암이 존재했다는 것입니다. 화강암은 대륙지각의 주 암석입니다. 따라서 44억 년 전에 대륙과 바다가 있었을 것이라는 겁니다. 이러한 내용의 논문이 〈원시 지구는 정말로 굉장히 빨리 식었나?〉입니다.

이 논문에 따르면 암석덩어리들이 단시간 동안 지구에 떨어져 바다와 대륙이 만들어졌습니다. 여기서 흥미로운 점은 충돌하는 암석덩어리의 숫자가 한때 굉장히 늘어났다는 겁니다. 바로 40억 년 전에서 38억 년 전의 후기 대폭격기Late Heavy Bombardment라고 이름 붙인 시기에 말이죠.

44억 년부터 40억 년 사이에 있었을 원시 지구의 모습은 어땠을까요? 달이 무척 가까이 있고, 바다는 이미 만들어졌을 겁니다. 마그마 바다는 겉이 굳기만 하면 굉장히 빠른 속도로 수증기가 물로 바뀌었을 테니까요. 대륙은 아직 많지 않을 겁니다. 아마 조그만 섬처럼 보였겠죠. 그리고 아직도 합쳐지지 않은 미행성들이 이 바다 위로 떨어졌을 겁니다.

맨틀 대류와 대륙의 탄생

이제 대륙이 만들어질 차례입니다. 대륙이 형성되기 전에 마그마 바다로부터 형성된 초창기의 원시지각은 대부분 현무암이었을 겁니다. 어느 학자의 추정에 따르면 당시 원시지각의 두께는 30킬로미터

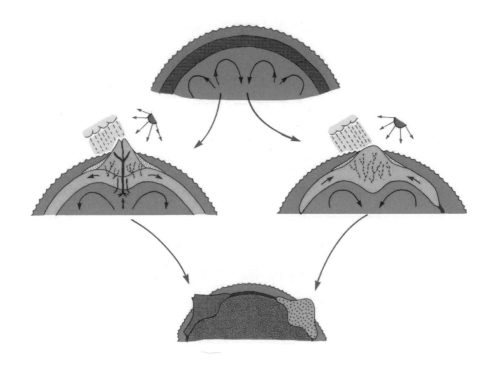

3-8
맨틀의 두 가지 대류 운동

였을 겁니다.

현재 해양지각의 두께가 약 7킬로미터 정도니까 당시의 지각이 훨씬 두껍다고 할 수 있죠. 그런데 이런 현무암질의 해양지각이라고 할 수 있는 곳에서 대류이 만들어져야 하잖아요. 대류이 만들어지는 가능성에는 여러 시나리오가 있습니다.

마그마 바다라는 것은 결국 뜨거운 암석이 계속 순환하는 상태입니다. 맨틀 아래서 대류가 일어나는 것이죠. 이때 두 가지 서로 다른 운동으로 대류가 형성됩니다.³⁻⁸ 먼저 대류가 상승하는 곳이 있습니다. 마그마가 상승하는 것은 가볍기 때문인데, 그러다 보면 지형적으로 높은 섬이 생겨납니다. 태평양의 하와이가 여기에 해당합니다. 하와이 제도 아래 마그마가 있어서 용암을 밀어내는데, 밀도가 낮습니다. 그래서 굉장히 높게 올라가죠.

대륙이 형성될 때도 이와 같은 과정이 있었을 것이라고 봅니다. 대류가 상승하면서 마그마층이 솟아오르고, 그 뒤에 일반적으로 지구 표면이 겪는 자연 활동인 풍화·침식·운반·퇴적 작용을 거쳐 지금의 모습이 된 것입니다.

반면에 맨틀 대류가 하강하는 경우에도 대륙이 형성됩니다. 다만 이때는 마주 보는 지각의 밀도가 거의 같습니다. 맨틀 대류에 의하여 같은 밀도의 원시지각이 서로 밀면, 암석이 녹아 가볍기 때문에 지각이 상승합니다. 이렇게 지형적으로 솟아오른 부분도 마찬가지로 풍화·침식·운반·퇴적 작용을 거쳐 지금의 대륙이 된 것이죠.

우리 지구에는 40억 년 전에서 38억 년 전 사이에 후기 대폭격기라는 시기가 있었습니다. 그런데 그 흔적을 찾기는 거의 불가능합니다. 그렇다면 이 시기를 어떻게 추정할까요? 바로 달에서 찾을 수 있습니다. 달을 보면 새카맣게 보이는 부분이 있습니다. 문학적으로 달의 바다라고 표현하지만, 사실 이것은 운석 충돌 흔적입니다.

달의 운석 충돌구 중에서 가장 큰 임브리엄Imbrium은 지름이 약 1,000킬로미터나 됩니다. 보통 운석의 크기는 남겨진 충돌 흔적의 10분의 1이라고 합니다. 그러니까 임브리엄을 만든 미행성의 크기는 약 100킬로미터인 것이죠. 달을 보면 수많은 미행성이 충돌했음을 알 수 있습니다.[3-9] 그런데 그 나이가 모두 39억 년에서 38억 년 사이에 몰려 있다는 것이죠. 달에 100킬로미터 정도 되는 임브리엄을 비롯해 이렇게 많은 미행성이 충돌했다면 달보다 큰 지구는 훨씬 더 큰 미행성의 공격을 받았을 거라고 추측할 수 있습니다. 어쩌면 이때의 충돌 때문에 40억 년보다 오래된 암석이 발견되지 않는 것인지도 모릅니다. 미행성이 전부 파괴해버렸기 때문이죠.

40억 년 전부터 38억 년 전 사이에 왜 후기 대폭격기가 있었는지는

아직 알 수 없습니다. 그 이유를 알아낸다면 어쩌면 태양계의 진화나 형성 과정을 훨씬 잘 이해할 수 있겠죠. 어쨌든 미행성의 대충돌 이후 지구는 비교적 안정적으로 유지되어왔습니다. 그리고 대륙들이 판운 동을 벌이면서 지금의 지구가 된 것이죠.

3-9
달의 바다

우리 삶의 터전, 지구

45억 7000만 년 전 우리은하에 어느 별이 폭발하면서 태양 성운이 수축하기 시작합니다. 수축된 먼지와 가스는 태양이 되었고, 태양을 중심으로 먼지와 암석 원반이 공전을 하게 됩니다. 그것들끼리 뭉치고 모여 원시행성이 만들어집니다.

지구는 그로부터 5000만 년이 지난 뒤에 미행성들이 충돌하는 과정에서 형성되었을 겁니다. 원시 지구에 테이아라는 커다란 미행성이 충돌하고 서로 균형을 이루면서 지금과 같은 지구와 달이 되었죠.

지구와 달이 충돌한 직후에 핵과 맨틀이 분리되고, 어쩌면 바다도 탄생했을 겁니다. 지금으로부터 44억 년 전 이후에 대륙도 만들어지고, 지각의 분화도 일어나고, 해양도 나름대로 진화를 시작합니다. 그리고 원시 대기도 만들어지죠. 원시 대기는 지금과 성분이 완전히 달랐을 겁니다.

그러던 중 40억 년 전에서 38억 년 전에 후기 대폭격기라는 미행성 대폭격의 시대가 있었습니다. 작은 운석부터 수십 킬로미터에 이르는 미행성이 지구와 달에 쏟아졌습니다. 이런 대폭격이 끝난 38억 년 전 이후 지구는 안정적인 진화를 시작할 수 있었습니다.

지구는 우리 삶의 터전입니다. 하지만 우리가 살고 있는 이 지구에 대해 생각하는 사람은 많지 않은 것 같습니다. 생물과 환경에 대해서는 중요하게 생각하지만, 지구 자체에 대해 궁금해하거나 고민하는 사람은 많지 않은 편이죠. 앞으로 더 많은 사람들이 우리가 살고 있는 지구라는 터전에 대해 더 많이 생각하고 공부하면 좋겠습니다.

QnA

지구의 기원에 대해
묻고 답하다

대담

최덕근 교수
강연자

이강근 교수
서울대학교 지구환경과학부

노정혜 교수
서울대학교 생명과학부

조문섭 교수
서울대학교 지구환경과학부

노정혜 지구 대기권 진화는 어떻게 이루어졌나요?

최덕근 마그마 바다에 비가 내려 지표면이 식기 시작한 후에 지구의 대기 성분은 대부분 이산화탄소였을 것입니다. 현재 대기 성분이 질소 78퍼센트, 산소 21퍼센트인 상황과는 많이 다르지요. 먼저 이산화탄소가 줄어들고 산소가 늘어난 이유는 생명이 탄생했기 때문입니다. 38억 년 전 광합성을 하는 생명체들이 생겨나면서 대기 중의 탄소 성분은 모으고 산소는 방출한 것이지요. 또한 골격을 형성하는 데에 탄소를 사용하는 생명체의 영향도 있었습니다. 현재 대기 중에 질소가 많은 이유는 질소가 비활성 기체이기 때문에 지구가 탄생한 이래 농도가 꾸준히 증가했기 때문입니다.

오세정 지구의 나이를 45억 6000만 년으로 특정할 수 있는 근거는 무엇인가요?

최덕근 방사성동위원소의 반감기를 이용한 연대측정법 덕분입니다. 우라늄 원자핵이 붕괴하면 납 원자핵이 되는데요. 이때 우라늄 원자핵의 정확히 절반이 납 원자핵이 되는 시간은 항상 일정합니다. 따라서 현재 암석과 초기 암석에 포함된 납의 함량을 정확하게 알면, 지구의 나이를 계산할 수 있는 것이지요.
지구에서 발견되는 암석은 아무리 오래 되었어도 지구 표면이 안정화된 이후에 생성되었을 것입니다. 따라서 지구와 비슷한 시기에 형성되었을 것으로 추정되는 운석을 분석해야 합니다. 1950년대에 미국의 클레어 패터슨이라는 학자가 납 동위원소를 이용한 연대측정법을 개발해, 석질운석 세 개와 철질운석 두 개를 각각 분석해서 지구의 나이를 밝혀냈습니다.

질문 1 지구의 자전이 느려 하루가 길어지는데, 지구 초기와 지금의 1년이 어떻게 같다고 볼 수 있는지요?

최덕근 과거와 현재를 비교해볼 때, 지구의 공전 속도가 바뀌지 않았다는 것이 전제입니다. 지구의 자전 속도는 달과 태양의 인력으로 발생하는 조석력 탓에 점점 느려집니다. 하지만 공전 속도의 경우, 외부에서 다른 중력 작용이 있지 않은 이상 변화하지 않을 것입니다. 즉 지구가 태양 주위를 한 바퀴 돌아 다시 원래 위치로 돌아오는 절대적인 시간에는 변화가 없습니다. 한편 자전 속도는 점점 느려져 하루의 길이는 점점 길어집니다. 따라서 1년을 이루는 날짜 수가 시간이 지남에 따라 점점 줄어드는 것입니다. 과거에 400일이었다면 현재 365일인 것처럼요.

질문 2 목성은 위성을 많이 거느리고 있어 조석력의 영향을 크게 받을 것 같은데, 오히려 자전 속도가 빠른 이유가 무엇인지 궁금합니다.

최덕근 목성의 질량은 매우 커서 가장 큰 위성인 가니메데와 비교해도 1만 배 이상 차이가 납니다. 지구와 달의 질량이 약 80배 차이인 것을 볼 때 그보다 훨씬 큰 수준입니다. 따라서 위성에 의한 조석력의 영향은 미미할 것입니다. 행성이 자전하는 이유는 형성 당시에 물질들이 가지고 있던 관성력이 유지되기 때문입니다. 목성형 행성의 자전 속도가 빠른 정확한 이유는 알 수 없습니다. 다만 질량과 크기가 크다는 점에서, 행성이 형성될 때 많은 양의 물질들이 원래 가지고 있던 관성력과 합쳐져 초기부터 빠르게 자전했을 것으로 추정됩니다.

질문 3 화성에서 물의 흔적과 함께 질소의 존재가 발견되었는데, 생명체가 존재할 가능성에 대해 어떻게 생각하시는지 궁금합니다.

최덕근 현재까지 알려진 지구의 생명체들은 물을 기반으로 해서 살아갑니다. 또한 질소는 유전자를 이루는 원소이기 때문에 생명체의 필수 요소입니다. 물이나 질소가 꼭 생명체의 존재를 보장하는 것은 아니지만, 생명체가 존재할 수 있는 환경의 중요한 조건 중 하나로 생각됩니다.

질문 4 지리적 관점이냐 자기적 관점이냐에 따라 남북극의 위치가 달라지는 이유는 무엇인가요?

최덕근 지구의 외피인 지각은 딱딱한 고체입니다. 한편 지구 내부는 바깥에서 안쪽으로 봤을 때 점성이 강한 탄성 고체인 맨틀, 액체인 외핵, 고체인 내핵으로 이루어져 있는데요, 이 중 외핵이 전기 전도도가 큰 철과 니켈로 구성되어 있습니다. 이에 따라 유체인 외핵의 대류 현상과 함께 자기장이 발생합니다. 지리적 관점의 진북과 자기적 관점의 자북이 일치하지 않는 것은 지각과 핵의 운동이 다르기 때문입니다. 외핵의 운동이 변함에 따라 지구 자기장의 분포는 끊임없이 변하기 때문에, 자북과 자남은 계속 이동하고 있습니다.

생명의 기원

우연한 일들의 집합이
생명을 탄생시키다

최재천

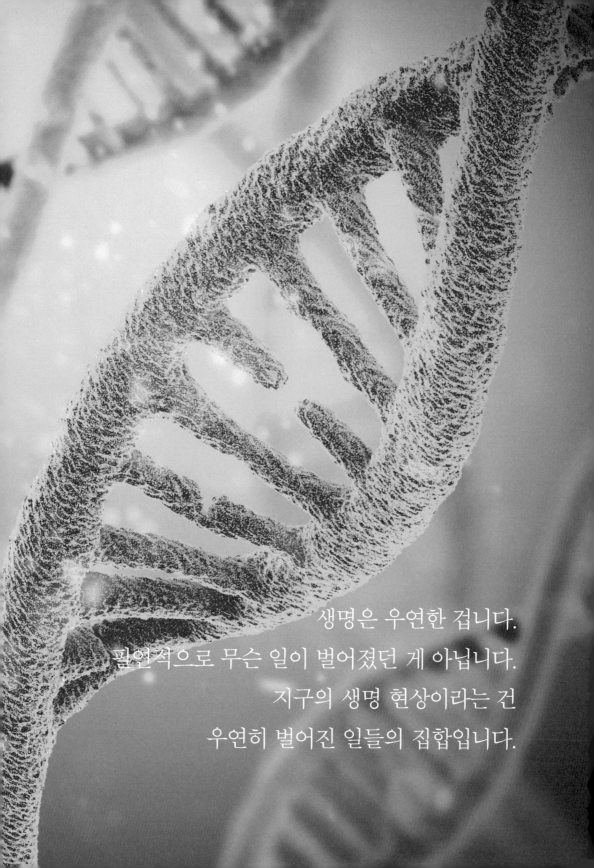

생명은 우연한 겁니다.
필연적으로 무슨 일이 벌어졌던 게 아닙니다.
지구의 생명 현상이라는 건
우연히 벌어진 일들의 집합입니다.

최재천

서울대학교에서 동물학을 전공하고 하버드 대학교에서 생물학 전공으로 박사학위를 받았다. 서울대학교 생물학과 교수를 거쳐 이화여자대학교 에코과학부 석좌교수이자 통섭원 원장을 지냈다. 환경운동연합 공동대표, 한국생태학회장 등을 역임했고, 대한민국 과학문화상, 한일국제환경상, 대한민국과학기술훈장 등을 받았다. 한국에 통섭이라는 키워드를 퍼뜨려 학문의 지평을 넓히는 데 크게 기여했다. 저서로는 《개미제국의 발견》, 《생명이 있는 것은 다 아름답다》, 《열대예찬》, 《여성시대에는 남자도 화장을 한다》, 《대담》(공저) 등이 있고, 《인간은 왜 늙는가》(공역), 《통섭》(공역) 등을 우리말로 옮겼다. 현재 국립생태원 원장으로 일하고 있다.

지구에 어떻게 해서 지금 우리와 같은 존재가 탄생할 수 있었을까요? 어떻게 생명이라는 게 탄생할 수 있었을까요? 확률적으로 보았을 때 거의 가능성이 없는 일입니다. 130억 년 우주의 역사에서 수많은 우연에 우연이 겹쳐 생명이 탄생한 겁니다. 이것은 어쩌면 확률이 낮은 기적일 겁니다. 확률적으로 말도 안 되는 일이 일어난 겁니다.

생명은 자신과 똑같은 것을 복제하는 능력이 있는 어느 화학물질에서 시작했습니다. 어떤 시스템인지 정확히 알 수는 없지만 뜨거운 용암 스프에서 자신을 복제하는 화학물질이 등장하고, 그것들이 자신을 복제하는 과정에서 서서히 진화가 시작되었을 겁니다. 일단 태어난 생명은 자연선택의 영향을 받으면서 분화하고 분화하다 오늘날과 같은 어마어마한 생명다양성을 만들었습니다.

이렇게 태어난 생명은 역설적이게도 죽음이라는 공통분모에 묶입니다. 모든 생명은 태어나면 죽습니다. 생명의 특징은 죽음입니다. 하지만 동시에 생명은 영속성을 지닙니다. 최초의 RNA 혹은 DNA의 생명은 다양한 생물종의 개체를 거치며 영속적으로 존재합니다. 오늘날 살아 있는 생명을 거슬러 올라가면 모든 생명은 하나의 생명체로 수렴합니다. 인간과 침팬지는 언젠가 같은 유전자를 공유했고, 더 거슬러 올라가면 어떤 하나의 미생물이었습니다. 결국 지구에 살고 있는 모든 생명체는 한 가족입니다.

그러나 인간은 무슨 짓을 하고 있습니까? 한 가족이었던 수많은 생물종을 멸종시키며 지구를 파괴하고 있습니다. 알면 사랑할 수 있습니다. 자연에 대한 끊임없는 앎에서 자연에 대한 사랑이 나옵니다. 자연에 대해 끊임없이 알아가려는 노력은 과학자만의 것이 아닙니다. 자연에 대한 사랑은 인간이 취할 수 있는 가장 인간다운 모습일 겁니다.

생물학은 관찰하는 학문

오늘 제가 강의할 주제는 '생명의 기원'인데 저는 여기에 '생명의 진화'까지 덧붙이고자 합니다. 고백하자면 저는 오늘 생명의 기원에 대해 말씀드릴 것이 많지 않습니다. 지난 수십 년 동안 대학에서 생물학을 가르쳤는데, 그때도 생명의 기원에 대해서는 제대로 가르친 적이 없습니다. 항상 간단히 짚고 넘어가는 정도였죠.

제가 이런 말씀을 드리는 이유는 제 전공이 저도 뭔지 헷갈릴 때가 많아서 그렇습니다. 저에 대한 호칭이 생태학자, 사회생물학자, 동물행동학자, 심지어 통섭학자까지 있습니다. 그런데 사실 통섭학이란 학문은 없죠. 그래서 저더러 전공이 뭐냐고 묻는다면, 저는 그냥 관찰이라고 하겠습니다. 제가 하는 모든 일이 사실 관찰이기 때문입니다.

저는 동물들이 어떻게 사는지를 끊임없이 관찰해왔습니다. 그러다 보니 자연히 동물 중에서 가장 신기한 동물인 인간도 제 관찰 영역에 포함되었죠. 안타깝게도 생명의 기원은 제 관찰 영역에 없습니다. 관찰이 불가능한 영역이었기 때문이죠. 생명의 기원은 현재의 데이터를 바탕으로 유추해볼 수밖에 없습니다. 결코 쉬운 작업이 아니죠. 그래서 저는 오늘 생명의 기원에 대한 이야기에서 시작해 생명의 진화로 확장해서 강연하겠습니다.

본격적으로 강의를 시작하기 전에 저에 대한 이야기를 먼저 조금

하겠습니다. 지금까지 이 자리에서 강의한 선생님들과 달리 저는 조금 독특한 분야를 연구해왔습니다. 어찌 보면 꼭 저런 것까지 공부해야 하나 싶을 정도로 별 볼 일 없는 연구를 해왔죠.

저는 대학에 들어간 뒤에도 방황을 했습니다. 중학교 2학년 때 시를 써서 상을 받은 뒤 문학을 공부하리라고 생각했습니다. 그래서 무조건 문과를 갈 것이라고 믿었죠. 심지어 고등학교 3학년 때는 미술 선생님께서 저를 어떻게 보셨는지, 미대를 가려고 1학기 내내 조각 연습을 하기도 했습니다. 그런 제가 문과와 이과를 억지로 나누는 대한민국의 특이한 교육시스템에 엉켜 생물학을 전공하게 되었죠.

자연과학을 전공하면서도 인문학에 대한 끈을 놓지 못해 매일 다른 생각만 하면서 살았습니다. 유학을 떠나서도 전공 과목보다는 유명한 철학자의 특강이나 예술 강연을 들으러 다녔죠. 그래서 박사학위를 따는 데 11년이나 걸렸습니다. 그런데 천만 다행히도 세상이 저를 위해서 변해주더군요. 예전에는 한 우물만 파는 사람이 성공했는데, 언제부턴가 학문의 경계를 넘나드는 게 나쁘지 않은 정도가 아니라 그것이 대세인 세상이 된 것입니다. 통섭이라는 것이 뭔지도 모른 채 살았는데도 그런 세상이 된 것이죠.

생물학은 자연과학의 영역에 속하긴 하지만 물리학이나 화학과는 조금 다른 학문입니다. 물리학이나 화학은 끊임없이 쪼개고 쪼개고 쪼개서 부분을 들여다보는 일이 가장 주된 학문입니다. 하지만 그런 방식으로는 생명 현상이라는 것을 제대로 연구할 수가 없습니다. 자연과학에서 생물학을 하는 사람은 분석력뿐만 아니라 종합력도 필요합니다. 미세한 것을 들여다보다가도 한 발짝 뒤로 물러서 전체를 볼 줄 알아야 하죠. 어떻게 보면 딴짓을 할 줄 아는 품성도 생물학자에게는 중요합니다.

저는 지금 충청남도 서천군에 있습니다. 서울에서 세 시간이 걸리는 곳이죠. 제가 서천에 있는 이유는 그곳에 있는 국립생태원에서 일하고 있기 때문입니다.

국립생태원은 한반도 생태계를 비롯하여 열대, 사막, 지중해, 온대, 극지 등 세계 5대 기후와 그곳에서 서식하는 동식물을 한눈에 관찰하고 체험해볼 수 있는 생태 연구·전시·교육의 공간입니다. 이곳만 방문하면 세계의 5대 기후 생태계를 모두 엿볼 수 있죠. 이런 개념의 전시는 세계 어디에도 없을 거라고 자부합니다. 저희가 추구하는 것은 한마디로 생명의 다양성 Diversity of life입니다.

2년 전 저는 영장류학자 제인 구달Jane Goodall[＞] 박사와 함께 생명다양성재단을 세웠습니다. 생명다양성 diversity in life은 생물다양성diversity of life과 조금 다른 개념입니다. 생물다양성이 다양한 생물종의 보존에 중점을 두는 개념이라면 생명다양성은 삶의 다양한 모습을 아우르는 개념입니다. 어찌 보면 저는 평생 '다양성'이라는 문제를 붙들고 살아왔던 것 같네요.

생명의 탄생, 확률의 기적

저는 죽기 전에 꼭 쓰고 싶은 책이 하나 있습니다. 제목도 정해놨습니다. 바로 《생명》입니다. 단순히 '생물학 개론' 같은 책이 아니라 생물학적으로 본 생명, 종교적으로 본 생명, 사회학적으로 본 생명 등 여러 각도에서 본 생명에 대한 연구 결과를 모두 담아보려 합니다. 이 책에는 분명 '생명의 기원'이라는 챕터가

> **＞ 제인 구달**
> 세계적인 동물학자이다. 1957년 케냐에서 저명한 고생물학자 루이스 리키 부부와 만난 것이 계기가 되어 1960년부터 야생 상태의 침팬지를 자연 서식지에서 연구하는 일을 시작했다. 침팬지에 대한 연구를 계속하면서 케임브리지 대학교에서 동물행동학 박사학위를 취득했으며, 이후 탄자니아로 돌아와 침팬지와 비비를 연구하는 '곰비 강 연구 센터(Gombe Stream Research Center)'를 설립했다. 1977년 야생 침팬지의 연구 교육 보존을 위한 '제인 구달 연구소(The Jane Goodall Institute)'를 만들어 침팬지 및 다른 야생 동물 들이 처한 실태를 알리고 서식지 보호와 처우 개선을 위한 운동을 시작했다. 또한 '루츠 앤 슈츠(Roots &Shoots)'와 'TACARE(The Lake Tanganyika Catchment Reforestation and Education)'라는 프로그램을 통해 전 세계 어린이들 및 아프리카 지역 거주민들과 함께 지구를 보호할 방안을 모색하고 있다. 2002년에는 UN의 '평화의 메신저'로 임명되었으며, 전 세계를 돌아다니며 세계 평화와 지구의 모든 종(種)의 평화에 이바지하기 위해 노력하고 있다.

들어갈 수밖에 없을 겁니다. 제가 생물학을 하고 진화학을 하기 때문인지 생명의 기원에 대한 질문을 자주 받게 됩니다.

생명의 기원은 결국 확률의 문제라고 생각합니다. 지구에 어떻게 해서 생명이라는 것이 탄생할 수 있었을까? 확률적으로 계산해보면 거의 있을 수 없는 일이 일어난 겁니다. 수많은 우연에 우연이 겹쳐 생명이 탄생한 겁니다. 확률적으로 볼 때 말도 안 되는 일이 벌어진 거죠.

예를 들어 내일도 태양이 뜨리라는 것은 아마 확률적으로 100퍼센트에 가깝습니다. 물론 지금 당장의 이야기죠. 언젠가 태양이 폭발하고 나면 그러지 않겠지만, 앞으로 한 50억 년 동안은 그럴 겁니다.

주사위 두 개를 던져서 합이 14인 경우가 나올 수 있을까요? 확률적으로 불가능한 일입니다. 마찬가지로 세상의 일이라는 건 절대로 일어날 수 없는 일에서 늘 일어나는 일이 일어나는 연속선상에 있습니다.[4-1] 지구에 생명이 탄생한 것은 주사위 두 개를 던져서 14가 나온 것과 비슷한 일입니다. 그렇다면 지구가 아닌 다른 곳에서도 이와 같은 일이 일어날 수 있을까요? 확률적으로 불가능에 가깝습니다. 그래서 저는 외계에 생명이 존재하지 않을 것이라고 봅니다.

4-1
생명의 기원은 결국 확률의
문제다.

하지만 반대로도 생각할 수 있습니다. 우리가 살고 있는 지구는 우주의 중심이 아닙니다. 상당히 외곽에 있는 작은 소우주에 있습니다. 우리은하 역시 그다지 특별한 은하가 아니고, 그중 태양계 또한 작습니다. 지구는 거기서도 작은 행성이죠. 우주 전체로 보면 거의 먼지와 같은 존재입니다. 이 먼지와 같은 존재에서도 이렇게 다양한 생명이 탄생했는데, 우주 전체에서 그런 일이 절대로 벌어지지 말라는 법은 없죠. 이것은 확률적으로 우길 수 있는 문제가 아닙니다. 그래서 제 답은 언제나 엇갈립니다. 어쩌면 외계에 생명이 존재할지도 모릅니다.

다만 지구가 아닌 다른 우주에 존재하는 생명이 지구의 생명과 같은 메커니즘을 따르지는 않을 겁니다. 그럴 필요가 없죠. 지구의 생명은 DNA나 RNA 같은 유전 물질의 복제에 의해서 만들어지고 유지됩니다. 외계의 생명계가 그런 시스템으로 존재해야 할 이유는 없는 것이죠. 마치 3D 프린터로 찍어내듯이 생명체가 만들어질 수도 있습니다. 불가능한 게 아닙니다. 모든 가능성을 열어놔야 합니다.

생명의 기원에 대해서는 아주 간단한 답이 있습니다. 절대자가 창조했다고 하면 됩니다. 간단하죠? 이것도 사실 답은 답입니다. 과학자의 입장에서 받아들이지 않는 것일 뿐 인간의 사고 체계, 믿음의 세계에서 이걸 믿는 사람들을 무조건 잘못됐다고 비난하는 것도 옳은 일이 아닐 수 있습니다. 사실 과학자들이 늘 열린 마음을 갖자고 주장하면서도 가끔 지나치게 닫혀 있는 것이 아닌가 싶을 때가 많아요. 믿음을 갖고 사는 사람들이 저렇게 믿고 있는 것도 그들의 세계에서는 답일 수 있습니다. 하지만 과학자는 이걸 답으로 받아들일 수 없죠. 입증 불가능한 답을 선택할 수는 없기 때문입니다.

외계에서 생명체가 왔을 거라는 주장도 있습니다. DNA의 이중나선 구조를 밝혀서 노벨상을 받은 프랜시스 크릭Francis Crick이 말년에

이 주장에 엄청나게 심취했죠. 저는 이것도 답이어선 안 된다고 생각합니다. 외계에서 왔을 가능성은 충분히 있습니다. 지구가 형성된 뒤여러 차례 커다란 소행성 충돌도 있었고, 지금도 운석이 끊임없이 지구에 떨어지죠. 외계에서 지구로 이물질의 유입은 언제나 있었기 때문에 가능한 이야기입니다. 지구가 만들어지고 생명체가 탄생하기까지 적어도 10억 년이라는 세월이 있었는데, 그 10억 년 동안에 어디선가 날아왔을 가능성을 배제할 수는 없습니다. 하지만 저는 이것이 너무나도 무책임한 답이라고 생각합니다. 이것은 전적으로 지구에만 해당하기 때문이죠. 이 주장을 받아들이면 그렇다고 외계에서 지구로 건너온 그 생명은 또 언제 처음 탄생했느냐 하는 문제를 풀어야 합니다.

우리는 생명이 지구에서 탄생했을 것이라는 전제 아래 이 문제에 접근해야 합니다. 지구가 아니라 다른 별에서 일어났다가 지구로 건너왔다는 것은 무책임한 답변입니다. 생명의 기원을 이야기할 때는 지구에만 생명이 있다는 전제로 이야기를 해야 할 겁니다. 다만 너무도 어려운 문제이기 때문에 쉽지 않죠. 실험을 통해서 유기물이 만들어질 수 있음을 입증한 학자도 있습니다. 하지만 이는 엄청나게 많은 가능성 중 하나를 보여준 것뿐이죠. 그렇게 해서 지구의 생명이 탄생했다고 말할 수 있는 단계가 아닙니다.

결론적으로, 그 옛날 고온, 고압의 용암 늪과 같은 곳에서 자신과 같은 물질을 복제할 줄 아는 화학물질이 우연히 탄생했을 겁니다. 그것이 자기를 복제하는 과정에서 서서히 자연선택의 영향을 받아 분화한 끝에 오늘날의 이 어마어마한 생명다양성을 만들어냈습니다. 많은 과학자는 이런 전제 아래 오늘도 연구를 하고 있습니다.

지금 상황에서는 그것이 과연 DNA였을지 RNA였을지 논쟁하는 중이죠. 최근에는 RNA 쪽이 우세한 상황입니다. 처음에는 RNA가 꿩장히 안정적이지 못해서 그런 물질로 시작했을 리가 없다고 DNA 쪽에 힘이 실렸습니다. 하지만 어쩌면 더 융통성이 많았던 RNA가 오히려 처음에 등장하고 그로부터 DNA도 만들어진 것이 아닌가 하는 것이죠.

생명의 기원에 관한 농담

지구는 46억 년 전에 탄생했습니다. 그로부터 거의 10억 년 후인 36억 년 전에 최초의 생명체라고 부를 수 있을 존재가 탄생했죠. 그 뒤로 묘하게도 10억 년 단위로 커다란 전환이 일어납니다.[4-2] 그리고 또한 20억 년이 지난 다음에 최초의 세포가 탄생했다고 알려져 있습니다.

간단히 설명하면, 스스로 자기를 복제하던 RNA 혹은 DNA가 어느 순간 조직화되었습니다. 그러다 어떤 막이 생겨 그 안에서 하나의 작은 시스템을 만들면서 더욱 효과적으로 복제할 수 있는 최초의 세포가 생겼죠. 그 세포들이 모이고 모여 세포들 간에 기능이 분화됐죠. 그들이 함께 생명 현상을 영위하다 결국 우리 인간과 같은 굉장히 복잡한 기능을 가진 생명체가 생긴 것이죠. 자신과 똑같은 것을 복제하는 어떤 물질이 가장 효율적으로 작동하는 방식이 저절로 만들어졌다는 것입니다.

제가 생명의 기원에 관한 이야기를 할 때 이해를 돕기 위해 드는 농담이 있습니다. DNA 사업을 하는 가상의 회사가 있는 거죠. 이곳에는 종합관제실 같은 곳이 있습니다. 수많은 모니터가 있는데 그 아래는 인간 사업, 비둘기 사업, 옥수수 사업 등 생명 종마다 하나씩 이름이 붙어 있죠. 어떤 사업 부서는 번식도 잘되고 해서 담당자가 희희낙락

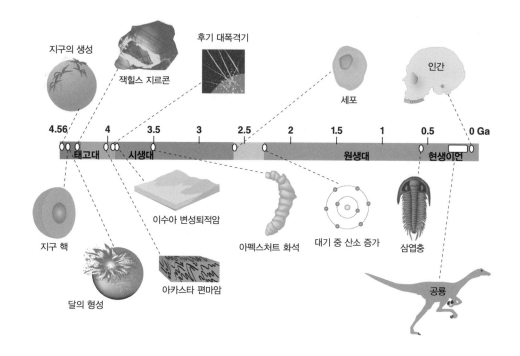

후기 대폭격기

지구의 생성

잭힐스 지르콘

인간

세포

| 4.56 | 4 | 3.5 | 3 | 2.5 | 2 | 1.5 | 1 | 0.5 | 0 Ga |

태고대   시생대   원생대   현생이언

지구 핵

이수아 변성퇴적암

아펙스처트 화석

대기 중 산소 증가

삼엽충

달의 형성

아카스타 편마암

공룡

4-2
10억 년 단위의 거대한 전환

합니다. 그런데 예를 들어 북극곰 사업부는 영 분위기가 심각합니다. 뒤에 있는 본부장이 담당자에게 막 화를 내죠. 실적 좀 내라고 말이죠. 그러다 한쪽에서 큰일 났다고 떠들썩합니다. 한 종이 멸종한 거죠. 담당자는 퇴사하고 말죠.

이 회사에서 인간 사업을 담당하는 사람이 요즘 굉장히 어깨에 힘이 바짝 들어갔습니다. 간혹 이런저런 바이러스 사업부 담당자와 티격태격하기도 하죠. 그래도 본부장은 별로 신경 쓰지 않습니다. 본부장 입장에서는 전체 실적이 중요하기 때문에 인간 사업이든 바이러스 사업이든 상관이 없죠. 어느 한 종이 멸종해도 다른 쪽에서 잘되면 좋은 겁니다. 왜냐하면 어느 한 종이 멸종한다 해도 최초의 화학물질, 자기 복제를 하던 그 화학물질 자체가 죽은 것은 아니기 때문입니다. 지구 생명의 역사는 바로 그 화학물질의 일대기입니다. 아직도 죽지

않은 그 화학물질의 일대기입니다.^{Q1}

그런데 그 화학물질은 자기가 하는 사업의 형태만 바꿨을 뿐, 똑같은 일을 하고 있는 겁니다. 새로운 종을 만들어서 더 많은 유전물질을 복제하는 일을 하는 것뿐입니다. 어쩌면 우리들은 그 사업에 이용당하고 있는 그런 존재일지도 모른다는 겁니다.

이런 점에서 다윈은 정말 대단한 사람입니다. 다윈은 현존하는 모든 생명체를 보면서 이것들이 결국은 그 옛날 하나로부터 왔을 수밖에 없다는 점를 논리적으로 유추해냈습니다. DNA의 존재도 모른 채 말이죠. 현대의 과학자들이 DNA 연구를 할수록 다윈이 맞았다는 것을 찾아내고 있습니다. 다윈은 태초에 가장 단순한 것으로 시작해 오늘날의 어마어마한 생명의 파노라마가 만들어졌다고 했습니다. 이런 점에서 다윈이 위대하다는 것이죠.

다윈, 진화론의 탄생

생명의 기원과 진화를 이야기할 때 다윈을 제외할 수는 없습니다.

Q1 :: 유전자나 바이러스 등이 자기를 복제하고 수를 늘리고 싶어 하는 이유는 무엇일까요?

왜 수를 늘리느냐 하는 문제는 이렇게 답변하고 싶습니다. 일단 자기를 복제할 줄 아는 물질이 탄생하고 난 다음부터는 이제 자연선택의 영역으로 들어오게 됩니다. 자기를 더 잘 복제할 줄 알았던 것이 선택받아서 살아남은 거죠. 그러니까 왜 그래야만 되느냐를 묻는 게 아니라 그럴 줄 알았던, 그런 탁월한 능력을 가진 게 오늘날까지 남아 있기 때문에 우리가 그걸 보는 것뿐이에요. 그러니까 꼭 그래야 된다는 어떤 당위성이 있는 게 아니라 여러 변이가 있는 중에서 누가 살아남았느냐, 누가 오늘날까지 존재하느냐 하는 것이 바로 다윈이 설명한 진화의 메커니즘입니다. 그 설명이 너무나 단순하면서 거의 모든 것에 적용할 수 있기 때문에 다윈 이론의 위대함이 있는 거예요.

지금 제가 이야기하고 있는 건 어떻게 보면 말도 안 되는 것처럼 들리지만, 그랬기 때문에 지금 살아남아 있는 거거든요. 무슨 이유가 있어서 그런 게 아니라 누가 살아남았느냐가 중요한 건데, 그래서 강한 자가 살아남는 게 아니라 살아남은 자가 결과적으로는 강한 자인 거죠. 그래서 그런 메커니즘 속에서 대부분 이게 설명될 수밖에 없는 거라고 생각합니다.

Charles Darwin.
circ. 1880.
from a photograph by Elliott & Fry.

4-3
찰스 다윈

다윈의 이론을 이해해야 생명의 역사를 이해할 수 있기 때문이죠. 비록 최초의 생명체가 어떻게 탄생했는지는 명확하게 알 수 없지만, 그때부터 지금까지 어떤 일이 벌어졌는지는 알 수 있습니다.[4-3]

다윈은 가문의 수치에서 가문의 영광이 된 사람입니다. 의사였던 다윈의 아버지는 아들도 의사가 되길 바랐습니다. 그래서 의대에 보냈더니 수술하기가 무섭다고 포기합니다. 그래서 사제가 되라며 신학대학을 보냈더니 적성에 안 맞는다고 그것도 그만두죠. 매일 곤충이나 식물만 채집하고 다닌 겁니다.

그러던 어느 날 다윈은 세계를 탐험하는 배에 오릅니다. 새로운 탐험지에서 발견한 동식물을 연구하는 연구원 자격이었죠. 3년으로 예정되었던 항해는 5년이 되었고, 1836년에야 런던에 도착합니다. 떠날 때만 해도 아무도 알아주지 않던 아마추어 생물학자 다윈은 돌아올 때 영국에서 가장 유명한 인사가 되어 있었습니다. 항해 중에 채집한 희귀한 동식물을 계속 영국으로 보냈고, 그때 쓴 여행기가 신문에 연재되면서 큰 반향을 일으켰던 것이죠.

영국으로 돌아온 다윈은 얼마 전까지 야생에 있던 동물을 그렇게 열심히 관찰하더니 다짜고짜 가축에 대한 연구를 시작합니다. 집안에 틀어박혀서 나오질 않았죠. 다윈이 관심을 가졌던 동물 중에 비둘기가 있습니다. 비둘기가 뭐 대단하냐 생각할 수 있지만 외국은 지금도 비둘기협회 같은 것이 있어서 비둘기 품평회를 하기도 합니다. 화려

한 털이 달린 비둘기, 수염 있는 비둘기, 공작 꼬리를 단 비둘기 등 온 갖 비둘기가 있죠. 물론 인간이 품종 개량을 해서 만들어낸 겁니다.

다윈이 비둘기를 관찰한 이유는 인간이 개입해 품종을 개량하는 것을 확인하고 싶었던 겁니다. 그래서 이를 인위선택Artificial Selection이라고 했습니다. 다윈이 전 세계를 돌면서 본 것은 가는 곳마다 특정 종의 동물이 다양한 형태로 존재하는 것입니다. 다윈은 이것이 어떻게 가능한지 설명하고자 했죠. 인간이 개입하면 가능하다는 것은 일단 확인한 것이죠.

1838년 다윈은 토머스 맬서스Thomas R. Malthus의《인구론On Population》을 읽습니다. 사실 '인구론'이 아니라 '개체군론'이라고 번역하는 게 더 정확합니다. 아무튼 다윈은 이 책을 읽고 큰 충격에 빠집니다.《인구론》에는 인간뿐 아니라 온갖 동식물 개체군 집단이 어떻게 성장하는지가 담겨 있습니다. 어마어마한 데이터를 바탕으로 한 도표와 숫자로 가득한 책이죠. 수학을 지독히도 싫어했던 다윈은 이 책에 어떤 답이 있을 거라 믿었습니다.

자원은 한정되어 있고, 증가하더라도 산술급수적으로 서서히 증가합니다. 하지만 그 자원을 이용해야 하는 존재들은 기하급수적으로 증가하죠. 엄청난 경쟁이 벌어지고, 그중 상당수는 번식에 실패해 죽어 나갑니다. 맬서스의 이 주장에 다윈은 말 그대로 무릎을 칩니다. 자연계에는 인간과 같은 선택자가 없어도 자원을 놓고 벌이는 경쟁 때문에 우수한 형질을 가진 것들이 살아남아서 결국은 번식에 이르게 되는 것이었죠. 누군가 그 시스템을 운영하지 않아도 자기들끼리 알아서 선택하는 과정이 만들어지는 겁니다. 비둘기처럼 인위

> **인구론**

맬서스는 인구증가는 미덕이기 때문에 권장해야 한다는 당대의 통념이 빈곤의 악순환을 가져온다고 생각해 1798년,《인구의 원리에 관한 일론 An Essay on the Principle of Population》이라는 제목으로 익명의 저서를 출판한다. 그는 이 책에서 식량은 등차급수적으로 늘어나는 데 비해 인구는 등비급수적으로 늘어나 과잉 인구로 인한 식량 부족은 피할 수 없으며, 그로 인해 빈곤과 죄악이 필연적으로 발생할 것이라고 주장했다.

빈곤과 악의 근원을 과잉 인구로 본 이 책은 후일 마르크스의 과잉 인구론에서 비판을 받지만, 정통 경제학의 기반이 되었으며 다윈의 진화론에도 영향을 주었다. 오늘날에는 산아제한 등 인위적으로 출생률을 저하시킴으로써 빈곤을 해소할 수 있다는 신맬서스주의로 발전해 그 맥을 잇고 있다.

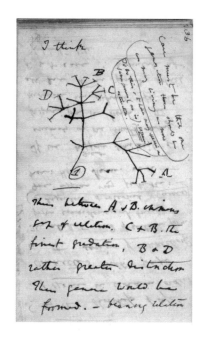

적으로 선택하는 것이 아니라 자연적으로 선택이 일어나는 겁니다. 자연선택이라는 말은 사실 자연에서 벌어지는 선택이 아니라, 자연적으로 벌어지는 선택이라는 뜻입니다.

다윈은 이미 1837년, 그러니까 맬서스의 책을 읽기 전에 하나의 종으로부터 다른 종들이 분화되어 다양해졌음을 깨달았습니다.[4-4] 그 마지막 설명을 고민하다가 맬서스를 통해 해답을 얻은 것이죠.

《종의 기원》의 기원

1858년, 다윈이 항해를 마치고 20년이 지난 어느 날 앨프리드 러셀 월리스Alfred Russel Wallace라는 사람이 다윈에게 소포를 보냈습니다.[4-5] 말레이 군도를 돌아다니면서 이런저런 동식물을 채집하던 젊은 학자였죠. 그 소포 안에는 그가 쓴 논문이 있었습니다. 지질학의 아버지인 찰스 라이얼Charles Lyell에게 보내 어느 저널에라도 실리면 영광일 것이라는 말이 덧붙여 있었죠.

월리스의 논문을 읽은 다윈은 깜짝 놀랐습니다. 그동안 자신이 축적하고 있던 모든 연구의 요약문 같은 것을 이 젊은 학자가 써서 보냈기 때문이죠. 논문은 다윈 자신의 연구와 너무나도 비슷한 결론에 도달해 있었습니다.

다윈은 친했던 찰스 라이얼과 식물학자 조셉 후커Joseph Hooker에게 논문을 보여줍니다. 선수를 빼앗겼으니 낙심했죠. 그리고 이들 셋은, 제가 볼 때 과학계에서 손꼽히는 거대한 사기극을 만들어냅니다. 몇 주 뒤 다윈과 월리스를 공동 저자로 한 논문을 린네학회에서 발표한 겁니다. 월리스는 말레이시아 있으니까 당연히 참석할 수 없었죠. 심지어 논문 발표도 다른 사람이 했습니다. 다윈이 워낙 수줍음이 많아서요.

과학계에서는 제1저자가 되는 것이 굉장히 중요합니다. 그래서 다윈을 제1저자로 만들기 위해 다윈이 몇 해 전에 하버드 대학교에 있는 식물학자 에이사 그레이Asa Gray에게 보냈던 편지와 후커에게 가끔 설명하며 끼적인 걸 섞어서 잽싸게 논문을 하나 만듭니다. 이 논문과 월리스의 논문을 붙여서 같이 발표한 것이죠.

이 사실을 알게 된 월리스는 어땠을까요? 요샛말로 쿨하게 인정합니다. 저명한 다윈

From a photograph by Maull & Fox
MR. A. R. WALLACE
1878

4-5
앨프리드 러셀 월리스

과 함께 논문을 발표하게 되었다는 게 자랑스럽다면서요. 그 후 다윈이 월리스한테 보낸 편지는 아주 절묘합니다. 월리스가 문제제기를 하지 않은 것을 고마워하는데 툭 터놓고 이야기는 하지 않으면서 아주 고마워하는 것을 절묘하게 드러내죠.

이렇게 허겁지겁 발표한 요약문이 바로《종의 기원》입니다. 요약문 치고 상당히 두꺼운 책이죠. 월리스가 없었다면, 그래서 서두르지 않았다면 다윈은 아마 백과사전 같은 책을 썼을 겁니다. 이게 바로 오늘날 우리가 알고 있는 그 유명한《종의 기원》의 기원입니다.⁴⁻⁶

지금도 많은 논쟁이 벌어지는 부분이 이겁니다. 다윈은 왜 이렇게 오랫동안 발표를 미뤘을까요? 아마도 대부분 이렇게 배웠을 겁니다. 보수적인 빅토리아 시대의 영국에서 조물주의 존재를 부정하는 이론

4-6
《종의 기원》 초판본

을 발표하는 것에 대한 두려움 때문에 미뤘다고요. 심지어 독실한 기독교 신자였던 부인을 실망시키기지 않으려고 발표를 미뤘다는 이야기도 있습니다.

사실 다윈은 부인에게도 수시로 편지를 써서 자신의 이론을 설명했습니다. 부인에 대한 배려는 없었죠. 후커나 라이얼, 허버트 스펜서Herbert Spencer 같은 사람들에게도 자주 편지를 보내 자신의 생각을 공유했죠. 게다가 발표를 아예 안 한 것도 아닙니다. 최근에 영국의 존 밴 와이John van Wyhe라는 학자가 발표한 논문을 보면 절대 그렇지 않다고 나옵니다.

다윈이 했던 일들을 보면 평균 연구 기간이 30년 이상이었습니다. 식충식물에 대해서도 연구를 시작해 책을 낼 때까지 30년이 걸렸죠. 따개비를 연구하는 데도 30년을 보냈고요. 《종의 기원》은 그에 비하면 짧은 편입니다. 20년이 걸렸으니까요. 월리스의 편지 때문에 미처 기간을 다 채우지 못하고 발표한 것일 뿐입니다.

1844년 다윈이 후커에게 보낸 편지에는 인상적인 구절이 있습니다. "마치 살인죄를 고백하는 것 같네." 이 대목에 대한 해석이 분분합니다. 심리학자들은 다윈이 학문적인 살인을 했고, 그것을 고백하려니 커다란 죄책감에 시달린 것이라고 해석했죠. 하지만 문맥을 잘 읽어보면 짜릿하다는 의미가 강합니다. 심지어 하버드 대학교의 유명한 고생물학자 스티븐 제이 굴드Stephen J. Gould도 다윈이 끊임없이 발표를 미룬 것은 공포 때문이라고 했을 정도죠.

다윈의 편지는 지금까지 1만 4000통 정도 발견되어 있습니다. 존

벤 와이가 그 편지들을 모두 연구하고 있죠. 지금 인터넷에 다 올라가 있어서 누구나 읽어볼 수 있습니다. 그 편지들을 보면 다윈이 결코 소심한 사람이 아님을 알 수 있습니다. 다윈은 세상 모든 사람과 교류했고, 그들을 부려먹었어요. 자신의 이론을 세우기 위해 세상 모든 사람의 노력을 빌렸죠. 건강상의 이유로 시골에서 산 것일 뿐이지 특별히 은둔을 한 것은 아닙니다. 심지어 동네 대소사에도 일일이 간섭하던 아주 호탕한 사람이었다고 해요. 그런 다윈을 은둔자처럼 잘못 이해한 겁니다.

통섭학자 다윈

다윈은 일종의 산업이었습니다. 다윈 이후에 진화론을 통해 연구한 모든 학자의 연구가 자기 것이 아니라 다윈의 것입니다. 다윈 학자들은 무얼 해도 다 다윈에 수렴합니다. 다윈이 만들어놓은 틀에 들어가는 거죠. 다윈은 주변 사람들을 참 많이도 부려먹었습니다. 수학과 관련해 어려운 문제는 아들한테 시키고, 딸은 결혼도 안 시키고 비서로 부려먹었죠. 가족뿐 아니라 다른 연구자도 많이 부려먹었습니다. 남아프리카공화국에 있는 학자에게는 따개비를 100종 채집해서 보내라 하기도 했죠. 그럼 또 그 사람이 그걸 보내줍니다. 그러면 '자네가 과학에 기여했네 어쩌네' 하면서 칭찬을 하죠.

다윈은 전형적인 통섭학자입니다. 다윈에게는 경계라는 것이 전혀 없었어요. 자신이 모르는 분야도 전혀 두려워하지 않고, 필요한 게 있으면 누구에게든 편지를 보냈습니다. 농부에게도 보내고, 물리학자에게도 보내고, 수학자에게도 보냈죠. 그렇게 모든 지식을 흡수해 자신의 이론을 만들었죠.

다윈이 이야기한 걸 한마디로 정의하면, 진화가 일어나려면 우선 변이가 있어야 한다는 겁니다. 변이 없이는 아무리 자연선택이 있어도 변화가 일어날 리 없다는 거죠. 다행히 자연계에는 변이가 많았습니다. 한 종에 굉장히 많은 변이가 있어서 이들을 재조합하면 어마어마한 새로운 변화를 일으킬 수 있는 거죠.[Q2]

그다음으로는 그 변이가 유전해야 된다는 겁니다. 다윈이 맬서스에게 배운 것은 생존 경쟁이 있다는 것이었습니다. 누구나 많이 태어나지만 상당수가 생존 경쟁에서 탈락하고, 번식에 이르는 개체는 극소수라는 거죠. 다윈은 이야기한 적 없지만 후대 학자들이 반드시 집어넣는 것이 차등번식이라는 개념입니다. 여러 조건이 갖추어져 있어도 이 세상의 모든 암컷이 정확하게 똑같은 자손을 낳아서 전부 길러내면 변화가 일어나지 않습니다. 한 마리 한 마리가 똑같은 유전자 구성을 가지고 그대로 태어나면 그 이전 세대의 유전자 구성과 다음 세대가 똑같이 가는 거죠. 숫자만 몇 배로 늘어날 뿐입니다. 그런데 지구상의 생명체라는 건 누구는 많이 낳고 누구는 덜 낳고 누구는 아예 안 낳습니다. 그래서 유전변이의 상대적인 빈도가 달라질 수밖에 없죠.

Q2 :: 진화에 변이가 필요하다면, 돌연변이도 이 변이에 속하는 건가요?

세상에서는 끊임없이 새로운 변이가 생겨납니다. 변이는 진화에서 굉장히 중요한 역할을 합니다. 그런데 우리는 생물학 시간에 돌연변이에 대해서 너무 거창하게 배웠어요. 마치 돌연변이 때문에 진화가 일어나는 것처럼 배웠는데, 사실은 돌연변이의 거의 대부분은 다 나쁜 것입니다.

잘 돌아가는 메커니즘에서 뭔가 잘못된 게 돌연변이인데, 그중에서 어쩌다가 환경이 변하는 바람에 그 나쁜 돌연변이 중에 어떤 게 뜻밖에 좋은 돌연변이가 되는 걸 기다려서 진화가 기가 막히게 잘 일어났다? 제가 생각할 때 그걸로는 설명이 불가능합니다. 돌연변이는 변이 제공자의 역할을 한 거고요. 사실 그것보다는 유전자들이 어떻게 섞였느냐 뭐 이런 것들이 훨씬 더 어마어마한 영향을 미쳤을 거예요. 집단과 집단 사이에 유전자가 이동하고 이런 것들이 오히려 진화에서 훨씬 더 큰 영향을 미쳤을 겁니다.

우리가 생물학 시간에 처음에 배우는 게 돌연변이기 때문에 돌연변이만 열심히 생각하는데 개인적으로 그건 문제가 있다고 봐요. 돌연변이는 그 자체로 중요한 거지, 진화의 가장 거대한 동력일 것이라는 생각에는 동의할 수 없습니다.

진화가 일어나기 위해선 네 가지 조건이 필요합니다. 변이Variability, 유전 가능성Heritability, 생존경쟁Competition for survival 그리고 차등번식 Differential reproduction이죠. 이 네 가지 중 어느 하나라도 없다면 진화는 일어나지 않습니다. 바로 진화의 필요충분조건이죠. 이 네 가지만 있으면 진화는 무조건 일어날 수밖에 없습니다. 이 세상에 변이는 엄청나게 많고요. 그 변이 중에는 유전하는 변이가 많죠. 생존경쟁은 피할 수 없고, 이 세상의 모든 암컷이 똑같은 숫자를 길러내는 건 확률적으로 불가능합니다. 이 네 가지 조건은 피하고 싶어도 피할 수 있는 게 아니죠. 그래서 진화는 믿음의 영역이 아니라 자연현상일 수밖에 없는 겁니다. 이 조건들을 무너뜨리는 게 더 힘든 겁니다. 진화는 과학적 사실이고 자연의 현상입니다. 그것을 어떻게 설명하는가는 여전히 다른 영역이지만, 진화 자체가 사실이 아니라는 이야기는 더 이상 받아들여지지 않습니다.

생명의 한계성

지구의 생명을 오랫동안 관찰한 결과 한 가지 특징을 알아차렸습니다. 생명의 가장 큰 특징, 생명의 가장 보편적인 특징은 바로 죽음입니다. 적어도 지구에 사는 생명체는 반드시 언젠가는 죽습니다. 이것은 모든 생명체가 공유하는 속성입니다. 생명의 가장 보편적인 속성이 죽는 것이라니 다분히 이율배반적이죠.

생명은 한계성을 지닙니다. 모든 생명은 끝이 있습니다. 개체의 처지에서 보면 분명 그렇습니다. 저도 얼마 있으면 죽을 거고, 여러분도 언젠가는 죽습니다. 하지만 유전자의 관점에서 다시 들여다보면 다를 수 있습니다. 앞에서 말씀드린 대로 지구 생명의 역사는 자기를 복제할 줄 알았던 최초의 화학물질의 일대기입니다. 한 번도 끊이지 않고, 지금까지 계속 살아남은 그 화학물질, 태어나서 지금까지 살아온 그 화학물질의 일대기입니다. 관점을 어디에 두느냐에 따라 다른 겁니다.

영국의 극작가 새뮤얼 버틀러Samuel Butler는 이런 말을 했습니다. "닭은 한 달걀이 다른 달걀을 만들어내는 수단이다." 닭이 주체가 아니라 달걀이 주체인 거죠. 여러분은 여러분이 여러분 생명의 주체라고 생각하시나요? 유전자의 관점에서 보면 여러분은 어머니, 아버지의 유전자가 합쳐져 태어난 존재입니다. 거슬러 올라가면 인간의 유전자와 침팬지의 유전자가 합쳐져 있던 시대가 있죠. 거기서 더 거슬러 올라가면 최초의 박테리아, 최초의 RNA 혹은 DNA로부터 모두 갈라져 나온 것입니다. 이런 관점에서 보면 사실 지금 생명을 영위하고 있는 생명체가 어쩌면 주체가 아닐 수 있습니다.

생명의 영속성과 일원성

셰익스피어는 인간이란 인생이라는 연극에서 연기를 하다 떠나는 존재라고 이야기했습니다. 바로 그겁니다. 우리는 우리가 생명의 주체인 것처럼 생각하지만 그렇지 않습니다. 닭은 달걀이 더 많은 달걀을 만들어내기 위해 잠시 만들어낸 기계에 불과합니다. 그래서 우리를 만든 DNA는 언제든 이 기계를 치워버릴 수 있는 것입니다. 그 자신의 생명을 위해서요.

생명은 이렇게 계속 이어집니다. 개체의 관점에서 보면 한계성을 지니지만 유전자의 관점에서 보면 생명은 한 번도 끊이지 않은 영속성을 지니고 있다는 겁니다. 더군다나 지구에 있는 모든 생명체를 놓고 보면, 태초부터 지금까지 이어온 모든 생명을 놓고 보면, 태초의

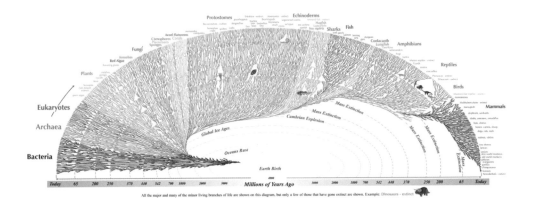

All the major and many of the minor living branches of life are shown on this diagram, but only a few of those that have gone extinct are shown. Example: Dinosaurs - extinct

하나로부터 지금까지 왔기 때문에 지구의 모든 생명체는 사실은 하나의 큰 대가족입니다.[4-7]

4-7
지구의 생명은 모두 한 가족이다.

지금은 나뉘어 있지만 인간의 몸속에 있는 유전자 중 어떤 것은 은행나무와 한 집안이었던 겁니다. 구더기와도 한 집안이었죠. 이렇게 거슬러 올라가면 결국 한 집안에서 왔기 때문에, 지금 이 순간 지구에 살고 있는 모든 생명체는 한 가족입니다. 그러니까 횡적으로 전부 연결되어 있다는 겁니다. 생명은 연속성도 지니고 있다는 거죠.

저는 이 이야기를 가끔 환경과 관련해서 말합니다. 우리에게 누가 그런 권리를 주었을까요? 우리에게 가족을 죽일 수 있는 권리를 과연 누가 부여했을까요? 따지고 보면 인간은 가장 늦게 태어난 막내입니다. 인간이 지구에 태어난 건 불과 25만 년 전입니다. 25만 년은 46억 년 지구 역사의 끝자락입니다. 이렇게 늦게 태어난 인간이 조상이 살았던 지구를 마구 유린하는 겁니다. 도대체 이런 권리는 누가 주었습니까?

프랑스의 철학자 르네 데카르트René Descartes는 철학뿐 아니라 과학자 수준으로 해부학에도 관심이 많았습니다. 그는 당시까지의 해부학을 바탕으로 인간 뇌의 송과체pineal gland라는 부분에서 영혼이 나온다고 했습니다. 그리고 이 송과체는 사람에게만 있다고 생각했죠. 송과체에 영혼이 자리하고 있고, 송과체는 인간에게만 있다. 따라서 인간만이 생각하는 존재라고 믿었죠. 그런데 그가 세상을 떠나기 전에 다른 동물에게도 송과체가 있다는 것이 밝혀졌습니다. 온갖 동물의 뇌에서 송과체가 발견됐죠. 그런데도 죽을 때까지 이에 대해 한마디도 하지 않았습니다.

데카르트만 그런 것은 아닙니다. 우리도 마찬가지입니다. 우리도 늘 인간만이 독특하다고 생각합니다. 인간 중심의 이원론을 좋아합니다. 인간만이 특별한 존재라는 거죠. 그런데 이것이 다윈에 의해 무너진 것입니다. 모든 생명은 하나로부터 왔고, 인간이 특별한 존재가 아니라는 것을 설명한 것이죠.

이것이 바로 다윈이 인류에게 남긴 가장 위대한 유산일 겁니다. 인간을 겸허하게 만든 것이죠. 우리도 이 거대한 생명의 그물에 살고 있는 하나의 존재일 뿐, 인간을 탄생시키기 위해 많은 생명체가 존재해준 것은 아닙니다. 오직 인간만이 특별하고 위대한 존재가 아닙니다.

생명의 우연성

위대한 생물학자 스티븐 제이 굴드가 쓴 《생명, 그 경이로움에 대하여 Wonderful Life》라는 책이 있습니다. 이 책에서 그는 온갖 캄브리아기의 화석들을 분석한 뒤 재미있는 질문을 던집니다. 만약 지구의 역사를 다큐멘터리 영화로 만들었는데, 마음에 들지 않아 처음부터 다시 찍는다고 했을 때 과연 그 마지막 장면에 인간이 등장할 확률은 얼마나 될까? 이렇게 묻고는 다시 답합니다. 0이다. 인간이 등장할 확률은 0이라는 겁니다. 인간이 오늘날 지구에 등장한 건 우연의 우연의 우

연의 우연이 겹쳐서 이루어진 것이라는 이야기입니다. 이 확률을 계속 곱하다보면 0에 수렴한다는 거죠. 인간은 어쩌다가 탄생한 존재지, 인간이 탄생하기 위해서 이 모든 것들이 존재한 건 절대로 아니었습니다.

생명은 우연한 겁니다. 필연적으로 무슨 일이 벌어졌던 게 아닙니다. 제가 보기에 지구의 생명의 현상이라는 건 그냥 우연히 벌어진 일들의 그 집합입니다. 이 역시 우리를 굉장히 겸허하게 만드는 일 중 하나입니다.

어리석은 존재, 인간

생물학자들은 쓸데없는 내기를 잘합니다. 종종 결론이 안 나는 내기를 하기도 하죠. 그중 가장 유명한 내기가 하나 있습니다. 누군가 2050년이 되기 전에 150세를 사는 사람이 나타날 것이라고 한 겁니다. 그러다 다른 학자가 들고일어났죠. 절대 그런 일은 생기지 않는다고요. 그래서 두 학자가 함께 적금을 부으며 내기를 했습니다. 2050년 근처까지 가서 150세까지 사는 사람이 나타나면, 혹은 나타나지 않는다면 이기는 사람이 그 돈을 모두 가지기로요. 지금이야 적은 돈을 붓고 있지만, 2050년까지 가면 우리 돈으로 1조 원이 넘는 돈이 만들어진답니다. 그런데 재미있는 것은 두 학자 모두 지금 60대 후반이란 겁니다. 그때까지 살지도 못하면서 내기를 한 거예요. 이 둘의 내기에 많은 생물학자가 동참했습니다. 저도 동참했고요. 물론 돈을 내지는 않고, 그냥 편만 들었습니다.

또 다른 내기도 있습니다. 인간이 이 지구에 언제까지 생존할 수 있을까 하는 내기입니다. 인간은 대략 25만 년 정도 살아왔습니다. 과연 지금까지 산 만큼 앞으로도 살아갈 수 있을까요? 이것이 또 다른 내기입니다. 저는 25만 년 뒤에는 인간이라는 존재가 없을 거라는 데 걸었습니다. 제 눈에 우리 인간은 갈 길을 재촉하는 어리석은 동물로밖에는 안 보입니다. 자연계에서 가장 탁월하고 명석한 두뇌를 가진 건 객관적으로 분명합니다. 인간의 두뇌만큼 기가 막힌 두뇌는 없습니다. 그런데 그 두뇌를 가지고 있는 인간이 지금 하고 있는 짓을 보면 어이가 없습니다. 자기 꾀에 자기가 넘어가는 동물이라고밖에는 달리 표현할 수 없습니다.

생물학자들이 자연계의 생물 종을 연구하면 그 생물 종에 이름을 붙입니다. 이른바 이명법이라는 걸 통해서 이름을 붙이는데요. 호모 사피엔스에서는 호모가 속명이고 사피엔스가 종명인 겁니다. 호모가 마치 성과 같은 것이죠. 자연계를 들여다보면 웬만한 속에는 수많은 종이 있습니다. 집파리의 학명이 머스카 도매스티카*Musca domestica*인데요. 머스카라는 속 안에는 수백 종이 있습니다. 근데 호모 속에는 사피엔스 종 하나만 남아 있습니다. 이게 무슨 이야기일까요? 우리처럼 배타적인 동물이 없다는 겁니다. 우리는 우리랑 비슷한 놈이 근처에 어슬렁거리는 꼴을 못 봐줍니다. 어쩌면 네안데르탈인도 호모 사피엔스가 철저하게 없앴을 겁니다.

이렇게 다 없애놓고는 스스로 '현명한 인간'이라고 부르는 겁니다. '사피엔스'의 뜻이 현명하다는 겁니다. 과연 우리가 현명한 동물일까요? 분명 머리는 좋은데 현명하지는 않은 것 같습니다. 우리가 하고 있는 짓을 보면 과연 이게 현명한 동물이 하는 짓인가 싶습니다.

2013년에 독일에서 열린 카셀도큐멘타Kassel DOCUMENTA라는 미술전에서 우리나라의 예술가 문경원과 전준호가 작가상을 받았습니다. 그들은 미래에서 바라보는 현재를 주제로 한 작품을 만들었죠. 이뿐 아니라 《미지에서 온 소식 *News From Nowhere*》이라는 책도 함께 만들었습니다. 저 역시 이 책에서 한 꼭지를 맡아서 썼습니다. 제가 쓴 글의 제목은 〈인간실록 편찬위원회〉입니다.

내용은 이렇습니다. 인간이 멸종한 뒤 인간보다 뛰어난 지능을 가진 존재가 지구를 지배합니다. 그들이 지구의 역사를 편찬하기 시작하죠. 제가 이 편찬위원회의 회의에 참석한 이야기를 가상으로 쓴 글이죠. 회의에서는 어마어마한 논란이 벌어집니다. 인간에 대한 실록을 만들 것이냐, 말 것이냐를 가지고요. 왜냐하면 억 단위로 오래 살았던 공룡 종에 대해서도 실록을 못 만드는데 기껏해야 수십만 년을 살다간 인간에 대해서까지 실록을 만들어야 하냐는 거죠. 회의 끝에 인간실록 편찬이 통과됩니다. 만장일치로요. 위원회 위원들은 인간이 저지른 만행을 보면 반드시 기록을 남겨야 한다고 했습니다. 지구의 역사에서 그 짧은 기간에 지구의 모습을 이렇게 망가뜨린 존재가 어디 있느냐는 거죠. 이들의 만행은 반드시 기록에 남겨야 한다는 것입니다. 뭐 이런 식으로 가상의 관람기를 썼죠. 도대체 인간은 지구에 무슨 짓을 하고 있는 걸까요?

자연을 알기 위해 노력하다

저는 인간이 지구에서 오래 존재할 수 있을 거라고 생각하지 않습니다. 하지만 제인 구달이 한국에 와서 강연을 할 때 늘 빼먹지 않고 하는 말이 있습니다. 바로 희망이죠. 인간에게는 기가 막힌 두뇌와 누를 수 없는 의지가 있다, 이 두 개가 합쳐지면 무슨 일이든 못할 게 없다고요. 알면 사랑한다는 말이 있습니다. 우리가 미워하는 마음이 있을 때는 상대에 대해 충분히 모르기 때문에 그렇습니다. 충분히 알고 나면 사랑할 수밖에 없는 게 인간의 심성입니다. 자연에 대해서도 충분히 알기 시작하면 자연을 해치지 못할 겁니다. 그래서 우리는 끊임없이 자연을 알기 위한 활동을 해야 하는 겁니다.

여담입니다만, 기독교 창세 신화의 에덴동산 일화를 저는 조금 다르게 해석합니다. 뱀이 인간을 꾀어 선악과를 먹으리라는 것을 하나님이 모르지 않았을 겁니다. 그럼 왜 내버려두셨을까요? 어쩌면 그것은 하나님이 그 많은 생물종 중에서 인간에게만은 진리 탐구를 허락하기 위한 것이었다고 생각합니다. 자연을 끊임없이 알아가려고 노력하는 것이 가장 인간다운 모습일 겁니다.

저는 자연과학자가 되고 싶어서 된 것은 아닙니다. 하지만 돌이켜보면 참으로 복된 인생이었다는 생각이 듭니다. 자연과학은 끊임없이 새로운 것을 탐구하고 알아가는 과정입니다. 이 자연과학을 통해서 인간은 더 나은 삶을 살아갈 수 있습니다.

QnA

생명의 기원에 대해
묻고 답하다

대담

최재천 원장
강연자

강호정 교수
연세대학교 사회환경시스템공학부

이명현 박사
천문학자, 과학저술가

김성희 학생
성문고등학교

이명현 천문학자들은 생명뿐 아니라 지구 자체를 열린 세계로 보는 경향이 있습니다. 천문학자가 볼 때 우주는 두 가지 무시할 수 없는 요소를 가지고 있는 것 같아요. 하나는 137억 년이라는 시간이고, 또 한 가지는 개수입니다.

최근에 외계 행성 탐사가 굉장히 활발해지면서, 우리은하 안에 지구와 환경 조건이 비슷한 행성이 적게는 50억 개, 많게는 500억 개가 있는 것으로 밝혀져 천문학자들이 당황하고 있습니다. 그중에 1퍼센트만 실제로 생명이 있고, 또 그중 1퍼센트만 진화를 했다 하더라도 엄청난 숫자가 될 거예요. 그렇다면 통계적으로 우주에 생명체가 널려 있을 가능성이 높아집니다. 이에 대한 선생님의 견해를 듣고 싶습니다.

최재천 생명체의 특징 중 하나가 무언가로 덮여 있어야 하는, 그러니까 어느 정도 닫혀 있는 시스템이 있어야 한다는 겁니다. 세포가 그렇고 세포들이 모여서 만들어진 하나의 개체도 그렇죠. 규정할 수 있는 어떤 막으로 만들어지지 않으면 생명 현상을 만들어낼 수 없기 때문입니다.

그렇게 생각하면 지구 역시 하나의 막으로 이루어졌다고 볼 수 있습니다. 그렇지만 오랜 세월 동안 외부로부터 어떤 유입도 없었다고 단정할 수는 없을 겁니다. 외계 생명 기원설의 가능성은 열어둘 수밖에 없다고 봅니다.

김성희 선생님께서는 강연 중에 매일 경쟁 속에서 살아가는 바람에 진화의 속도가 빨라진다고 하셨습니다. 하지만 여러 매체에서는 인터넷이나 스마트폰 등의 도구 때문에 인간이 멍청해지고 있다고 이야기하기도 합니다. 그렇다면 진화가 빨라진다는 것은 두뇌는 퇴화되고 몸만 진화한다는 의미일까요?

최재천 꼭 몸만 그러지는 않을 겁니다. 문명의 이기 때문에 머리를 덜 쓰게 된 경향이 있기는 하겠지만, 그것은 어쩌면 머리의 어떤 부분을 덜 쓰느냐의 문제지. 머리 전체가 퇴화하고 있다는 뜻은 아닐 거예요. 기억을 하고, 그 기억을 되살리는 것은 사실 우리에게 무척 단순한 작업입니다. 컴퓨터 안에 저장한 다음에 그걸 꺼내는 것과 마찬가지죠. 이런 단순한 작업을 기계에 맡기다 보니 이제 집 전화번호도 기억하지 못하는 경우가 생기기도 했죠. 그런데 사실 기억할 필요가 없다는 겁니다. 컴퓨터와 스마트폰에 있는데 굳이 기억할 필요는 없는 거죠. 뇌의 단순노동에 해당하는 부분은 기계에 맡기고, 뇌는 아마도 다른 부분에 힘을 쏟는 겁니다. 따라서 기계 때문에 인간이 아둔해진다고 하는 주장에 저는 동의하지 않아요.

오히려 긍정적으로 보는 면도 있어요. 지금까지의 시험은 창의력보다는 기억력을 재는 경우가 많았죠. 이제 더는 그런 시험을 볼 필요가 없는 시대가 되었습니다. 그래서 상당히 긍정적인 면이 있다고 보는 거죠. 이제 이 기계와 함께 살면서 이 좋은 머리를 이용하는 방법을 찾아갈 거라고 생각합니다.

이현숙 부모 세대와 자식 세대를 비교해보면 신체적으로 다르다는 걸 자주 느낍니다. 제 아이는 저보다 턱도 작고 팔다리도 훨씬 길어요. 그래서 진화의 속도가 되게 빨라지는 게 아닌가 스스로 느낄 때가 있습니다. 이런 식으로 진화라는 개념을 아주 빠른 시간 안에 한 대에 걸쳐서 일어나는 어떤 변화로 이해해도 될까요?

최재천 진화에서 굉장히 중요한 것이 있습니다.

진화는 개체에서 벌어지는 게 아니라 집단에서 벌어진다는 것입니다. 사람들은 그 사실을 너무 많이 잊고 있는 것 같아요. 그래서 한 개인에게 무엇인가 벌어졌을 때 진화했다고 말하는데, 그건 진화가 아니라 그냥 형태의 변화입니다. 개체군 전체에서 유전자 빈도의 차이에 의해 확실하게 개체군 수준에서 변화가 일어나야 '진화'라고 부를 수 있습니다. 그런 차원에서, 내 아이 하나가 변한 것은 진화라고 이야기할 수 없습니다.

그런데 말씀하신 대로 지금 우리나라 사람의 체형 등이 굉장히 빠른 속도로 변하고 있습니다. 그래서 이것이 과연 영양 섭취 등에 의해 한 세대 안에서 벌어지는 생리학적인 변화인지, 유전자 수준의 진화적 변이인지 논란입니다. 단순히 답할 수 있는 문제는 아닙니다.

제가 '진화의 속도가 빨라지고 있다'라고 이야기하는 이유는, 지금은 확실히 예전보다는 어마어마하게 다른 세상이 되었다는 겁니다. 100년 전과 비교해 보겠습니다. 100년 전에는 나이지리아 사람은 나이지리아 사람들끼리만, 핀란드 사람은 핀란드 사람끼리만 유전자를 섞었어요. 그런데 지금은 그렇지 않죠. 전 지구적으로 유전자가 섞입니다. 진화생물학자로서 신기한 일이 벌어지는 겁니다.

인류 역사상 이런 적은 없었습니다. 이렇게 전 지구적으로 유전자가 섞여본 적은 인류 역사에 한 번도 없었던 일입니다. 뱀장어에서나 벌어질 일이 지금 벌어지는 겁니다. 장어는 온갖 강에서 살다가 바다에 나가 어느 한곳에 모입니다. 북태평양의 어느 지점에 장어들이 모여 알을 낳고 정자를 뿌리죠. 지구상에 그런 동물은 없습니다.

이건 기막힌 실험입니다. 앞으로 어떻게 될까요? 한 개체만 놓고 봤을 때 지금 변이가 증가하고 있습니다. 그런데 인간 개체군 전체로, 전 지구적으로로 놓고 보면 변이가 지금 줄어들고 있습니다. 고유 변이가 다 사라지고 막 섞이기 때문이죠. 그러니까 국지적인 개체군에게 벌어지는 일과 종 전체에 벌어지는 일이 거꾸로 가는 이상한 실험이 벌어지고 있는 거예요.

질문 1 2015년 여름, 메르스로 우리나라가 떠들썩했습니다. 이 메르스도 바이러스인데 백신을 개발해도 바이러스가 더 강해져서 그 백신이 통하지 않는 경우도 있습니다. 저는 이것이 바이러스의 진화라고 생각합니다. 제가 궁금한 점은 숙주, 그러니까 사람이나 동물의 건강 상태와 바이러스의 진화가 관련이 있는지 궁금합니다.

최재천 바이러스가 침입했을 때 그것을 이겨내는 사람이 있고 이겨내지 못하는 사람이 있는 것은 당연한 이야기입니다. 바이러스는 스스로 복제할 줄 아는 존재는 아닙니다. 그래서 과연 바이러스가 생물이냐, 아니냐를 놓고 논쟁이 많은 겁니다. 바이러스는 복제를 할 줄 아는 생명체에 올라타야만 자기를 복제할 수 있습니다. 말씀하신 부분은 바이러스가 스스로를 변이하는 속도가 굉장히 빠르기 때문에 우리 인간이 아무리 백신을 빨리 만든다 해도 앞으로도 끊임없이 벌어질 일일 겁니다. 그런데 이런 일들이 벌어질 때마다 우리는 어떤 식으로 대응을 해야 할까요?

독성과 전염성의 관계를 이해하면, 현명한 대응법들이 있을 겁니다. 독성이 굉장히 강하면 전염성이 강할 수 없습니다. 독성이 강할수록 그것에 감염된 사람도 일찍 죽어버리기 때문이죠. 그럼 다음 사람에게 감염시킬 수가 없어서 그런 존재들은 많이 퍼뜨려지지 못합니다. 오히려 독성이 적당히 강한 것들이 번져나가는 거죠. 직접 감염과 간접 감염이

그래서 다른 겁니다.

에이즈가 처음 생겼을 때 굉장히 풀기 어려운 문제였어요. 왜냐하면 처음에는 에이즈가 모기가 옮기는 것이라 생각해 전 세계가 경악했죠. 에이즈는 직접 감염, 즉 성관계를 하거나 체액의 교환을 통해 옮겨갑니다. 그런데 어떻게 단시간에 그렇게 많은 사람이 죽었을까요? 초창기에 성적으로 굉장히 문란한 에이즈 보균자가 엄청나게 많은 사람들에게 퍼뜨렸고, 마약 중독자들이 주사바늘을 같이 쓰기도 했어요. 그런 몇 개의 허브에서 폭발적으로 전파되었죠.

초동 대응을 확실하게 하면, 바이러스의 전파를 어느 정도 제어할 수 있습니다. 독성이 아주 강한 것은 그 안에서 그냥 소멸해버리는 거고요. 그렇게 해도 병에 걸려 있는 줄을 모를 정도로 아주 약한 독성을 가진 바이러스는 여기저기 옮겨 다닙니다. 물론 그것은 질병이 아니죠.

강호정 교수님이 보시기에 앞으로 생명과학자들이 어떤 종류의 연구를 해야 한다고 생각하시는지요. 혹은 어떤 방향의 연구들이 펼쳐질지 말씀해주십시오.

최재천 저는 관찰을 주로 하는 사람이다 보니까 제가 관찰할 수 없는 것에 대해서는 굉장히 막막합니다. 논리적으로 설명은 하겠는데 어떤 식으로 입증을 할 것이냐는 문제에 부딪치면 상당히 막막해요. 물론 그래서 개인적으로 어려움을 겪는다는 거지, 그런 문제에 관심 없다거나 그런 것은 아닙니다.

제가 굉장히 관심을 갖고 있는 건 과연 외계에 생명이 존재할까 하는 문제입니다. 아까 이명현 선생님이 말씀하신 대로 그렇게 많은 행성이 지구와 굉

장히 비슷한 구성을 갖고 있는데 거기에 왜 생명이 없을까요? 조만간 무슨 일이 벌어질 것 같기는 합니다. 미국 항공우주국에서도 계속해서 그동안 축적한 것들을 발표하고 있잖아요. 그래서 무언가 터질 것 같은데, 그때마다 굉장히 궁금합니다. 그런 연구에는 저도 참여해보고 싶어요. 외계 생명이 반드시 DNA나 RNA를 기반으로 이루어질 필요는 없다고 이야기했지만, 만약 우리와 비슷한 생명의 메커니즘을 갖고 있는 존재가 어디선가 발견되기 시작한다면 그것처럼 흥미진진한 일이 어디 있을까요? 그 연구에는 저도 참여해보고 싶습니다.

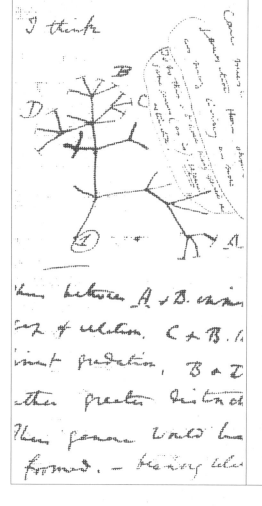

암의 기원

답은 유전자에 있다

이현숙

암은 변신의 귀재예요.
그래서 무척 흥미롭고
호기심을 유발하는
현상입니다.

이현숙

1986년 이화여자대학교 생물학과를 졸업하고, 서울대학교에서 석사학위를 받았다. 이후 케임브리지 대학교 분자의

학연구소에서 유방암억제인자인 BRCA2의 분자 기능을 밝힌 연구로 1999년 박사학위를 받았다. 박사학위를 받은

직후 하버드 대학교와 시애틀워싱턴주립대학에서 박사후연구원을 거쳤다. 2002년에 이화여자대학교 분자생명과학

부 조교수로 임용되었다가 2004년부터 서울대학교 자연과학대학 생명과학부 교수로 재직 중이다. 서울대학교 기초

교육원 부원장, 자연과학대학 기획부학장 등을 역임했다. 분자생물학을 가르치면서 염색체불안정성, 암의 발생기작을

밝히는 데 주력하고 있다. 구체적으로는 세포분열 조절기작과 염색체말단의 텔로미어의 구조유지기작에 대해서 연구하

고 있다.

지금도 여러 미디어에서는 획기적인 암 치료제에 대한 뉴스가 하루가 멀다 하고 쏟아지고 있습니다. 하지만 주변을 둘러보면 암은 여전히 정복되지 못하고 있죠. 아니, 어쩌면 영원히 정복할 수 없을지도 모릅니다. 바로 암세포가 가진 특징 때문이죠. 하지만 비관할 필요는 없습니다. 정복하지 못해도 암의 분자세포학적 특징을 충분히 이해한다면 다스릴 수는 있기 때문입니다.

암세포는 무한 분열하며 원래의 모양이 변하면서 덩이를 이룹니다. 그러고는 원래 조직에서 떨어져 나와 혈관을 뚫고 돌아다니다가 다른 조직으로 전이되죠. 이러한 암세포는 영양분을 섭취하기 위해 수많은 혈관을 새로 생성하고 주변의 정상 조직을 죽입니다. 이토록 많은 특징은 한두 가지, 아니 열 개가 넘는 유전자가 변한다 해도 이루어지지 못할 일들입니다. 도대체 암세포는 어떻게 생겨서 어떻게 발전하는 것일까요?

암에 대한 궁금증은 인류의 역사와 함께했습니다. 암은 사고나 전쟁 이외에 인간 종의 수명을 결정짓는 질병이기 때문입니다. 지난 100여 년 동안 암의 발생 과정을 이해하고자 수많은 과학자가 연구에 매진했고, 많은 가설이 나왔습니다. 바이러스가 암을 일으킨다고도 했고, 부패한 유해 물질이 원인이라고도 했습니다. 환경오염, 스트레스 등 암을 일으키는 주범으로 꼽힌 것은 무수히 많았습니다. 그런데 이들 중 어느 하나도 암의 발생 원인이라고 꼭 짚어 말하기는 힘들죠. 사실, 답은 유전자에 있었습니다.

암의 유전체와 염색체의 불안정한 특징을 알게 되면서 암을 다스릴 수 있는 많은 치료법이 개발되었습니다. 더 중요한 것은, 초기에 암을 진단할 수 있는 방법들도 고안되었다는 것이죠. 이제는 이런 연구 결과들을 토대로 환자 맞춤형 항암의 시대를 바라보고 있습니다.

설령 암 유전체 분석 기술과 유전 정보, 세포 특이적 정보에 기반을 둔 신약이 개발되었다 할지라도 이 막대한 비용을 개인이 감당할 수 있을까요? 개인 정보는 어떻게 보호할지, 우리 사회 시스템과 바이오 기업의 이해관계는 화합할 수 있을지 등 많은 문제가 남아 있습니다. 이제 환자 맞춤 항암 시대를 열기 위한 사회적 합의에 대한 논의가 시작되어야 하는 것입니다.

생물학과 물리학의 차이

본격적으로 강의를 하기 전에 고백을 하겠습니다. 저는 의사가 아닙니다. 제 연구실에 찾아오는 학생들 중에서 종종 가족 내력을 고백하면서 암을 치료하고 싶다는 이야기를 하는 친구들이 있습니다. 그런데 참 난감하게도 저는 의사가 아닙니다. 정상세포가 어떻게 암세포가 되는지에 관심이 있는 과학자일 뿐이죠. 현장에서 질병으로서 암과 싸우는 사람들은 의사입니다. 반면에 과학자는 호기심으로 시작하죠.

과학이라고 하면 대부분 물리학, 화학, 생명과학이라고 인식합니다. 누구나 아는 상식이지만 저는 비교적 늦게 알았습니다. 생물학은 과학이 아니라 왠지 암기 과목 같았거든요. 생물학이 과학이 된 이유는 물질세계의 원리가 생물학에도 적용될 수 있을 것이라는 도발적인 생각을 한 사람들 덕분입니다. 제2차 세계대전 이후 일어난 혁명적인 생각의 발전 때문에 가능했던 것이죠.

2002년 노벨상 수상자인 분자생물학의 선구자 시드니 브레너Sydney Brenner는 생물학에 대해 재미있는 비유로 설명했습니다. 언젠가 그가 노벨상 수상자들을 모아놓고 강연했는데 여러 과학자가 그 자리에 있었습니다. 물리학자도 있었고 특이하게 일본인 승려도 있었다고 해요. 강연이 모두 끝난 뒤에 승려가 노벨 물리학상 수상자에게 물리학을 왜 선택했느냐고 물었습니다. 그 물리학자는 어릴 적 트랜지스터 라디오가 너무 신기해서 다 분해한 뒤 내부를 보고 다시 조립을 했는데 소리가 또 났고, 그때의 경이로운 희열을 잊을 수 없어서 물리학을 했다고 했죠.

차례가 돌아와서 그 승려가 다시 시드니 브레너에게 왜 생물학을 하게 됐냐고 물었답니다. 그러자 시드니 브레너가 이렇게 답했죠. 어릴 때 개구리를 보고 너무 신기해서 다 분해한 뒤 다시 조립을 했는데, 절대 살아나지 않더라는 겁니다. 이게 물리학과 생물학의 차이입니다.

오늘 이야기는 생물학자의 눈에 비친 암의 기원에 대한 것입니다. 다른 말로 표현하면 암의 발생에 대한 분자생물학적 고찰이라고 할 수 있죠.

암에 대한 기록

사전적으로 암은 악성종양malignant tumor입니다. 양성종양과 분명하게 구분되는 것이죠. 양성종양 역시 지나치게 커져서 모양 등이 이그러지고 나빠질 수는 있지만, 암이 가지고 있는 특성은 없습니다.

2012년 통계에 따르면 암은 전체 세계 인구 사망률의 약 17퍼센트를 차지합니다. 특히 폐암, 대장암, 위암, 유방암 등이 높은 순위를 차지하죠. 흥미로운 것은 선진국에서는 암이 사망률 2위이고, 심장질환이 1위입니다. 하지만 개발도상국에서는 여전히 암이 사망률 1위의 질병이죠. 왜 이런 차이가 날까요? 바로 '진단' 때문입니다. 수명이 늘고 삶의 질이 높아지면서 가장 관심이 높아진 질병 중 하나가 암입니다. 암을 진단하는 기술이 급격히 발달하면서 암 진단 속도가 빨라지고 조기에 수술을 할 수 있게 된 것이죠. 그래서 선진국에서는 암이 사망률 2위지만, 암에 대한 조기 진단이 여의치 않은 개발도상국에서는 사망률 1위인 것입니다.

MIT의 암생물학자 로버트 와인버그Robert Weinberg는 인류의 수명이 길어질수록 언젠가는 암에 걸리게 되어 있다는 말을 했습니다. 사실 이것이 생물학적인 암에 대한 정의라고 볼 수 있습니다. 암은 노화와 직결된 질병입니다. 강연을 통해 노화와 암이 연결되어 있는 이유를 말씀드리겠습니다.

많은 사람이 암에 걸렸다고 하면 두려움에 휩싸이지만, 사실 암을 피할 수는 없지만 어느 정도는 다스릴 수 있습니다. 따라서 우리는 어떻게 암을 다스리느냐에 중점을 두어야 할 것입니다. 물론 생물학자로서 제 관심은 암이 어떻게 발생하는지에 대한 생물학적 여정에 더 있습니다.

1689년 작자미상의 화가가 네덜란드의 클라라 야코비Clara Jacobi라는 여자를 그립니다. 이 그림이 암에 대한 최초의 그림이라고 볼 수 있습니다.⁵⁻⁷ 지금은 뉴욕박물관에 있는 이 그림을 보면 클라라의 두 가지 얼굴이 있습니다. 엄청나게 커다란 악성종양이 붙어 있는 것과 그것을 떼어낸 얼굴입니다. 종양을 떼어버리면 해결된다는 거죠. 현재 암을 완치할 수 있는 가장 깔끔한 방법은 수술입니다. 방사능 치료

> **로버트 와인버그**
> 종양학계의 세계적인 석학인 그는 2000년 정상세포에서 암세포가 발생하고, 암세포들이 성장해 종양을 형성하는 원인 여섯 가지를 제시했다. 그의 연구는 정상세포를 암세포를 바꾸는 암유전자가 존재하며, 그 메커니즘을 처음으로 밝혀내 암 치료의 새로운 전기를 마련했다. 암세포의 발생 과정을 밝혀낸 이 업적으로 미국 국가과학훈장 등 여러 과학상을 받았다. 매사추세츠 공과대학 부설 화이트헤드 생물의학연구소에서 연구 중이다.

보다 수술이 훨씬 깔끔하죠. 서양에서는 17세기경부터 외과적으로 암을 치료하려는 생각이 있었던 것 같습니다.

암뿐 아니라 질병에 대한 외과적 치료는 서양이 동양보다 앞서 있었습니다. 하지만 암에 대한 기록은 동양에서 더 먼저 나왔죠. 암에 대한 가장 오래된 기록은 기원전 1600년 이집트의 에드윈 스미스 파피루스입니다. 거기에 유방암에 대한 기록이 있는데, 그 당시 여성에게 가장 흔했던 암이 유방암이 아니었나 싶습니다.[5-2]

기원전 460년부터 기원전 370년 사이에 살았던 히포크라테스는 여러 종류의 암에 대해 기록했다고 합니다. 암에 대한 관찰은 그때부터 시작되었다고 볼 수 있습니다. 이때 사람들은 암에 대해 굉장히 중요한 특징을 관찰합니다. 종양의 혈관이 사방으로 뻗어나가 있는 모양이 마치 게처럼 생겼음을 발견한 것이죠. 이것이 cancer의 어원입니다. 이것이 암의 굉장히 중요한 특징입니다. 새로운 혈관이 생긴다는 것이죠.

　중국에서는 은허시대에 최초로 암에 대한 기록이 있었다고 합니다. 갑골문자로 남아 있는 기록이죠. 암이 딱딱한 바위 같다고 해서 '바위 암巖' 자를 쓰기도 하고, 쌓인다고 해서 '쌓일 적積' 자를 쓰기도 했습니다. 암의 특징을 어떻게 이렇게 잘 알았을까요? 암 세포는 한 면으로 자라는 것이 아니라 차곡차곡 쌓이면서 자랍니다. 그러면서 딱딱해지죠.Q1 한의학 서적에

> 암cancer의 어원

암을 뜻하는 영어 cancer는 라틴어 칸케르 (cancer)와 그리스어 카르키노스carcinos에서 유래했다. 이는 모두 게(crab)를 가리키는 말로, 히포크라테스가 암의 혈관이 사방으로 뻗어 있는 모습이 게를 닮았다고 카르키노스로 부른 것에서 비롯되었다. 현대 의학의 아버지인 히포크라테스는 역사상 최초로 암을 다룬 의사로 다양한 종양을 구분하고 악성종양의 개념을 밝혀냈다. 그가 말한 카르키노스는 여기서 악성종양을 뜻한다.

Q1 :: 암세포가 면이 아닌, 쌓이면서 자라는 이유는 무엇인가요?

세포는 원래 자기 바닥에 딱 매트리스처럼 붙어 자라야 합니다. 근데 암세포가 되면 혈관에도 둥둥 떠다닐 수 있게 됩니다. 부착비의존성anchorage-independence이라는 기능을 획득을 해요. 이게 세포 골격을 몽땅 바꿔가면서 유전자 변화가 일어나고 차곡차곡 덮어서 자랄 수 있게 됩니다. 그래서 딱딱하고 질기고 아주 고약하죠.

기록된 것은 기원전 3세기경의 《황제내경黃帝內經》에서 발견됩니다.

암의 특징

암은 온몸 어디에서나 생길 수 있습니다. 즉 세포가 있는 곳이라면 어디서든 생길 수 있는데, 그 위치와 환자의 성별에 따라서 조금씩 다릅니다. 같은 부위에 생겼어도 다를 수 있습니다. 심지어 같은 종양 덩어리에서도 다른 부분이 있습니다. 모두 다른 세포라는 것이죠. 따라서 어느 암세포에 대해서 이해하게 되었다고 해서, 혹은 그 형상을 알게 되었다고 해서 암을 정복했다고 할 수는 없는 것입니다. 암세포는 계속 변하는 세포입니다. 정복하기가 굉장히 까다롭습니다.

악성종양인 암은 양성종양과 달리 무한히 증식합니다. 세포는 어느 정도 분열을 하면 더 이상 분열하지 않게 프로그램되어 있습니다. 그것이 세포의 수명이죠. 그런데 암세포는 계속해서 무한히 분열을 합니다. 이 무한 분열이라는 게 최초의 세포가 계속해서 분열하는 것을 의미하는 게 아닙니다. 최초의 세포는 자손들을 많이 만들어내고 죽을 수 있습니다. 그 자손이 또 번성하고 번성하고 하는 거죠. 계속 죽어나가면서도 계속 자손을 만들고, 위치고 바꾸고 하는 것입니다. 따라서 무한 분열이라는 것은 한 세포가 계속 살아남는다는 이야기와는 매우 다릅니다. 세포분열의 메커니즘이 완전히 풀려 있다는 뜻입니다.

또 다른 특징은 종양 덩어리 주변에 엄청나게 많은 혈관이 생긴다는 것입니다. 그래서 한동안 색전술이라는 암 치료법이 유행했습니다. 즉 주변에 새로운 혈관이 생성되는 것을 막아버리는 겁니다. 그러면 암세포가 고사하고 말죠. 아무튼 종양에 신생 혈관이 굉장히 많이 생기면서 양분을 다 빨아들입니다. 안에 있는 세포에까지 영양분을 공급하기 위해서죠.

또 다른 특징은 전이된다는 겁니다. 다른 기관으로 옮겨가는 것이죠. 이게 엄청난 미스터리입니다. 한 장기에서 종양 덩어리가 생겨 커졌습니다. 그런데 이 종양이 그 자리에 머물러 있지 않고 뚝 떨어져서 혈관을 타고 다른 곳으로 돌아다녀요. 그렇게 혈관을 타고 돌아다니다가 뇌로도 가고 골수로도 가서 안착하는 것입니다. 암 세포는 전이할 수 있습니다. 양성종양은 절대 할 수 없는 일들이죠.

생물학자의 눈에 이런 특징들은 무척 신기한 일입니다. 일반적인 생명 현상에서는 보기 드문 기작이에요. 혈관이 다시 생기는 것, 다른 세포 기관으로 침투해 들어갈 수 있는 것, 이동하는 것 모두 쉽게 설명하기 어려운 기작입니다. 변신의 귀재예요. 그래서 무척 흥미롭고 호기심을 유발하는 현상입니다.

암 발병 연구의 역사

과학은 질서를 찾는 작업입니다. 다르다고만 하는 것은 현상의 기술일 뿐이죠. 왜 다를까, 어떻게 다른 것일까를 고민하는 것이 과학입니다. 1900년대에 들어 암이 발생하는 원인에 대한 과학적 연구가 시작됩니다. 과학의 시대로 들어선 것이죠.

암 발생에 대한 최초의 과학적 설명은 바이러스설입니다. 특정한 바이러스 때문에 암에 걸린다는 것이죠. 일부는 맞고 일부는 틀립니다. 왜 틀리냐면 모든 암을 이렇게 설명할 수 없기 때문이에요. 근데 이 바이러스설의 발견은 생물학적으로 상당히 중요한 발견이었어요. 이는 다음과 같은 실험을 통해 발견됩니다. 물론 인간이 아니라 닭에서 생기는 암에 대한 연구였죠.

1910년 미국의 페이튼 라우스Peyton Rous라는 사람이 닭 날개에 육종이 생기는 것에 관심을 가졌습니다. 포유동물은 모두 암에 걸리니까요. 그래서 닭 날개에서 육종을 모아 분쇄했습니다. 세포 덩어리를 갈았어요. 그리고 다 갈아놓은 세포를 여과지에 걸렀습니다. 0.4마이크로미터 정도의 필터에 거르자 건더기는 남고 육즙만 빠져나오죠. 이 육즙에는 바이러스만 들어갈 수 있습니다. 세포를 비롯한 고분자 물질은 여과지를 통과하지 못해요. 페이튼 라우스는 이 육즙을 다른 건강한 닭에게 주사합니다. 그랬더니 그 닭에도 육종이 생겼어요. 이런 식으로 몇 차례 반복하면서 그는 두 가지 결론을 내렸습니다.

하나는 암을 유발하는 물질은 옮겨다닐 수 있다. 즉 전염이 가능하다는 것이죠. 다른 하나는 암을 유발하는 것은 바이러스라는 것이었습니다. 이렇게 육종을 순수 정제해 분리한 것에 그는 자신의 이름을 따서 라우스육종바이러스Rous sarcoma virus라고 이름을 붙입니다. 이것이 암의 질서를 찾기 위한 첫 번째 노력입니다. 바이러스가 암의 원인일 수 있다는 가설이죠. 여기서 그치지 않았습니다. 더 나아가서 골수세포종myelocytomatosis도 바이러스에서 유래하게 된다는 것을 알게 됐고, 그다음에 쥐에서 생기는 암도 바이러스에서 유래했다는 것을 알게 되었습니다. 한동안 바이러스가 암의 원인이라는 게 거의 정설로 받아들여졌죠.

안타깝게도 페이튼 라우스가 바이러스설을 발표했을 때 사람들은 이를 말도 안 되는 소리라며 받아들이지 않았습니다. 그의 주장이 인정받기까지 상당히 오랜 시간이 걸렸죠. 그래서 노벨상을 받는 데 40년이나 걸렸습니다. 라우스육종바이러스의 발견이 이루어낸 성과는 어마어마했습니다. 그런데도 40년 뒤인 1966년에야 노벨 생리의학상을 받게 되죠.

바이러스설은 훌륭하긴 하지만 몇 가지 문제를 남겨놓았습니다. 인간과 동물의 암 몇 가지에 대해서는 설명할 수 있지만, 사람들이 궁금해하는 공통된 특징이나 질서, 법칙은 나오지 않는 겁니다. 예컨대 유방암 같은 경우는 바이러스성이 아닙니다. 폐암도 마찬가지고요. 그래서 사람들은 계속 고민하게 되었고, 그러다가 100년도 더 전의 누군가 제시한 가설에 굉장히 고무되었습니다. 바로 1902년에 테오도어 보베리Theodore Boveri라는 사람이 한 말이죠.

테어도르 보베리는 독일의 세포생물학자로 굉장히 많은 책을 쓰고 굉장히 많은 논문을 발표한 사람입니다. 놀랍게도 몇 개는 틀렸지만 거의 대부분 맞았죠. 그는 1902년에 발표한 〈암의 기원에 관하여〉라는 논문에서 "아무래도 암세포는 한 개의 세포에서 출발하고, 그 세포의 염색체 수가 마구 망가지면서 생기는 질병인 것 같다."고 했습니다. 100년 전에 했다고는 믿을 수 없을 만큼 굉장히 중요한 말입니다. 그는 또 암이 무한 증식한다거나 방사선을 쬐거나 현미경적인 생물에 감염이 됐을 때 생기는 것 같다고도 이야기했습니다. 대부분 맞습니다. 그래서 100년 동안 이 사람의 가설, 즉 염색체설 혹은 이수성이론 aneuploidy theory이 전적으로 인정받았죠.

그럼에도 여전히 해결되지 않는 것이 있습니다. 보베리의 이론은 원인과 결과가 불분명했습니다. 보베리는 암세포를 관찰한 뒤 분석을 해서 결론을 내렸습니다. 따라서 암세포가 만들어지는 과정은 본 적이 없죠. 정상세포가 어떻게 암세포가 되는지를 본 적은 없다는 겁니다. 결과만을 보고 생각한 것이죠. 따라서 염색체와 이수성이 암의 원인인지 결과인지가 확실하지 않은 거죠.

1975년 미생물을 대상으로 한 실험이 굉장히 획기적이었습니다.

브루스 에임스Bruce Ames의 미생물 돌연변이를 이용한 실험이었죠. 미생물은 사람 세포보다 돌연변이가 훨씬 자주, 그리고 빨리 일어납니다. 또 윤리적인 제약도 없었죠. 그래서 미생물을 대상으로 한 DNA 실험이 많았습니다.

브루스 에임스는 살모넬라균을 히스티딘이 없는 배지에 키웁니다. 히스티딘이 없으면 살모넬라균이 죽을 수밖에 없죠. 그런데 몇 개는 살아남았습니다. 처음에는 10^7개 중에 하나가 살아남았어요. 여기에 돌연변이를 유발하는, 소위 발암 물질을 유발하는 화학 처리를 합니다. 그럼 나중에는 1,000개 중 하나씩 살아남게 되죠. 이것들은 말하자면 히스티딘을 합성하는 돌연변이를 획득한 겁니다. 그리고 무한 분열을 하죠. 에임스는 더 많이 돌연변이를 일으킬수록 더 발암적이라고 이야기했습니다. 이것이 DNA 손상이 암의 원인이라는 최초의 증거가 되기 시작합니다.

이 단순한 미생물 실험 이야기가 재미있는 이유는 암을 유발하는 암유전자Oncogene와 암억제인자(또는 암억제유전자)Tumor suppressor라고 하는 암을 막는 유전자가 모두 DNA의 손상에 대한 반응과 관련이 있기 때문입니다. 따라서 DNA 손상이 암의 원인이라는 이야기는 정확하게 맞는 것 같습니다. 이에 따르면 100년 전 보베리의 가설인 염색체설도 사실 포용됩니다. 왜냐면 염색체에 DNA가 모두 담겨 있기 때문이거든요. 그리고 바이러스설도 포용합니다. 바이러스가 만들어내는 그 단백질이 유전자의 돌연변이에 관련되는 일을 하기 때문이죠.

DNA의 발견

DNA라는 단어는 현대 사회의 필수 어휘인 듯합니다. 여기저기

DNA를 갖다 붙이죠. 하지만 중고등학교 교과서를 보면 DNA에 대해서 제대로 가르치고 있는 것 같지는 않습니다. 옛날 교과서보다 그림도 많고 보조 교재도 많지만, 과연 개념적으로 DNA를 더 정확하게 가르치는지는 모르겠습니다.

세계적인 과학 전문지 《네이처》가 가장 자랑하는 논문이 있습니다. 1953년 4월 25일자에 실린 딱 900단어짜리 논문입니다. 《네이처》는 이 논문을 역사상 가장 자랑스러운 논문으로 꼽습니다. 바로 프랜시스 크릭과 제임스 왓슨James Watson이 DNA의 발견에 관해 쓴 논문입니다. 사실 진짜 저자는 프랜시스 크릭이라고도 하죠. 혼자서 하룻밤에 썼다고 해요.5-3

이 논문은 엑스선의 회절 구조를 보고 DNA가 이중나선 구조로 되어 있음을 밝혔습니다. 그리고 이런 모양새가 DNA에 유전 정보를 담는 능력을 부여한다는 것이죠. 유전자라는 것은 자손에게 정보를 물려준다는 것입니다. 그것이 왜 이중 구조에서 가능한지에 대한 이야기를 딱 900단어로 정리했죠. 무척 어려울 것 같지만 막상 읽어보면 굉장히 쉽습니다. 어느 정도의 과학적 지식만 있으면 진짜 명문이라고 느끼실 겁니다.

이 논문의 제목은 〈핵산의 분자적 구조Molecular Structure of Nucleic Acids〉입니다. 드디어 분자라는 말이 등장하기 시작한 것이죠. 이 논문 덕에 두 사람은 1962년에 노벨 생리의학상을 받습니다. 물론 더 일찍 받을 수도 있었는데 몇 가지 정치적인 싸움 때문에 늦어졌다고 해요.

1953년에 DNA에 관한 논문을 왓슨과 크릭만 발표한 것은 아니었습니다. 이 해에 DNA에 관한 논문이 다섯 편이나 발표됩니다. 가히 DNA의 해라고 할 수 있죠. 《네이처》는 이 1953년을 자신들에게 최고의 해라고 합니다. 그해에 나온 다섯 편의 DNA에 관한 최고의 논문 중 네 편이 바로 《네이처》에서 발표되었기 때문이죠.

그중에는 로잘린드 프랭클린Rosalind Franklin의 논문도 있습니다. 간혹 로잘린드 프랭클린이 논문 하나 쓰지 못한 채 왓슨과 크릭에게 데이터를 몽땅 빼앗겼다고 알려져 있는데, 이것은 과장된 말입니다. 로잘린드 프랭클린도 논문을 썼어요. 자신의 데이터로 똑같은 회절 구조에 관한 논문을 썼죠. 프랭클린이 주목한 것은 당의 구조와 인의 구조였습니다. 반면에 왓슨과 크릭이 주목한 것은 바로 DNA의 기둥 두 개가 어떻게 반보수적으로 복제할 수 있는지에 대한 것이었죠. 유전자의 가장 핵심적인 이야기를 썼기 때문에 더 각광을 받은 겁니다.

DNA는 핵산입니다. RNA는 한 가닥이고 DNA는 두 가닥이에요. 그런데 왜 DNA만 복제할 수 있을까요? 복제는 사실 수소결합을 해서 상보적인 염기끼리 결합하기 때문에 생기는 것입니다. 그렇다면 RNA도 복제를 할 수 있죠. DNA에서 RNA를 만들기도 하고요

그럼 유전자는 왜 DNA일까요? 저 역시 오랫동안 이런 의문을 품어

왔습니다. DNA의 이중나선 구조가 발표되기까지 그 모든 데이터는 로잘린드 프랭클린이라는 탁월한 여성 과학자가 만들었습니다. 잘 아시다시피 프랭클린은 노벨상을 받지 못했습니다. 당시에는 여성 과학자에 대한 차별이 굉장히 심했습니다. 제대로 된 항의 한번 할 엄두조차 내지 못했죠. 심지어는 어떤 사람이 본인의 데이터를 가져다가 다른 사람이 사용했는데 이에 대해 어떻게 생각하냐고 물었습니다. 그런데 그녀는 억울하지 않다고 했습니다. 하도 많이 당해서 이 정도는 억울한 일도 아니었죠.

프랭클린의 데이터가 새어나가게 된 배경도 제임스 왓슨이 프랭클린의 상사였던 모리스 윌킨스에게 엑스선 회절 사진이 있다는 이야기를 듣고 그걸 좀 갖다 달라고 부탁해서 이루어진 것이죠. 그리고 그날 밤에 프랜시스 크릭이 풀어냈고요. 제임스 왓슨은 《이중나선Double Helix》이라는 책에서 프랭클린을 굉장히 비하합니다. 옷도 못 입고 예쁘지도 않은 여자라고 했죠. 결정적으로 프랭클린이 엑스선 회절 사진의 중요성을 알아차리지도 못한다고 폄하했습니다. 그래서 똑똑한 베짱이와 바보 같은 개미의 싸움이라고 표현했죠. 로잘린드 프랭클린은 서른여덟 살에 세상을 떠납니다. 노벨상은 꿈도 꾸지 못했죠. 하지만 프랭클린이 배출한 제자들 중에 못해도 여섯 명이 노벨상을 받았다고 합니다. DNA의 발견은 당시 서구에서 가장 큰 경쟁이었습니다. 미국의 라이너스 폴링과 케임브리지 그룹이 경쟁하고 있었는데, 케임브리지 그룹이 이겼죠.

프랜시스 크릭은 여기서 그치지 않고 DNA 연구를 계속 이어갔습니다. 그러면서 1974년에 이런 말을 했죠. 1953년 논문을 쓸 때는 DNA가 유전자인 것이 이 반보수적Semi conservative 복제를 위한 것인 줄 알았는데, 지금 보니 DNA 복구Repair 때문이었다고요. 이게 굉장히 중요한 고백입니다. 자신의 생각이 계속해서 변화하고 발전한다는 증거인 거죠. 그래서 프랜시스 크릭을 위대한 과학자라고 하는 것입니다.

DNA가 두 가닥이면 유전 정보가 하나 손상되더라도 다른 하나가 멀쩡하기 때문에 이것을 고칠 수 있습니다. 유전 정보가 완전해지는 거죠. DNA가 한 가닥이면 그 하나가 손상을 입었을 때 복구가 쉽지 않고, 그렇다면 유전 정보가 계속 변하게 됩니다. 따라서 RNA보다 DNA가 유전자인 것이 훨씬 더 진화적으로 유리한 것이죠. 바로 이러한 DNA의 특성이 정상세포가 암세포로 변하는 이유와 연관되어 있습니다.

돌연변이 DNA와 암

옥스퍼드에서 세포에 대해 연구하고 있던 시드니 브레너는 왓슨과 크릭이 유전자의 구조를 규명했다는 소식을 듣고 새벽에 케임브리지로 넘어갔습니다. 도대체 왜 DNA가 유전자인지 봐야겠다면요. 브레너는 그날의 감격을 잊을 수 없었다고 이야기합니다. DNA 구조를 보는 순간 그게 왜 유전자인지 알겠다고 했죠. 그 뒤로 그는 프랜시스 크릭과 함께 DNA에서 어떻게 단백질이 만들어지는지를 연구했어요. 그 결과 아무런 실험적 근거 없이 가설만으로 전령 RNAmessenger RNA의 존재를 최초로 제안합니다. 물론 이것은 훗날 후배 과학자들이 증명했죠.

> 시드니 브레너

시드니 브레너Sydney Brenner는 남아프리카공화국의 생물학자로 2002년 노벨 생리의학상을 받았다. 예쁜꼬마선충으로 불리는 선형동물 카이노르하브디티스 엘레간스 *Caenorhabditis elegans* 에 관한 연구를 통해 프로그램화된 세포의 죽음, 즉 세포의 '자살 메커니즘'을 처음으로 제기하고 이를 이론적으로 규명했다. 1960년대초 전령 RNA의 존재를 확정하고 mRNA의 뉴클레오티드 순서가 단백질 속의 아미노산 서열을 결정한다는 사실을 입증했다. 인간 게놈 계획을 선도하면서 분자생물학과 유전학의 발전에 크게 기여했다.

이보다 대단한 일은 유전 암호Genetic Code였다고 합니다. 즉 세 개의 암호가 하나의 단백질에 암호를 부여하는 것, 아미노산에 암호를 부여하는 것을 풀어냈죠. 이것이 가장 위대한 발견이었다는 평가를 받습니다. 왜냐면 이를 통해 유전자 구조에서 이제 단백질이 생기는 방법을 어느 정도는 알 수 있게 되었기 때문입니다.

복제 이야기를 계속 했기 때문에 DNA 복제가 어떻게 이루어지는지를 간단하게 말씀드리겠습니다. DNA는 단백질이 없으면 어떤 일도 일어나지 않습니다. 자기 짝에 맞는 염기를 찾아서 정확하게 붙이고, 열린 더블에서 새로운 DNA를 합성해나가죠. 그런데 문제는 있습니다. 항상 방향성을 가지기 때문에 선도가닥leading strand은 아무런 문제가 없는데 반대쪽은 거꾸로입니다. 그래서 소위 오카자키 단편okazaki fragment이라는 게 생기죠. 이것 때문에 여러 가지 오류가 생기거나 노화될 때 텔로미어telomere가 짧아지게 되는 가장 큰 원인 중 하나가 되기도 합니다.[Q2]

성장하는 세포는 이렇게 자주 열렸다 닫혔다 하고 항상 복제를 해야 하다 보니 문제가 생깁니다. 오류가 생긴다는 거죠. 복제 과정에서 발생하는 오류는 세포가 한 번 분열할 때는 3만 번 정도 일어납니다. 이렇게 된다면 우리는 존재하지 못할 겁니다. 이때 해결책은 중합효소가 제시합니다. 중합효소는 다른 기능을 하나 획득했는데, 바로 교정하는 것입니다. 거꾸로 돌아가서 틀린 것을 바로잡는 거죠. 이 과정

Q2 :: 텔로미어 ✂ 란 무엇인가요?

텔로미어를 우리말로 바꿀 수는 없어요. 그냥 텔로미어라고 부르는데, 이것은 사실 염색체의 말단입니다. 원핵생물(예를 들어 박테리아 같은)은 DNA가 원형이에요. 그러면 DNA가 복제할 때 아무 문제가 없습니다. 두 개의 더블이 만나서 딱 하면 끝나거든요. 그런데 사람, 그다음 진핵생물은 모두 다 선형이에요. 이것은 끝에 가면 복제 문제가 생겨요. 그래서 반드시 짧아지게 되어 있습니다. 어떻게 보면 생체시계라고 할 수 있습니다. 근데 그게 문제가 뭐냐면 그 부분이 노출되면 DNA가 손상된 것과 똑같은 구조를 가지고 있어요 그 텔로미어 끝이 그렇게 되면 너무 많은 DNA 손상 반응이 나타납니다. 건강한 세포는 분열을 할 때 그 부분을 보호하고자 하는 구조를 형성합니다. 따라서 DNA 구조, 그리고 단백질의 구조와 맞물리는 이야기가 됩니다. 아직 초보 단계에 있는 이야기들이에요.

을 거쳐 오류율이 100배 정도 낮아집니다. 그래도 세포가 한 번 분열할 때마다 300개의 오류가 발생합니다. 이런 상황에서는 네 살만 되어도 모두 암에 걸려버립니다. 그래서 한 차례 더 진화하게 된 것이 바로 DNA 복구 기작입니다. 이렇게 삼중의 보호막이 갖춰지면서 10억 번에 한 번 정도 오류가 발생하게 됩니다. 아예 오류가 없지는 않습니다. 항상 있기는 있습니다.

유전자가 손상되고 돌연변이가 일어나면 암이 발생합니다. 이 사실이 모든 것을 수용하게 되었습니다. 왜냐하면 세포에 돌연변이가 발생하면 암이 생기는데, 이것 치료하는 방법도 똑같이 발견하게 되었습니다. 제2차 세계대전에서 미국 군인들이 그 어떤 섬에 니트로겐 머스터드nitrogen mustard라는 걸 쏟아부었어요. 화학 무기를 쓴 거죠. 그래서 어떤 일이 벌어졌냐면 적군은 섬멸했는데, 근처에 살던 민간인이 엄청나게 많이 암에 걸렸어요. 이를 계기로 화학물질이 DNA를 마구 변화시킨다는 것을 알게 되었습니다. 역설적이게도 그 니트로겐 머스터드의 여러 유도체들이 지금 현재 임상에서 암세포를 죽이는 데 사용되고 있습니다. 왜

> **니트로겐 머스터드**
제2차 세계대전 당시 독가스로 개발된 니트로겐 가스에서 유도된 '니트로겐 머스터드'는 악성종양에 효과가 있다고 확인되면서 1943년 호지킨 림프종 치료를 위한 최초의 항암제가 되었다. 이러한 화학 항암 요법은 주로 수술이 불가한 환자나 수술 전 종양 크기를 줄이기 위해 시행되는데, 암세포뿐 아니라 분화 속도가 빠른 정상세포까지 구분 없이 공격해 탈모, 구토, 합병증 등의 부작용을 발생시킨다.

냐면 정상세포는 DNA가 복구되는 기작을 가동시킬 테니까 아주 낮은 비율을 쓰면 암세포는 그 기작이 없어서 죽게 되는 원리 때문이죠. 그래서 유전자 단위의 돌연변이도 있지만 이렇게 염색체가 서로 바뀌는 대단위의 유전 정보의 손실도 발생합니다. 이런 것들이 암의 원인이라고 생각하고 있습니다. 그래서 이걸 한 페이지로 요약해서 보면 다음과 같은 노벨상의 역사가 생기죠.

노벨 생리의학상, 노벨 화학상의 발견은 거의 암생물학의 역사라고 해도 과언이 아닙니다. 대략 64퍼센트 정도가 암과 관련된 연구에 수

여되었죠. 그중 하나가 바로 인간 세포는 절대로 쓰지 않았던 효모나 성게를 썼던 사람들이 발견한 세포주기시계Cell Cycle입니다. 이 세포주기시계는 진핵 생물의 모든 곳에서 쓰인다는 것 때문에 앞으로도 계속해서 이어질 주제입니다. DNA가 망가졌을 때 세포가 계속 돌아가면 고칠 수가 없습니다. 그래서 고치는 시간을 벌어야 하죠. 이 과정이 마치 정확하게 짜인 오케스트라처럼 세포시계에 따라 결정된다는 것을 발견한 것입니다. 이 세포주기시계의 발견이 노벨상의 한 축이었고 2001년에 노벨 생리의학상의 주역이 됩니다.

DNA가 지나치게 심하게 손상되면, 그 세포는 죽는 게 낫습니다. 그래야 자손 세포로 대단위의 돌연변이가 유전되지 않기 때문이죠. 이것을 세포자살, 혹은 세포사멸이라고 합니다. 세포주기시계의 발견 이듬해에 밝혀진 기작이죠. 어떤 경우에 세포주기시계가 멈추는 선택을 하고, 어떤 경우에 세포자살로 이어지는지는 아직 확실히 정리되지 않았습니다. 한 가지 확실한 것은 세포 복구가 가능하다면 그것을 선택하게 되고, 지나치게 많은 DNA가 손상되었다면 세포자살을 선택한다는 것입니다. 이 과정은 세포 안에서 일어나는 하모니에 의해서 이루어집니다.

DNA 복구와 세포주기시계, 세포사멸을 합쳐서 DNA 손상반응이라고 합니다. 이 DNA 손상반응이 현재 암 치료 현장에서 가장 중요하게 다뤄지고 있는 개념입니다. 그리고 지금까지도 계속해서 연구가 이어지고 있는 부분이기도 합니다.

암유전자와 암억제유전자

우리 몸에 있는 DNA를 펼치면 길이가 얼마나 될까요? DNA 하나를 쫙 펴면 2미터 정도 된다고 합니다. 여기에 세포 안에 있는 염색체의 수를 곱하고, 세포의 수를 곱하면 어느 정도 비슷한 값이 나옵니다. 그 길이는 지구에서 태양을 66회 왕복할 수 있는 거리라고 합니다. 놀라운 이야기죠. 우리 몸 안에 우주가 있는 겁니다. 이런 이야기를 하면 생물학이 좀 더 위대해지는 것 같기도 해요.

DNA는 이런 여행을 합니다. DNA는 그대로 있는 게 아니라 활짝 펼쳐져 있습니다. 그 길이는 대략 180센티미터 정도죠. 이 상태로는 1마이크로미터 크기의 핵에 절대로 들어갈 수 없습니다. 그래서 엄청나게 꼬이고 감깁니다. 이것을 염색체라고 부르죠. 이때 히스톤 단백질들이 결합해서 우리가 상상할 수 없는 화학적 반응을 일으키며 엄청나게 꼬이죠. 마침내 DNA가 다 꼬이게 되면 마이크로미터보다 훨씬 작은 염색체를 구성합니다. 이유는 알 수 없지만 사람의 염색체는 항상 X자 모양이죠. 그뒤 염색체에서 세포분열이 일어납니다. 지렁이처럼 움직이다가 적도판에 복제된 DNA가 정확하게 똑같이 나뉘어서 갈라지게 되죠. 그리고 혹시라도 잃어버릴까 봐 서로 굉장히 많이 궁합을 맞추다가 두 개의 딸세포가 탄생합니다. 이 과정에서 어느 한 단계에라도 오류가 생긴다면 유전 정보는 유지되지 않습니다. 이게 세포생물학에서 굉장히 중요한 문제입니다.

암의 원인은 유전자의 정보가 변화하는 것입니다. 그렇다면 모든 유전자가 다 중요할까요? 암생물학자들은 수많은 유전자 중에서도 중요한 유전자를 찾아냅니다. 바로 암을 발생시키는 암유전자와 암 발생을 억제하는 암억제인자입니다. 암억제인자는 자동차의 브레이크에 해당하고 암유전자는 액셀러레이터라고 할 수 있습니다.

암유전자는 하나만 활성화되어 있어도 그대로 계속 진행됩니다. 이때 암억제인자가 있어서 그것을 제어하죠. 암억제인자는 가족력이 있는 유전자에서 많이 나옵니다. 제가 박사과정에 있을 때 유방암의 억제인자인 BRCA2를 복제하는 연구했죠. 그때 이것이 어떤 과정으로 암을 억제하는지 밝히면서 정말로 생물학이, 과학이 재미있다는 것을 깨닫기도 했습니다.

암억제인자의 종류는 그다지 많지 않습니다. 왜냐하면 결정 인자가 여러 가지가 있기 때문이죠. 암세포를 죽인다고 해서 모두 암억제인 자라고 부르지도 않습니다. 암억제인자는 기능이 아니라 유전학적으로 분류합니다. 암억제인자는 돌연변이가 유전됐을 때 생기는 것입니다. 얼프리드 넛슨Alfred Knudson의 두적중가설two hit hypothesis에 걸맞는 것이 암억제인자입니다. 암억제인자는 세포주기시계를 조절하는 것들, DNA 복구를 하는 것들, 세포자살 등과 관련된 일을 많이 합니다. 어찌 보면 망가지는 것을 막는 수호자 같은 역할을 하는 것이죠.

이에 비해 암유전자는 절대 유전되지 않습니다. 왜냐하면 지나치게 많이 분열하기 때문에 배발생embryogenesis이 일어나지 않기 때문이죠. 유전이 안 됩니다. 암유전자는 라우스육종바이러스에도 있던 그 바이러스가 만들어냅니다. 그럼 이것은 원래 바이러스에만 있었을까요? 세포에도 있습니다. 그래서 앞에 세포cell의 약자 C를 붙여서 c-Src 같은 식으로 붙입니다. 바이러스와 사람이 계속해서 상호작용하면서 진화해 암유전자가 탄생했을 가능성이 있습니다. 사람에게 원래 있는 것이 바이러스에 가서 그 바이러스가 나중에 숙주세포에 들어가서 세포분열을 시키는 데 유리했기 때문에 획득한 것이 아니었을까 생각하고 있습니다. 따라서 암유전자의 발견이 바이러스 가설을 다 포함하게 되는 것이죠.

정상세포가 암세포로 변할 때 가장 중요한 다섯 가지가 바로 세포주기, 염색체 분리, DNA 복구 기작, DNA 복제, 그리고 세포사멸입니다. 이것들이 망가지면 세포의 돌연변이율이 1000만 배까지 올라가면서 암세포가 만들어집니다. 물론 당장 이루어지지는 않습니다. 반드시 세포분열을 계속해야 가능하죠.

2009년에는 세 명이 노벨 생리의학생을 공동 수상했습니다. 바로 염색체 말단, 즉 텔로미어의 길이가 유지되는 기작을 발견한 사람들이죠. 정상세포는 분열하지 않습니다. 하지만 이것이 암세포가 되려면 분열해야 하죠. 그러려면 염색체 말단의 복제 문제를 풀어내야 하는데, 그것을 역전사효소인 텔로머라아제가 한다는 것을 이들이 발견한 것이죠. 암세포에는 모두 텔로머라아제가 있습니다.**Q3** 안타깝게도 줄기세포에도 텔로머라아제가 있죠. 있어야 합니다. 텔로머라아제가 없으면 줄기세포의 기능을 유지할 수 없습니다. 따라서 줄기세포 치료는 특별히 조심해야 합니다. 자칫하다간 암세포가 번성하게 될 수가 있거든요.

텔로머라아제 없이 유지되는 기작도 있습니다. 재조합recombination이라고 해서 텔로머라아제 없이 유지되는 텔로미어 기작도 존재합니다. 이것이 바로 불로장생의 비밀입니다. 오래 사는 것과 암은 사실 큰 관

Q3 ∷ 암세포에는 모두 텔로머라아제가 있습니다. 이처럼 암의 공통된 특성을 타겟으로 하는 항암제를 만든다면 다양한 암에 적용할 수 있지 않을까요?

암의 공통되는 특성을 이용한 치료 전략은 상당히 많이 진행되어 왔습니다. 최근에는 표적치료제라는 게 많은 성공을 거두고 있고요. 하지만 암이 워낙 다양하다 보니 공통된 특성만 가지고는 모든 암을 통제하기는 어려운 것 같아요. 암의 기원은 생명의 기원과 연관이 되고, 또 암의 역사가 노벨 생리의학상의 역사와 연관이 되고, 이런 것이 다 마찬가지일 겁니다.

결국 암의 정곡을 찌르려고 하면, 여전히 정상세포에 대한 영향이 있을 수밖에 없습니다. 항암제는 기본적으로 독성과 효능을 저울질합니다. 그래서 일단 항암제를 사용하면 (암에 대해서 특화해서 만들기는 하지만) 환자들이 식사를 못하거나 결국 항암제 독성을 이겨내질 못하는 상황도 발생하게 됩니다. 그렇게 되면 치료를 못하게 되죠.

아직까지 암에 대해서는 전면적인 성공은 어려울 것 같고요, 암 정복이 어렵다는 것도 그런 맥락입니다. 계속해서 연구를 한다면 다음에는 아마 더 많은 성공을 거두게 될 것입니다.

련이 있습니다. 하지만 영원히 오래 사는 것만 꿈꾸는 것보다는 살아 있는 동안 건강하고 충실하게 사는 게 더 중요하다고 생물학자로서 생각합니다.

아무튼 세포가 그렇게 대단위로 망가졌는데도 우리 몸은 20년, 30년 뒤에야 암에 걸립니다. 암이 발생하는 데도 단계가 있을 겁니다.

우리는 7년 전에 암 지도Cancer Atlas를 완성했습니다. 2만 개 유전자가 모두 중요하지는 않습니다. 다 중요한 건 아닙니다. 그래서 돌연변이가 되면 문제가 있다고 판단되는 것들 위주로 7년 전에 완성했습니다. 여기에 아까 말씀드렸던 여러 가지 유전자가 다 있습니다. 하나의 질문에 답을 하면 더 많은 질문이 파생하는 것이 과학의 속성입니다. 그래서 이것 역시 완전하지 않아요. 이게 끝이 아닙니다. 새로운 과제가 계속 나오고 있어요.

그중 하나는 다시 보베리로 돌아가서, 세포분열에 이상이 생기면 어떻게 되느냐는 겁니다. 염색체가 분열할 때 무언가를 하나씩 남깁니다. 하나씩 딸려가는 염색체들이 있는데, 그것들에 제가 연구하고 있는 BRCA2, 즉 유방암억제인자세포로 돌연변이가 되면 일어나는 일이었습니다. 저것이 암의 원인이라는 것을 발견하게 되죠. 즉 세포분열 자체에서 무언가 이상이 생기면 그냥 숫자만 망가지는 게 아니라 보베리가 이야기한 것처럼 뭔가 새로운 유전체의 불안정성이 생긴다는 겁니다. 그래서 이 비밀을 푸는 것이 새로운 숙제가 되고 있습니다.

암세포생물학의 추이

세포에 대한 이야기를 하지 않을 수 없습니다. 생물학자는 사실 모

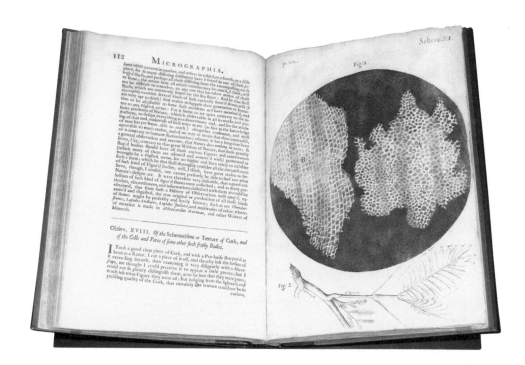

5-4
로버트 훅의
《마이크로그라피아》

두 세포의 세계에 완전히 빠져 있는 사람들입니다. 세포라는 개념을 최초로 제안한 사람은 로버트 훅Robert Hooke이라는 17세기의 과학자입니다. 워낙 뛰어난 천재라 아이작 뉴턴이 심하게 질투했다고 합니다. 심지어 훅이 세상을 떠난 뒤 그에 관한 자료를 모두 없애 자료도 거의 남아 있지 않을 정도입니다. 훅이 《마이크로그라피아Micrographia》라는 책에서 cell이라는 말을 처음 씁니다.〉 그때 그는 이렇게 씁니다.5-4

> **로버트 훅**

로버트 훅은 생물학뿐 아니라 화학, 물리학, 천문학에도 조예가 깊은 말 그대로 '멀티플레이어 학자'였다. 그는 당시의 조악한 현미경을 현대 현미경과 비교해도 손색없을 정도로 개량하기도 했다. 언젠가 직접 설계한 현미경으로 코르크를 관찰한 그는 코르크 속의 벌집 모양으로 된 작은 방들을 cell이라고 부르기로 했다. cell은 라틴어로 '작은 방'을 의미하는 단어 '켈라cella'에서 유래했다.

아무래도 내가 이 세상에서 최초로 뭔가를 본 것 같다. 바로 세포cell다.

세포가 분열해 기관을 비롯해 인체의 모든 것을 만

듭니다. 생물학에서는 하나의 단위로서 계속 생식할 수 있고 증식할 수 있는 것은 세포라고 합니다. 이 세포이론을 완전히 확립한 사람은 테오도어 슈반Theodor Schwann, 마티아스 슐라이덴Matthias J. Schleiden, 루돌프 피르호Rudolf Virchow입니다. 세포는 생명의 단위이며, 세포학을 공부하다 보면 자연스레 암에 관심이 가게 되는 것입니다.

암은 단 하나의 세포에서 출발합니다. 이것을 단일클론설Monoclonal theory이라고 해요. 그런데 이것이 다윈의 진화론을 따릅니다. 많이 죽어나가다가 가장 환경에 적합한 세포들이 살아서 계속 진화하는 것이 바로 암이라고 생각하고 있죠. 그래서 이 단계별로 안 죽는 것이 아니라 굉장히 많이 죽어나갑니다. 선택되는 거죠. 어찌 보면 가장 강한 녀석들이 아니라 그때그때 살아남는 것들이 암이 된다는 겁니다. 그렇게 해서 획득하게 되는 형질들이 계속 자라거나 사멸을 피하거나 새로운 혈관을 만들거나 침입하거나 전이하는 등의 모든 일이 가능하게 되는 것입니다.

최근에 암줄기세포cancer stem cell라는 개념이 등장했습니다. 암생물학자들이 새로이 제기하는 것인데, 암에도 줄기세포가 있다는 겁니다. 처음에도 말씀드렸다시피 암은 참으로 이질적인 존재입니다. 이 점에 중요한 게 있을 것 같습니다. 마치 성체줄기세포처럼 말이죠. 그러니까 암세포에도 줄기세포가 있어서 그것이 계속 분화한 것이 아닌가 하는 생각을 하게 된 겁니다. 사실 이 아이디어는 유방암, 그리고 일부 백혈병에 상당히 잘 맞습니다. 일부 뇌암에도 잘 맞는다고 하죠. 그런데 모든 암에 공통적으로 다 발견되고 존재하는 건 아닙니다.

여기에도 여러 가지 의견이 있죠. 암줄기세포이론은 단일클론이론을 계승하기 때문에 중요합니다. 임상 현장에서 굉장히 빨리 자라나는 세포만을 표적으로 삼을 것이 아니라 진짜로 암줄기세포가 있는 암의 경우에는 암줄기세포를 표적으로 삼는 것이 임상적으로 훨씬 바람직하고 효율적이라는 것이죠. 이에 대한 연구는 굉장히 활발히 진행되고 있습니다.

여기서 교훈 하나를 얻을 수 있습니다. 줄기세포도 잘못 건드리면 암줄기세포가 됩니다. 과학자들이 연구한 바에 따르면, 실제로 많은 경우 손상된 성체줄기세포의 DNA가 변하면서 암줄기세포가 된다고 생각하고 있습니다. 따라서 줄기세포의 조작은 굉장히 신중할 수밖에 없습니다. 생명 현상이라는 것은 결코 간단하지 않습니다. 하나를 알게 되면 또 다른 새로운 것들이 계속 쏟아져 나오기 때문이죠.

암 치료의 현재와 미래

이제 암 치료의 현주소를 말씀드리고자 합니다. 지금부터 할 이야기는 저뿐 아니라 많은 과학자가 굉장히 매력을 느끼는 분야입니다. 바로 맞춤의료, 맞춤의학입니다. 이것은 환자 자신의 유전 정보에 맞는 치료를 제공한다는 것입니다. 암은 굉장히 이질적인 존재입니다. 심지어 개인별로 추세가 다 다릅니다. 그걸 어떻게 다스릴 수 있을까요? 바로 유전 정보에 답이 있습니다. 개인의 유전 정보의 특징을 잘 안다면, 그에 꼭 맞는 약을 쓸 수 있고, 그에 꼭 맞는 치료법을 사용할 수 있습니다. 사실 이런 개념은 이미 마취에서 시작되었습니다. 1940년대부터 마취는 개인의 체질과 건강 상태에 따라 개별적으로 진행되어왔습니다.

글리벡Gleevec은 최초의 똑똑한 항암제라고 불리는 약입니다.[5-5] 원래 이름은 이마티닙Imatinib이었죠. 이 약은 만성골수성백혈병에 걸리면 필라델피아염색체Philadelphia chromosome이라고 해서 염색체 두 개가

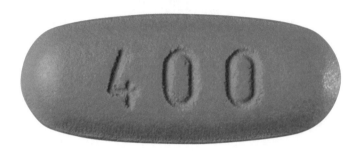

잘린 다음 19번과 20번이 붙습니다. 그렇게 해서 Bcr-Abl이라는 새로운 유전자가 만들어집니다. 이 과정을 차단하면 병의 진행이 멈추는 겁니다. 그래서 Bcr-Abl을 표적으로 삼는, 특히 ATP가 결합하는 부위를 표적으로 삼는 화학물질을 찾아내 치료를 했죠. 그랬더니 효과가 무척 좋았습니다. 대개 임상시험은 세 차례에 걸쳐 하는데, 한 차례 임상만 거친 뒤 개방되었습니다. 이것이 최초의 표적형 맞춤의학의 사례입니다.

이 약품 이후에 활성효소들을 표적으로 삼아 세포의 성장을 막으면 암세포에 특이적으로 잘 듣는 약을 개발할 수 있겠다는 생각들을 하게 됩니다. 그래서 그 뒤로 나온 중요한 약이 바로 제피티니브Gefitinib라고 불리는 이레사Iressa입니다. 이 약은 EGFR이라는 성장호르몬의 수용체만을 공격하는 약제입니다. 이 약을 만든 제약회사 아스트라제

네카AstraZeneca는 엄청나게 흥분했습니다. 글리벡보다 많이 팔릴 거라고 예상했죠. 그런데 임상시험을 해보니 간질 같은 부작용이 보고되었습니다. 결국 프로젝트는 파기되었죠.

하지만 천만 다행히도 《랜싯Lancet》이라는 의학 전문지에 이 약을 살리는 논문이 하나 나옵니다. 일본의 비흡연 여성에게는 부작용 없이 약효가 나타났다는 것이죠. 이 논문을 본 우리나라 사람들이 아스트라제네카에 편지를 보내 임상시험을 요청합니다. 그래서 폐암 환자 500명이 동정적 임상시험Sympathetic Trial을 받게 됩니다. 임상시험 결과는 성공적이었습니다. 간질은 부작용이 아니었고, EGFR 유전자의 이형성 때문에 특히 동양 여성에게 굉장히 효과가 좋다는 것이 밝혀졌죠. 사람마다 유전자가 다르기 때문에 타깃형 약제가 가능하다고 판단되어 다시 FDA의 승인을 얻어서 판매되고 있습니다. 이런 약들이 현재 맞춤치료의 현장에 나와 있는데 얼마만큼 사람들이 혜택을 받고 있고, 과연 우리가 얼마만큼 유전자 검사를 하고 있느냐, 비용은 얼마큼 되느냐하는 문제는 여전히 남아 있습니다.

만약 우리가 우리의 유전 정보를 다 알게 되고, 그래서 나한테 맞는 약을 쓰게 된다면 어떨까요? 그때도 위험은 있습니다. 그 개인정보를 어떻게 보호할 것이며, 개인에게 맞추는 약을 만들려면 또 얼마나 많은 약이 개발되어야 할 것인지도 고려해야 하죠. 그럼에도 유전 정보를 통해서 우리가 얻을 수 있는 것은 많습니다. 그래서 새로운 약이 끊임없이 계속 생겨나는 것 같습니다.

연구가 나를 계획했다

모든 것은 호기심에서 시작됐습니다. 저는 특별한 사명감에서 암생물학을 공부한 것은 아니었습니다. 세포를 연구하다보니 자연스레 흐르는 호기심을 따라서 암세포를 연구하게 된 것이죠. 분자생물학의 아버지인 막스 페루츠Max Perutz는 이런 말을 했습니다. "내가 연구를 계획한 것이 아니다. 연구가 나를 계획했다."라고요. 호기심이 나를 이끌고 가는 거죠. 호기심은 단순히 호기심을 충족하는 데서 그치지 않습니다. 사실 많은 부분이 활용됩니다.

세포학의 정보는 꾸준히 쌓여 가고 있습니다. 약을 개발하고, 저렴한 비용의 진단 방법을 개발하는 데 이 정보는 활용되고 있습니다. 나아가 이 정보는 우리가 꿈꾸는 환자 맞춤형 시대를 열어가는 데 가장 중요한 요소가 될 것입니다.

암은 유전 정보의 변형 때문이 일어납니다. 정상 종양과 달리 무한히 증식하는 암세포는 바이러스 혹은 대사성 질환과 관련해 생기기도 합니다. 그런데 줄기세포에 유전적 변형이 일어나면 암줄기세포가 발생하게 되죠.

암세포가 발생하는 과정을 연구하는 것은 표적 항암제를 개발하는 것과 관련이 있습니다. 환자 맞춤형 치료의 시대를 열어가기 위해선 암의 발병 기작을 규명하고 환자의 특이적인 암세포의 특징을 잘 포착해야 하죠. 분자생물학의 발달에 따라 이런 것은 그저 꿈이 아닌 현실로 다가오고 있습니다.

중요한 것은 이러한 연구가 실질적으로 삶의 질을 높이는 데 기여할 수 있도록 정부와 건강보험 정책, 제약회사가 함께 사회적 합의를 해야 한다는 것입니다. 실제로 많은 과학 연구가 국민의 세금으로 이루어지고 있습니다. 따라서 과학 연구는 공동체의 발전에 기여해야 합니다. 응용과학 못지않게 기초과학에도 투자해 지속가능한 발전을 이룰 수 있도록 해야 합니다. 오늘과 같은 이런 대중 강연이 사회 속

에서 과학의 대중화와 발전에 기여하는 중요한 역할을 하리라 믿습니
다. 고맙습니다.

Q n A

암의 기원에 대해
묻고 답하다

대담

이현숙 교수
강연자

유정아 아나운서
서울대 강사

박종화 교수
울산과학기술대학교 생물정보학

이세훈 교수
삼성병원, 성균관대학교 의과대학

김세민 학생
학생 패널, 개운중학교

김세민 바이러스는 세포를 점령해 무한히 증식하는 것이 목적이라고 알고 있습니다. 마찬가지로 암세포 역시 세포의 이상 증식을 하고요. 그렇다면 이 둘이 만났을 때 어떤 일이 일어날까요? 또 텔로미어에 관한 연구가 어디까지 진행되고 있는지도 궁금합니다.

이현숙 질문처럼 바이러스는 자신을 복제하는 것이 목적입니다. 분화된 세포는 사실 분열을 거의 안 합니다. 그런데 아주 약간씩 분열하는 세포가 바이러스에 감염되었을 때 바이러스의 유전 정보에서 바이러스가 코딩하는 유전자의 산물(예컨대 P53 유전자)과 결합할 수 있는 것들을 만들어냅니다. 그러면 오류율이 올라가고 세포는 암에 걸립니다. 만약 숙주세포에 바이러스가 감염되면 바이러스의 산물이 세포의 조정 기능을 상실하게 해서 세포주기시계를 멈추지 못하게 합니다. 결국 숙주세포의 유전자는 계속해서 변하고, 바이러스는 이미 복제를 충분히 했기 때문에 떠나버리죠. 1990년대 초반의 유전자 프로젝트와 자궁암 연구를 통해서 결국 바이러스설도 유전체 불안정성 이론에 포함되어 버렸죠.

텔로미어에 대한 연구는 사실상 아직까지는 걸음마 단계입니다. 2000년대 들어서 텔로미어에 대한 연구가 활발해졌고, 2009년에 텔로머라아제 주제로 노벨상까지 받았죠. 하지만 그 이후에 진행된 것이 그리 많지 않아요. 이 부분에 대해서는 박종화 교수님이 보충해주실 겁니다.

박종화 텔로미어는 신발끈 매듭으로 비유할 수 있습니다. 염색체의 끝에서 풀어지지 말라고 묶여 있는 거죠. 그래서 신발끈을 튼튼하게 잘 묶으면 오래 살 수 있는 거죠. 바닷가재는 크기가 2미터까지도 자랍니다. 수명도 없습니다. 왜 그런가 봤더니 텔로미어가 줄어들지 않는 겁니다. 텔로머라아제죠. 사람한테 잡히지만 않으면 계속 크고 살아갈 수 있는 거죠. 물론 아직 그 비밀은 밝히지 못했습니다.

이세훈 텔로미어가 짧아지는 것이 노화이고, 암세포는 어쨌든 끊임없이 자란다는 점에서 보면 텔로미어가 유지되는 형상이죠. 그렇다면 노화는 텔로미어가 짧아지는 거고, 암은 길어지는 것이 노화와 암이 왜 나란히 진행되는 것인지 궁금합니다.

이현숙 그건 저의 오랜 과제이기도 합니다. 주디스 캠벨이라는 사람은 세포의 노화가 어쩌면 암을 억제하는 기작일 거라고 했습니다. 세포의 노화는 텔로미어가 짧아지는 것인데 그럴 때 DNA가 손상되었다는 신호가 발생해 세포주기시계가 멈추는 것이죠. 그러면 아주 기본적인 대사를 제외하고 더 이상 세포가 분열하지 않습니다. 이게 암을 막는 기작이라는 것이죠. 그런데 텔로미어가 계속 유지되는 암세포에서는 세포 노화가 일어나지 않습니다. 무한 분열을 하면서 돌연변이가 엄청나게 일어날 기회가 되는 거죠. 기관 측면에서 봤을 때 세포의 노화는 암의 억제 기작입니다. 다만 암 역시 노화의 질병 중 하나인 거죠. 앞으로 계속 연구할 주제입니다.

질문 1 예전에는 질병 연구를 유전자 중심으로 하다가 최근에는 단백질, 분자 중심으로 한다는 이야기를 들었습니다. 그 이유는 무엇입니까?

이현숙 먼저 말씀드리면 둘 다 진행되고 있습니다. 단백질 연구와 DNA 연구는 분리된 게 아니라

같이 하는 겁니다. 따라서 유전 정보를 해독한다는 것은 그것이 어떤 RNA, 어떤 단백질을 만들고 어떤 것과 만나 메가콤플렉스를 형성하는지를 연구하는 겁니다.

박종화 교수 기술적인 방어라고 생각합니다. 초기에는 게놈 유전체 해독 연구 비용이 비싸서 단백질 분석하는 경향이 많았는데, 또 유전자 시퀀싱 기술 비용이 싸지고 쉬워지니까 또 그쪽으로 많이 갔죠. 결국 도구의 문제입니다. 좋은 도구가 발전하면 그쪽에 해당하는 연구가 발전하는 식이죠.

질문 2 생식세포가 형성될 때 텔로머라아제가 생겨서 텔로미어가 길어지는 걸로 알고 있습니다. 그럼 생식세포가 분열하다가 암이 되는 것인지 궁금합니다. 또 텔로머라아제는 언제 분비되는지도 궁금합니다.

이현숙 텔로머라아제는 역전사효소입니다. 역전사효소는 라우스육종바이러스처럼 바이러스에서 옵니다. 그래서 태초에 역전사효소가 먼저 생겨서 텔로미어의 길이를 유지한 것이 아닐까 상상합니다. 아마 진화의 산물이 아니었을까 생각합니다. 텔로미어를 유지하는 또 다른 기작이 있습니다. 재조합이죠. 수정란에서 세포분열을 통해 배발생이 이루어지고, 다른 모든 기관으로 분열합니다. 그 초기 배발생 단계에는 텔로머라아제뿐 아니라 텔로미어 재조합 기작이 모두 존재하죠. 그러다 다른 기관이 만들어지기 시작할 때 텔로머라아제가 점유하는 것으로 보고 있습니다. 그러니까 분화가 시작되면서 텔로머라아제가 불활성화됩니다. 예를 들어 피부 세포라고 했을 때 더 분열을 하면 안 되니까 텔로머라아제를 불활성화한다고 생각되고,

실제로 그런 증거들이 있습니다.

질문 3　단백질 생산을 조절하는 P53 유전자가 암억제유전자라고 하는데, 어떤 메커니즘으로 암을 억제하는지 궁금합니다.

이현숙　P53은 가장 유명한 종양 억제 물질 중 하나고, 실제로 1990년대에는 가장 유력한 노벨상 후보였습니다. 물론 지금도 화제의 중심에 있죠. P53이 하는 일은 세포가 성장할 때 DNA의 손상을 감지하면 그 세포주기시계를 되돌리는 작용을 합니다. 그래서 시간을 벌어서 DNA를 복구할 수 있도록 하는 거죠. 이것이 중요한 이유는 한 단계에서만 그러는 게 아니라 여러 단계에서 그런 작용을 합니다.

질문 4　스트레스가 암을 유발하나요?

이세훈　스트레스가 암을 유발한다는 데이터는 꽤 많이 있습니다. 그런데 건강 행태나 시기에 관한 것들은 원인 관계를 규명하기가 어렵습니다. 강의 때 말씀하셨듯이 보베리가 염색체 이상이 암의 결과인지 원인인지 모른다고 하셨는데, 어떤 현상은 정말로 원인을 밝히기 어려운 것들이 있습니다. 건강 행태라는 것은 여러 방식으로 묶여 있기 때문에 스트레스가 단순히 그런 건지 다른 원인이 복합된 것인지 밝히기가 쉽지 않습니다. 다만 스트레스가 암과 연관된다는 데이터들은 생각보다 과학적으로 많이 입증되고 있습니다.

질문 5　HIV를 비롯한 많은 바이러스는 그 세포에 그 일종의 표면 단백질surface proteins을 통해서 침투합니다. 따라서 HIV는 표적으로 삼을 수 있다고

하죠. 그런데 제가 듣기로는 암세포와 정상세포 간에 표면 단백질이 다르다고 하는데, 혹시 유전자 조작을 통해서 암세포만의 표면 단백질을 재인식하게 하면, 그 암세포만을 죽일 수 있지 않을까요?

이현숙　제가 학생 때 한창 유행한 아이디어가 있었습니다. 암세포의 세포에는 항상 세포막이 있고, 그 세포막에는 단백질이 있는데, 그것들이 일종의 이름표가 아닌가 하는 것이었습니다. 자기가 누군지 알려주는 거죠. 그래서 다른 세포에서 방출된 여러 호르몬이 표적 세포에만 가게 하는 수용체 단백질이 많이 있는데, 그것들이 주소이자 이름인 셈이죠. 그러니까 암세포만 공격하면 좋겠다고 해서 암세포를 공격하는 표면진입유전자surface entry gene를 발견하면 좋겠다는 생각에 많은 제약회사 연구소가 달려들었습니다. 그런데 실패했죠. 지금까지 밝혀진 가장 큰 이유는 유전체의 불안정성 때문이에요. 그 이유가 암세포는 외부물질이니까 면역계가 공격을 해야 합니다. 암세포의 특징으로 소위 면역회피성이라는 게 있습니다. 면역체계가 암세포를 인식하지 못하는 거죠. 마찬가지로 항원이 특이적으로 많이 있는 것도 아니고요. 결국 알아보기가 힘든 꼴이라서 인식하는 체계가 교란되어 버리는 겁니다. 그렇게 계속해서 진화하는 것들만이 살아남죠. 수없이 많이 변신할 수 있죠. 그래서 그 아이디어가 실현되지 못했을 거라고 생각합니다.

지금 현재는 아마도 표적 치료가 쉽지는 않습니다. 총알처럼 딱 쏴서 맞출 수 있는 기법은 개발되지 않고 있죠. 그러니까 핵심이 상당히 다릅니다. 정보도 많이 모아야 하죠. 제가 관심이 있었던 것은 세포가 왜 변신을 하느냐였죠. 정보가 쌓이면

응용할 수 있을 거라고 믿고 있습니다. 예전에는
발견 이후 실험을 통해 응용으로 이어지는 시간이
10년이라고 했는데, 지금은 5년, 3년으로 줄고 있
습니다.

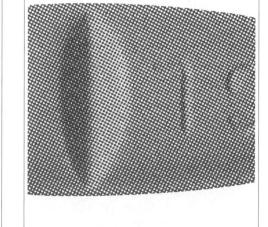

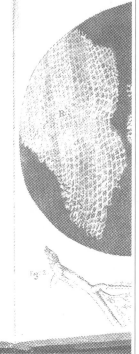

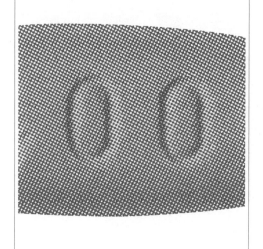

현생인류와
한민족의 기원

모든 인류는 같다,
모든 인류는 다르다

이홍규

그러니까 고조선 강역이라고 이야기하는 그 근처에
신석기 문화가 나타난 시점이 1만 1000년 전입니다.
중국의 훙산문화가 등장한 것은 8,000년 전입니다.
황허문화는 그보다 1,000년 정도 더 늦죠.

이홍규

우리나라 당뇨병 유전체 역학 연구의 선구자인 의학자다. 당뇨병 연구를 통해 미토콘드리아를 들여다보게 되었고, 그 과정에서 당뇨병의 원인의 기제와 한국인의 기원 문제를 함께 연구하기 시작했다. 1968년 서울대학교 의과대학을 졸업하고, 서울대학교 병원에서 1976년부터 2009년까지 내분비내과 교수로 재직했다. 서울대학교 의학연구원 내분비대사영양연구소 소장, 서울대학교병원 내분비대사내과 분과장, 국립보건원 생명의학부 부장, 중앙유전체연구소 소장, 한국지질동맥경화학회 회장, 대한내분비학회 회장, 대한당뇨병학회 회장, 아시아 당뇨병연구연맹 회장 등을 지냈으며, 과학기술한림원 종신회원이기도 하다. 현재 을지대학교 석좌교수이자 서울대학교 명예교수이다. 《당뇨, 기적의 밥상》, 《한국인의 기원》, 《DNA가 밝혀주는 일본인, 한국인의 조상》, 《바이칼에서 찾는 우리 민족의 기원》 등의 책을 펴냈다.

인류(사람 종류)란 말을 처음 사용한 사람은 칼 폰 린네Carl von Linné 입니다. 자연을 이해하기 위해 존재자들을 분류하던 중 인류를 하나의 종으로 규정하였고, 호모 사피엔스라고 명명했죠. 찰스 다윈은 '종'의 기원을 추적하여 진화론을 제시하고, 인류가 아프리카의 유인원에서 진화하였다고 추정했습니다. 20세기에 들어 진화론은 그레고어 멘델의Gregor Mendel 유전학과 합쳐 신합성이론으로 발전하고, 빌리 헤니히Willi Hennig는 분류된 생명체들의 계통발생체계를 논리적으로 구축했습니다.

왓슨과 크릭이 유전자의 물리적 구조를 알아내자 여러 학자들은 유전자 염기서열을 읽어내는 기계를 만들었고, 정보 통신 기술 및 전산학 등과 합쳐지면서 21세기는 유전(정보)학의 시대가 되었습니다. 생명체의 청사진인 유전체의 염기서열을 알면 그 생명체의 모습을 알 수 있습니다. 지구의 역사를 밝히는 물리학적 연대측정법 같은 다양한 관찰 기술들의 발달에 힘입어 고고학·인류학·언어학 등 우리의 과거를 직접 알려주는 학문들도 크게 발전했죠. 생명체의 기원과 진화과정이 속속들이 밝혀지고 있고, 인간 게놈 프로젝트가 완성되면서, 인류, 우리 민족의 과거도 점차 분명해지고 있습니다.

호모 사피엔스가 약 20만 년 전 아프리카에서 나타나 6만 년 전쯤 서아시아 지역을 거쳐 전 세계로 퍼져나갔다는 것도 유전학적 연구로 처음 제시되었습니다. 독일 막스플랑크 진화인류학연구소의 스반테 파아보Srante Paabo는 이집트의 미라, 수만 년 전에 멸종한 네안데르탈인, 제3의 인류(데니소바인), 그리고 무덤에 묻혀 있던 사람들의 뼈에서 DNA를 추출하여 그 염기서열을 해독하는 기술을 완성시켰습니다. 그 결과 놀랍게도 우리 몸속에 그들의 유전자가 제법(1~2퍼센트) 남아 있다는 것을 발견했죠. 이 혼혈로 인간들의 능력이 크게 증진했음을 추정할 수 있게 되었습니다. 네안데르탈인, 직립원인(호모 에렉투스)들의 멸종이 그 증거죠.

인간은 문화를 창조하며 살아가는 사회적 존재입니다. 유전체만으로 어떤 인간 집단을 완벽하게 규정할 수는 없습니다. 이 강의는 유전자 연구를 통해 인류의 기원을 밝히고, 언어와 문화를 바탕으로 한민족의 형성 과정을 추적한 결과를 공유할 것입니다.

생명과학의 역사

오늘날 세상에는 다양한 인종이 살고 있습니다. 그들 사이에 무엇이 다를까요? 다른 점이 분명이 있겠죠? 그럼 어느 부분이 같을까요? 그런 공통점들을 하나의 그룹으로 묶을 수도 있겠죠? 맞습니다. 모든 인류는 같기도 하고 다르기도 합니다. 인류의 기원이나 민족의 기원에 대해 연구할 때 자칫하면 '다름'에만 집착할 수 있습니다. 인종차별의 문제로 이어질 수 있죠. 다르다는 것은 차이이고, 그 차이를 바탕으로 구별하는 것은 차별입니다. 따라서 저뿐 아니라 강의를 듣는 여러분도 인종의 기원, 민족의 기원에 관해 지나치게 일반화하는 것을 경계해야 합니다.

과학 중에서 생명과학은 생명체들에 대한 이해를 추구하는 학문입니다. 세상에는 굉장히 많은 생명체가 있습니다. 이 생명체들을 어떻게 해석하는가 하는 일은 쉬운 일이 아닙니다. 여타 과학의 기원과 마

찬가지로 생명과학의 기원도 그리스에서 찾을 수 있습니다. 아리스토
텔레스는 소위 자연에 대한 책을 여덟 권 저술합니다. 물론 혼자 한
것이 아니라 여러 제자와 함께 작업한 것이죠.

아리스토텔레스로부터 약 100년 정도 뒤에 로마의 플리니우스Gaius
Plinius Secundus라는 사람이 《박물지 Naturalis Historia》라는 책을 씁니다. 세
상에 알려진 모든 것에 대한 지식을 담은 책이죠. 흔히 '자연사'라고
번역하지만, 사실상 박물학이라고 봐야 합니다. 세상 모든 것에 대한
기록을 담았으니까요. 이 저작은 37권으로 된 방대한 저술입니다.

중세 동안 생명과학에는 별다른 진전이 없었습니다. 그러다 18세기
에 린네가 나타나 일대 변혁을 일으킵니다. 아리스토텔레스와 플리니
우스 등 고대의 과학자와는 확연히 구분되는 업적을 남기죠. 즉 고대
의 학자들이 수많은 생물에 대해 기록을 했다면, 린네는 여기에 체계
를 부여합니다.

동물원에 가면 코끼리, 원숭이, 사자 등 다양한 동물이 있습니다. 많
은 책에는 이런 동물들의 이름과 특징만 있습니다. 하지만 중요한 것
은 어느 부분이 어떻게 다른지 분류하는 겁니다. 아리스토텔레스와
플리니우스가 한 작업은 각각의 생물에 이름을 매긴 것입니다. 체계
적인 분류를 시도하지는 않았죠. 이 작업을 처음으로 한 사람이 바로
린네입니다. 분류학을 만든 것이죠.

분류학은 영어로 Taxonomy라고 하는데, Taxis는 '배열한다'는 뜻
입니다. 음악도 여러 가지로 분류합니다. 클래식, 트로트, 로큰롤, 발
라드, 힙합 등으로 나누죠. 이렇게 분류를 해야 수많은 음악을 제대로
정리할 수 있습니다. 분류를 해야 무엇이 어떻게 다른지 알 수 있습니
다. 린네가 한 일이 분류를 하고 이름을 붙인 겁니다. 자연에 체계를
부여해 분류한 것이죠. 1735년에 《자연의 체계Systema Naturae》라는 책

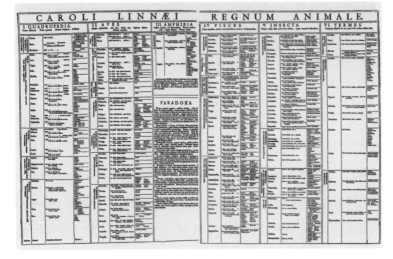

을 통해 사람도 하나의 생물로 분류했죠.⁶⁻¹

린네는 형태와 기능에 따라 생물을 일단 동물계와 식물계로 나누고, 그 아래로 문, 강, 족, 목, 과, 류, 속, 종으로 나누었습니다. 그리고 린네는 그 어떤 특수한 종을 기준할 때 속을 먼저 쓰고 그다음에 종을 쓰는 이명법binomial nomenclature을 만듭니다. 그래서 사람은 호모 사피엔스Homo sapiens라는 이름이 붙는 거죠. 인간과 침팬지는 영장류까지는

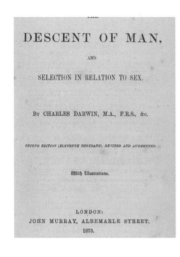

DESCENT OF MAN,

AND

SELECTION IN RELATION TO SEX.

By CHARLES DARWIN, M.A., F.R.S., &c.

SECOND EDITION (ELEVENTH THOUSAND) REVISED AND AUGMENTED.

With Illustrations.

LONDON:
JOHN MURRAY, ALBEMARLE STREET.
1875.

6-2
찰스 다윈의 《인간의 유래》

같지만 그 아래 속에서부터 갈라집니다. 20세기 후반에서 21세기에 들어서면 이 분류의 기준이 달라집니다. 잠시 뒤에 자세히 이야기하겠지만, 유전자의 특성에 따라 분류하기 시작하죠.

린네 이후로 유럽 각지의 학자들이 자신들만의 방식으로 체계를 구축해서 분류를 시작합니다. 그러다 린네 학회가 만들어지죠. 전에 볼 수 없던 생명, 아시아와 아프리카에서 온 온갖 생명체에 이름을 붙입니다. 그러다 종종 자기 이름을 붙이기도 하죠.

그렇게 100년이 지난 뒤 사람들은 비슷한 것들은 같은 선조에서 나왔을 거라는 생각을 하게 됩니다. 그러면 그 선조는 어디서 왔을까요? 이렇게 거꾸로 거슬러올라가면서 여러 사람이 '종의 기원'에 대해서 생각합니다. 여기에서 찰스 다윈이 등장하게 됩니다.

다윈의 진화론이 말하는 것은 종의 기원입니다. 린네가 분류 작업을 통해 수많은 종을 기록했고, 다윈은 그 종이 어떤 과정을 거쳐서 탄생하게 되었는지를 생각했습니다. 다윈 진화론의 핵심은 적자생존과 자연선택입니다. 생존 과정에서 변이가 생기고, 그 변이가 적응하면 새로운 개체가 분화되는 식으로 진화가 이루어졌다는 것이죠. 여기서 자세한 이야기를 하지는 않겠습니다.

아리스토텔레스가 여러 가지 자연에 있는 것을 기록을 해놓고, 플리니우스가 더 많은 것을 기록했죠. 그러다 18세기에 린네가 등장하면서 새로 발견된 수많은 생명체를 분류하고, 다윈이 그 분류에 따른 기원을 추적했죠. 이렇게 자연의 역사가 펼쳐집니다.

다윈은 《종의 기원》을 쓰고 20년 뒤에 《인간의 유래 Descent of Man》라는 책을 씁니다.[6-2] 인간이 어디서 왔느냐는 문제를 집중적으로 다루었죠. 물론 실험을 하지 않았습니다. 유전학이라는 것도 당시에는 없었죠. 자신의 통찰과 관찰 기록, 다른 사람들의 의견을 모아 수많은 영장류의 조상이 아프리카에 있었을 것이라고 적었습니다. 인류도 그 영장류의 공통 조상에서 갈라져나온 것이라고 기록했죠.

멘델의 유전법칙과 신합성이론

다윈이 진화론을 이야기하고 있을 때 독일에서는 멘델이라는 사람이 나타납니다.[6-3] 그는 완두콩 교배 실험을 통해서 유전자가 있다는 것을 알았죠. 현 세대의 어떤 형질을 결정하는 유전자가 있다는 것을 발견합니다. 멘델은 1866년에 이런 연구 결과를 발표하는데 그때는 누구도 멘델의 주장에 귀를 기울이지 않았습니다. 독일의 소규모 지역 논문집에 실리기만 했을 뿐이죠. 1900년에 네덜란드의 휘호 더프리스Hugo de Vries, 독일의 카를 코렌스Karl Correns, 그리고 오스트리아의 에리히 폰 체르마크Erich von Tschermak가 독자적인 연구를 통해 유전법칙에 관한 논문을 발표합니다. 이들은 자신들의 이름으로 유전법칙을 발표할 수 있었음에도 '멘델의 유전법칙'이라고 이름을 붙였죠.

멘델의 유전법칙이 처음 발표되었을 때는 진화론과 맞지 않는다며 많은 논란이 있었습니다. 유전자가 그대로 남아 있으면 어떻게 진화가 가능하냐는 것이었죠. 그래서 진화론과 유전학은 서로 배치된다고 했습니다. 물론 시간이 지나면서 유전자에 돌연변이가 있다는 것이 알려집니다. 즉 돌연변이를 통해 형질이 달라지면 그중에서 일부 좋은 형질이 선택되고 그게 진화를 일으키는 메커니즘이 된다는 식으로

6-3
그레고어 멘델

정리되었죠. 이것이 바로 진화론의 신합성이론입니다.

1930년대와 1940년대에 이르면 진화론과 유전학이 합쳐져 생물학이 완성되었다는 견해가 퍼집니다. 그러면서 독일의 곤충학자 빌리 헤니히가 계통분류학Phylogenetic systematics을 주장합니다. 헤니히는 분지학Cladistics에서 통계적 방법을 사용합니다. 이는 생명의 탄생 이후 나타난 부류들의 총체적 분지 패턴을 연구한 분지론으로 이어지죠. 그래서 생명의 나무tree of life가 전보다 더 체계적으로 그려집니다.

최근에 테오도시우스 도브잔스키Theodosius Dobzhansky라는 유명한 진화학자가 유명한 말을 했습니다. "진화론의 관점에서 보지 않으면 생명과학은 아무런 의미가 없다." 이것이 지금까지 수천 년을 이어온 생명과학의 핵심이죠.

유전체학과 진화론의 변화

진화론에도 커다란 변화가 나타납니다. 린 마굴리스Lynn Margulis라는 미국의 생물학자가 촉발한 변화죠. 진화론의 신합성이론에 따르면, 유전자의 돌연변이가 좋은 형질을 나타내면 선택되어 진화를 한다고 그랬는데, 마굴리스는 이른바 내부 공생EndoSymbiosis이라는 것을 강조합니다.

내부 공생은 생명체가 돌연변이 때문이 아니라 두 가지 다른 생명체들의 융합을 통해 유전체들이 서로 교환되면서 진화했다는 것입니다. 그래서 생명의 나무 그림에서 가지가 좌우로 쭉쭉 이어집니다.6-4 박테리아와 동물이 나오고 식물, 진균류가 등장하는 것이

> 린 마굴리스

세포 생물학과 미생물의 진화 연구, 지구 시스템 과학의 발전에 많은 기여를 한 것으로 평가받는다. 마굴리스는 1960년대 말, 세포 내 미토콘드리아의 기원을 진핵 세포로 들어간 외부 조직과 공생적 관계를 이루다 정착했다고 보는 세포 내 공생이라는 아이디어를 제시했다. 이 충격적인 가설은 생물학계를 놀라게 했을 뿐 아니라 그녀를 유명세에 오르게 했다. 이후 관련된 100여 종의 논문과 더불어 10여 권의 책을 펴냈다.

마굴리스의 이론은 다윈의 자연선택 개념을 중심으로 삼은 현대의 주류 진화생물학이나 세포핵의 유전에 관심을 갖는 분자생물학과는 조금 다른 길을 걷는다. 그녀는 융합의 관계망으로 생물을 파악했고, 인간이 지구의 주인이라는 인간 중심의 세계관에 맞서 인간과 자연의 '관계'를 연구하는 데 몰두했다.

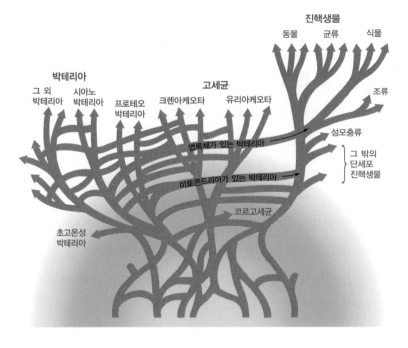

진핵생물

동물　균류　식물

박테리아

그 외
박테리아

시아노
박테리아

프로테오
박테리아

고세균

크렌아케오타　유리아케오타

조류

염록체가 있는 박테리아

섬모충류

그 밖의
단세포
진핵생물

미토콘드리아가 있는 박테리아

코르고세균

초고온성
박테리아

죠. 이처럼 모든 생명체가 하나가 아니라 여러 가지에서 갈라지고 만
나 서로 융합하고 변하면서 진화가 이루어졌다는 것입니다.

일례로 식물은 엽록체chloroplast를 통해 광합성을 하는 능력을 가지
고 있습니다. 그걸 가진 어느 생명체가 진핵생물의 기본 세포에 들어
와 합쳐져 식물이 되었다고 합니다. 세포 내의 두 가지 또는 세 가지
생명체들이 공생을 하는 개념인 것입니다.

몇 년 전까지만 해도 상당한 논쟁이 있었습니다. 저는 개인적으로
일종의 특수한 박테리아에서 기원한 미토콘드리아가 중심에 있고, 이
것이 다른 세균과 합쳐졌다고 봅니다.

우리 생명체의 기본 단위는 세포입니다. 그런데 세포의 핵 안에는
DNA가 있죠. DNA는 생명체의 청사진입니다. 세포 안에는 미토콘드
리아가 있습니다.[6-5] 따라서 세포는 미토콘드리아를 만드는 박테리아
와 세균이 합쳐져서 생겨난 공생체라는 것이죠. 이 공생이 깨지고 미

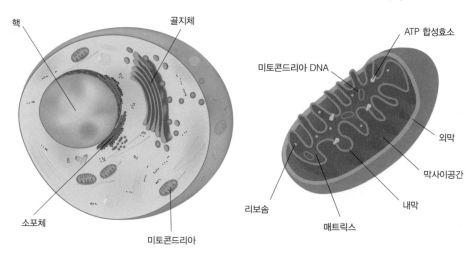

동물 세포의 전형적인 구조

핵

골지체

소포체

미토콘드리아

미토콘드리아

ATP 합성효소

미토콘드리아 DNA

외막

막사이공간

리보솜

매트릭스

내막

6-5

동물 세포와 미토콘드리아

토콘드리아의 기능이 떨어지면 세포 자체가 기능을 잃게 됩니다. 이 게 당뇨병처럼 세포가 제 기능을 서서히 잃어가는 만성퇴행성질환으로 이어지는 것이죠. 어쩌면 노화의 과정도 이렇지 않을까 하고 저는 생각하고 있습니다.

2000년 전후로 유전학은 엄청난 발전을 합니다. 1953년에 왓슨과 크릭이 유전자의 구조를 발견한 뒤 분자생물학이 엄청나게 발전했습니다. 유전자 진단과 치료가 가능하고, 유전자 분석을 통해 개인의 장래 건강 상태도 예측할 수 있게 되었습니다.

유전체 분석 기술이 발전하면서 진화에 대한 이해에 커다란 변화가 일어납니다. 그전까지 생명 현상은 모양과 기능을 기준으로 분류했습니다. 그런데 마굴리스 같은 사람이 DNA, 특히 RNA의 분석을 통해 세포내 공생 이론을 발표합니다. 유전자의 특성에 따라서 형태가 달라진다는 것이죠. 이런 생각을 바탕으로 사람들의 눈이 파란색이면 어떤 유전자가 있는지, 어떤 질병이 있으면 유전자의 변이가 어떻게 나타나는지 등을 조사해왔고, 지금도 계속하고 있습니다. 최근에는 그런 작업이 어느 정도 완성 단계에 이르러서인지, DNA 염기서열에 따라 어떤 모습을 갖춘 생명체가 나타날지 짐작하는 단계가 되었습니다. 이게 바로 과학의 발전입니다.

옛날에는 형태와 모습을 보고 동양인과 서양인의 차이를 판단했습니다. 그런데 요즘에는 유전자의 차이를 통해 그 사람이 어떤 사람인지, 그 생명체가 어떤 생명체인지 알 수 있는 시대로 바뀐 겁니다. 유전형과 표현형의 관계가 서서히 역전하면서 유전형에 우선순위를 부여하는 방식으로 진행되고 있습니다.

새로운 계통분지도의 탄생

시베리아의 알타이 산맥에 있는 데니소바 동굴에서 작은 뼛조각이 발견되었습니다. 1~1.2센티미터 되는, 사람의 새끼손가락으로 추정되는 뼈였죠. 과학자들이 이 뼛조각에서 DNA를 추출해서 염기서열을 측정했습니다. 염기서열 분석 결과 젊은 여성의 것임이 밝혀졌고 생김새까지 그려낼 수 있게 되었습니다.[Q1]

아주 작은 뼛조각만으로도 많은 것을 알 수 있게 된 것입니다. 이것은 새로운 과학의 시대로 접어들었음을 보여주는 증거입니다. 유전학의 발전이 계통분류학으로 이어져 종의 분지를 이해하는 데 쓰입니

Q1 :: 현대 기술은 뼛속의 DNA를 통해서 어떤 부분까지 알 수 있나요? 그리고 그 과학적 원리는 무엇인가요?

기본적으로 DNA만 가지고도 얼굴을 그려낼 수 있는 프로젝트가 진행되고 있습니다. 이미 그게 가능하다는 게 쥐 실험을 통해서 밝혀졌죠. 그리고 키나 각종 신체적 특징, 심지어는 성격과 버릇까지 유전적으로 증명되어 알 수 있습니다. 10~20년 전에는 환경과 유전의 영향이 반반이라고 생각했습니다만, 현대 유전학에서는 90퍼센트 이상이 유전으로 결정된다고 보고 있습니다.

형태 중심

3 종
5 분지

유전자형 중심

12 유전자 형태
3 종
23 유전자 나무의 분지

통합 계통분지도

다. 옛날에 그린 생명의 나무에는 하나의 종에서 그다음으로 분지되고, 그다음으로 분지되는 식이었죠. 그래서 인간과 원숭이와 침팬지의 차이를 명확하게 제시할 수 없었어요. 그런데 이제는 유전자 연구를 통해 공통점과 차이점을 조사하고, 변이의 과정을 추적할 수 있게 된 것입니다. 이렇게 해서 형태를 중심으로 한 생명의 나무와 유전자를 중심으로 한 생명의 나무를 합친 새로운, 통합된 계통분지도가 나오게 됩니다.[6-6]

인류의 기원

찰스 다윈은 인류의 기원이 아프리카라고 추정했습니다. 그런데 여기에 별다른 과학적 근거가 있지는 않았어요. 아프리카에 유인원과 비슷한 사람들이 많아서 그랬다고들 합니다. 원숭이와 사람이 공통 선조에서 갈라져 나왔다면, 그 중간 단계에 해당하는 화석이 있을 거라는 생각이 자연스럽게 따라오게 됩니다. 그래서 수많은 학자가 화석을 찾아 아프리카로 떠났습니다. 실제로 많은 사람 뼈가 발굴되고, 분류되고, 이름이 붙여지죠. 살아 있는 생명체를 분류하는 것과 마찬가지로 오래된 화석도 분류해서 이름을 붙이고 체계를 부여하는 것이죠.

화석을 분류할 때는 지질학적 배경과 연도 등을 따집니다. 사람, 보노보, 침팬지의 연결고리를 찾으려 하는 것이죠.[6-7] 동물학자들은 사람과 침팬지, 보노보가 어떤 관계에 있는지 몇십 년 동안 연구했습니다. 형태 말고는 구별할 수 있는 근거가 없었죠. 그러다 600만 년 전에 공통 선조가 있었다고 정리했습니다. 여기서 둘로 갈라져 한 줄기는 사람이 되고, 한 줄기는 또 보노보와 침팬지로 갈라진 것이죠. 여기서 유전자 연구를 통해 더 위로 올라가니 또 다른 연결 고리들이 보였습니다.

사람 안에서도 이런 유전자 분지를 그릴 수 있습니다. 네안데르탈인은 지구에서 멸종했다고 알려져 있습니다. 네안데르탈인은 1856년 독일 네안데르탈의 석회암 동굴에서 머리뼈가 발견된 화석 인류를 말합니다. 처음에는 사람의 것이라 생각하고 경찰이 조사를 했는데 전문가가 보기에 사람과는 달랐습니다. 사람이 아닌, 사람과 비슷한 어떤 존재의 유골이라는 것이죠. 그래서 발견된 지명의 이름을 따서 네

오랑우탄
48염색체(24쌍)

고릴라
48염색체(24쌍)

침팬지
48염색체(24쌍)

보노보
48염색체(24쌍)

인간
46염색체(23쌍)

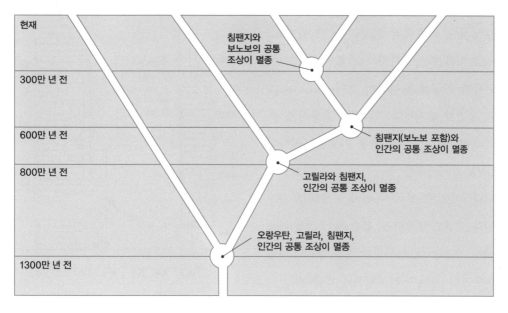

현재

침팬지와
보노보의 공통
조상이 멸종

300만 년 전

침팬지(보노보 포함)와
인간의 공통 조상이 멸종

600만 년 전

800만 년 전

고릴라와 침팬지,
인간의 공통 조상이 멸종

오랑우탄, 고릴라, 침팬지,
인간의 공통 조상이 멸종

1300만 년 전

6-7
공통 선조에서 현대 유인원과
인류로 분지하다.

안데르탈인이라고 이름을 붙였습니다. 이명법에 따르면 호모 네안데르탈렌시스*Homo neanderthalensis*죠. 이후 유럽 각지와 시베리아에서도 네안데르탈인의 유골이 많이 발견되었습니다.

　연구 결과 현생인류와 약 100만 년에서 40만 년 전쯤에 분지된 사촌이라는 것이 밝혀졌죠. 그리고 약 3만 년 전에 네안데르탈인은 멸종한 것으로 밝혀집니다. 그렇다면 당연히 현생인류의 유전자에는 네안데르탈인의 유전자가 남아 있으면 안 됩니다. 그런데 인류의 유전자를 여러 방면에서 조사한 결과 네안데르탈인의 유전자가 발견되었습니다. 어떻게 몇십만 년 전에 나뉜 인류가, 멸종된 인류의 유전자가 아직도 남아 있을까요? 이를 바탕으로 현생 인류와 네안데르탈인이 같은 시대를 살면서 교접이 있었다는, 즉 현생인류와 네안데르탈인의 혼혈이 있다는 주장이 제기됩니다.

아프리카에서 현생인류가 나왔다는 것을 결정짓는 최종적인 연구는 앨런 윌슨Alan Wilson이라는 생물학자가 발표합니다. 그는 인류학 연구에 프레더릭 생어Frederick Sanger의 유전자 염기서열 분석법을 활용하죠. 프레더릭 생어는 1981년에 미토콘드리아의 DNA 염기서열을 결정하는 논문을 발표합니다. 미토콘드리아 유전자가 모계로 유전된다는 것도 발표하죠. 윌슨은 이 점을 이용해서 지구상 여러 사람의 유전자에서 미토콘드리아 DNA 유전자형을 분류합니다.

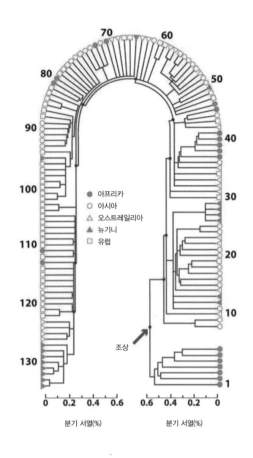

6-8
각 인종별 미토콘드리아 DNA 분류

윌슨은 1987년에 전 세계를 대표하는 147명의 미토콘드리아 DNA를 분류했습니다.[6-8] 그 결과 133개의 유형을 얻게 되었습니다. 이것을 다시 분류하여 진화론적으로 설명을 시도합니다. 이 실험 하나에 인류의 수십만 년 역사가 재현되는 것이죠.

앨런 윌슨은 133개 유형을 분류했습니다. 각각의 유형이 어디서 나왔는지 설명하려고 시도했죠. 생명의 나무처럼 하나에서 나누고 나누고 해서 133개가 된 것이라고 본 것이죠. 그래서 통계적으로 작업을 했더니 세계 각처의 사람을 모두 합쳐도 총 염기배열의 차이가 0.57퍼센트로 나타났습니다. 차이가 무척 작죠.

그다음에 놀라운 것은 이 차이가 아프리카 사람들 사이에서 가장

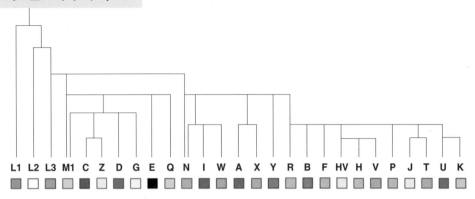

미토콘드리아 이브, L0

L1 L2 L3 M1 C Z D G E Q N I W A X Y R B F HV H V P J T U K

6-9

mtDNA령의 계통수

크다는 것입니다. 아프리카 안에 사는 사람들 간의 차이가 아시아 사람과 유럽 사람의 차이보다 훨씬 더 큰 겁니다. 지리적 거리와는 무관한 것이죠. 이유를 생각해보니까 오래전에, 정확하게는 14만 7000년 전에 아프리카에서 생긴 뒤 지구 각지로 퍼져나갔기 때문이라는 결론으로 이어집니다.

미토콘드리아 DNA는 어머니에서 딸로만 내려갑니다. 난자를 통해서만 내려가기 때문이죠. 앨런 윌슨이 논문을 발표한 뒤, 사람들은 그 최초의 조상을 '미토콘드리아 이브'라고 부르기로 했습니다. 모든 선조의 어머니가 되는 어떤 사람이 있었을 거라는 것이죠. 이후 윌슨의 연구 결과는 그림처럼 정리되어 있습니다.[6-9] 태초의 미토콘드리아 이브(L0에서 L7까지)가 있고, 여기서 L1과 L2가 나옵니다. 그다음에 L3의 후손들이 세계 각지로 퍼져나갔죠. L0부터 L7까지는 지금 주로 아프리카에 있습니다. M과 N 그룹의 나머지는 세계 각처에 살고 있죠. 이런 패턴은 아프리카에서 L3에 속하는 여성의 후손들이 나갔기 때문으로 보입니다. 이게 아프리카 기원론의 기본입니다.

이외에도 실제 두개골로 이를 입증하는 자료도 있습니다. 런던왕립

박물관의 크리스 스트링거Chris Stringer가 《사이언스》에 발표한 논문인데요. 하나는 체코슬로바키아에서 출토된 호모 사피엔스 두개골이고, 하나는 중국 저우커우뎬周口店에서 나온 호모 사피엔스 두개골입니다. 이 둘을 비교하면서 차이가 없음을 강조한 것이죠. 따라서 지리적으로 멀리 있는 동양과 서양 사람들도 결국은 같은 조상을 공유했을 거라고 주장합니다.

이와 다른 주장도 있습니다. 다지역 기원설이라는 것이죠. 밀포드 월포프Milford Wolpoff가 주장한 것인데, 고인류의 두개골을 열심히 측정해보면 지역마다 조금씩 다르다는 겁니다. 따라서 현생인류인 호모 사피엔스가 단일 지역에서 기원한 것이 아니라 각기 다른 지역에서 진화해온 호모 에렉투스의 여러 후손이라는 겁니다.

결론적으로 현생인류는 16만~20만 년 전의 선조에서 탄생해 6만 년 전쯤 아프리카를 떠납니다. 그다음 1만 5000년 전의 빙하기에 아메리카 대륙으로 넘어가죠. 그리고 각 지역에 남아 있던 네안데르탈인과 혼혈이 되죠.

네안데르탈인의 분포

최근 몇 년 사이에 유전체학 분야에서 혁명이 일어나고 있습니다. 제가 《한민족의 기원》이라는 책을 쓰던 중에 거의 마지막 단계에 가서 새로운 논문들이 막 쏟아져 나왔습니다. 특히 독일 막스플랑크 진화인류학연구소 소장인 스반테 파아보의 연구가 주목할 만합니다. 그는 원래 의과대학에 들어갔는데, 이집트 미라에 푹 빠져 미라의 DNA를 연구하고 싶어서 진로를 바꾸었다고 합니다. 그러다 앨런 윌슨의 연구소에서 연구를 하고, 뮌헨 대학교를 거쳐 라이프치히에 막스플랑크 연구소 중 하나인 진화인류학연구소를 창설하면서 소장이 되죠. 원래는 스웨덴 사람입니다.

아시다시피 독일은 인종차별의 역사에서 큰 죄과가 있는 나라입니다. 따라서 독일에서 진화인류학연구소를 만드는 것 자체에 대해서도 이야기가 많았죠. 게다가 라이프치히는 나치의 전범재판소가 열린 장소입니다. 물론 인류학 말고도 언어학이나 심리학 등 수많은 연구를 하긴 하지만, 이 때문에 큰 논란에 휩싸였죠.

아무튼 스반테 파아보는 시베리아에서 출토된 데니소바인의 뼈를 분석해 논문을 발표합니다. 고인류의 뼈를 출토하면 그 뼈의 표면에는 눈에 보이지 않는 미생물이 엄청나게 많습니다. 4만 년 된 뼈를 출토하면 그동안 얼마나 많은 균이 그 뼈에서 지냈겠어요. 파아보는 오염된 세균들을 걸러내고 그 안에서 DNA를 추출해 분석하는 방법을 만들었다고 합니다. 그래서 인류 유전체를 분석하는 방법을 개척했다고 평가를 받죠.

이 사람이 네안데르탈인과 데니소바 유전체를 해독합니다. 세계 각처 사람들의 유전체를 조사한 결과와 네안데르탈인 유전자, 데니소바 유전자의 분포를 조사했더니 놀랍게도 인도네시아와 오스트레일리아 원주민에 데니소바인 유전자가 상당히 많다는 것이 발견되었습니다. 그리고 아시아인에서는 네안데르탈인 유전자가 유럽인보다도 많더라는 결과도 나왔습니다.[6-10]

스반테의 연구 결과를 보면 아프리카 사람들에게는 네안데르탈인 유전자가 거의 없는 것으로 나옵니다. 그러므로 현생인류가 아프리카를 떠난 뒤에 네안데르탈인과 혼혈이 됐다는 결론으로 이어집니다. 네안데르탈인의 유전자가 아프리카에는 없고 유럽과 아시아에 많다는 것은 이 지역에서 데니소바인과 네안데르탈인의 혼혈이 등장했을 것

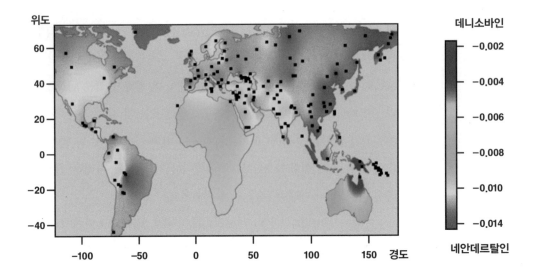

을 보여주죠. 다만 데니소바인과 유라시아에 살던 호모 에렉투스와의 관계가 어떻게 되는지는 더 연구해야 할 과제입니다.

　초기 호모 사피엔스는 네안데르탈인 내지 데니소바인과의 혼혈로 지능이 증가했을 겁니다.[Q2] 이런 혼혈은 아프리카를 떠난 직후에 등장했죠. 인류의 지능이 급격히 증가한 지역은 시베리아 지역으로 추정되죠. 유럽으로 들어간 네안데르탈인은 멸종을 하게 됩니다. 약 3만 년 전이죠.

　어쩌면 현생인류가 네안데르탈인을 몰살시킨 것이 아니라, 아마도

Q2 :: 인류학이나 고고학의 어떤 해석들은 인종차별적이지 않을까요?

인종은 생물학적 시선으로 보면 거의 차이가 없습니다. 유전학적으로도 큰 차이가 없습니다. 1960년대까지 서양의 인종학이나 인류학의 주류는 백인 우월성이 차지했습니다. 그런데 연구를 계속 하다 보니 동양인이나 타 인종이 더 우월한 면이 발견되었고, 백인 우월성은 한순간 불리하게 작용되자 사라져버렸습니다.

고고학에서는 인종race과 같은 말을 사용하는 것을 극히 삼가고 있습니다. 그 이유는 나치 독일과 1930~1940년대 독일 고고학에서 가장 중요했던 문제가 독일 민족의 기원이었기 때문입니다. 그런 트라우마 때문에, 인종보다는 가급적 문화, 그리고 사람들이 어떻게 문화를 통해서 역사를 만들어내고 삶의 방식을 만들어냈는지 더 관심이 있다고 볼 수 있습니다.

네안데르탈인이 살기 힘든 조건이 만들어진 것이 아닐까, 설명되고 있습니다. 정리하자면, 호모 에렉투스에서 하이델베르크인, 그다음에 네안데르탈인, 호모 사피엔스, 데니소바인이 혼혈이 된 채 세계 각 지역으로 퍼졌다는 것으로 정리할 수 있습니다.

유전학과 문화로 찾는 한민족의 기원

고고학에서는 호모 에렉투스의 구석기 문화, 네안데르탈인의 중석기 문화, 그리고 호모 사피엔스가 후기 구석기 문화를 만들었다고 이야기합니다. 물론 호모 사피엔스는 신석기 문화를 만들었죠. 아프리카에서 나온 현생인류는 사실 그렇게 지능이 뛰어나지 않았다고 합니다. 네안데르탈인의 두개골 부피는 1,500cc 정도이고, 현생인류는 1,400cc 정도입니다. 네안데르탈인에 비해 두개골의 크기가 작고 지능도 낮았습니다. 체격도 네안데르탈인이 훨씬 크고 추위에도 강했다고 하죠. 이들 네안데르탈인은 오랫동안 유럽의 온대지방에서 살고 있었습니다. 그런데 어떻게 구석기 문화를 가진 아프리카 출신의 현생인류에 의해 밀려나게 되었을까요? 이에 관해서는 수많은 논쟁이 있지만 간단히 몇 가지만 소개하겠습니다.

2013년 영국 대영박물관은 '빙하기 예술: 현대적 정신의 도래'라는 제목의 전시를 합니다. 주로 빙하기의 유럽에서 나온 예술품을 전시한 것입니다. 이 작품들을 만든 사람들은 시베리아 지역에 살았던 사람들이죠. 테드 케벨Ted Kebel이라는 고고학자가 2007년에 후기 구석기 문화에 관한 논문을 발표했습니다. 그는 네안데르탈인들이 만들 수 없는 후기 구석기 시대의 문화가 시베리아에서 시작해 유럽으로 이어지고 있음을 보여주었습니다. 아프리카에서 나온 구석기 문화를 가졌던 현생인류는 네안데르탈인에 비해 지능도 낮고 체력도 약했습니다. 그런데 이들이 4만 5000년 전에 신석기 문화를 예고하는 구석기 문화를 급격히 발전시켰죠. 어떻게 그런 현상이 나올 수 있었을까요? 최근 발표된 자료에 따르면 아시아인 유전자에 네안데르탈인 유전자의 농도가 더 짙다고 합니다. 이것은 현생인류와 네안데르탈인의 혼혈이 다시 일어났을 것임을 시사합니다. 이 제2의 현생인류가 남으로 내려온 것은 마지막 빙하기가 끝나는 시점 약 1만 6000년 전입니다.

한민족의 기원을 연구할 때 고려할 것은 동북아시아에 신석기 문화가 형성되는 패턴입니다. 아메리카 원주민이 약 1만 5000년에서 1만 4000년 전에 이주한 것으로 알려져 있는데, 중국 북부 내몽골 지역, 그러니까 고조선 강역이라고 이야기하는 그 근처에 신석기 문화가 나타난 시점이 1만 1000년 전입니다. 그리고 중국의 홍산문화紅山文化 가 등장한 것은 8,000년 전입니다. 황허문화는 그보다 1,000년 정도 더 늦죠. 동남아시아의 아이누 문화도 1만 2000년 전에 대만을 거쳐 내려가서 발전하죠. 동남아시아 지역에 신석기 문화가 나타난 것은 약 7,000년 전입니다.

6만 년 전에 현생인류가 아프리카에서 벗어나 네안데르탈인과 혼혈이 되고, 여기서 문화를 발전시켜 1만 5000년 전에 아시아로 넘어왔을 거라고 추정할 수 있는 거죠.

기후와 그에 따른 해수면 높이도 굉장히 중요한 요소입니다. 지금으로부터 약 1만 8000년 전에 마지막 빙하기의 최고점이 옵니다. 가장 추운 시대죠. 춥다는 것은 얼어붙는다는 뜻입니다. 산이 얼어붙고 바다가

> 홍산문화

홍산문화는 세계 4대 문명권보다 적어도 1000년 이상 앞서는 고대 문명으로, 세계 역사와 문화사를 다시 쓰게 하고 있다. 1906년 일본의 저명한 인류학자 겸 고고학자인 도리이 류조가 츠펑 일대 지표조사를 하던 중 우연찮게 많은 신석기 유적과 돌로 쌓은 묘(적석묘) 등을 발견했다. 이것은 홍산문화 적석총 유적으로 중국 동북 지방과 만주, 한반도 일대에서만 발견되는 형태의 무덤이다. 이러한 유적과 유물의 발견은 계급이 완전 분화되고, 사회적 분업이 이뤄진 중앙집권국가가 존재했음을 입증한다. 이 문명은 중국사에도 나타나지 않는다. 그동안 중국이 자신들의 문명이나 문화라고 주장한 바 없었던 지역에서 홀연히 나타났다. 채도와 세석기의 특징을 가진 이 문화는 내이멍구 자치구의 츠펑시에 있는 홍산호우 유적에서 유래해 1954년 홍산 문화라고 명명되었다

얼어붙죠. 해수면은 자연히 낮아집니다. 지금보다 130미터 더 낮아집니다. 서해안의 깊이가 평균 100미터가 안 됩니다. 1만 8000년 전에 서해는 바다가 아니라 육지였습니다. 빙하기가 끝나면서 이곳에 살던 사람들은 높은 지대로 이동하고 북에서 내려온 제2의 현생인류와 혼혈을 일으키며 아시아인들의 선조가 형성됩니다.

언어 문제도 아주 중요합니다. 세계 각지에는 수많은 언어가 있습니다. 언어학자들이 그 많은 언어를 분석해 생물학에서와 마찬가지로 체계를 부여했죠. 산타페연구소에서 만든 세계 언어 지도를 보면 우리나라와 인도, 유럽은 같은 계열의 언어로 분류하고 있습니다. 중국 언어는 다르죠. 동남아시아 지역의 언어도 다릅니다. 언어의 다양성이 가장 풍부한 곳은 아프리카로 나옵니다. 이들이 정리한 것을 보면 세계의 언어는 다섯 개의 큰 덩어리로 나뉩니다.[6-11] 그중 셋은 아프리카에 있고, 둘은 각각 노스트라틱Nostratic 언어와 덴다익Dene-Daic 언어로 나뉩니다. 여기에 따르면 중국어는 한국어와 완전히 계열이 다릅니다. 한국어의 뿌리는 인도·유럽어에 있죠. 이는 언어를 통해 본다면, 한민족은 유럽을 통해 북쪽에서 왔다고 볼 수 있습니다.

언어학자들은 세계 언어에서 25개의 핵심 단어를 분석했습니다. 가령 '엄마'를 뜻하는 단어는 거의 모든 언어에서 비슷한 형태를 지닙니다. 이런 식으로 핵심적인 단어 25개를 분석해 유전자 분석을 하듯이 체계를 만들었어요. 그에 따르면 1만 3000년 전쯤에 우리 언어와 인도·유럽 언어가 나뉜다고 알려졌습니다.

미국의 언어학자 데이비드 앤서니David Anthony는 인도·유럽어가 중앙아시아 흑해 북부 또는 카스피해 근처에서 바퀴와 마차를 발명한 기마민족의 언어라고 주장했습니다. '바퀴'라는 단어의 어원을 추적하고, 말의 재갈을 물리는 방식의 문화가 퍼져나가는 것 등을 종합적으로 분석해서 고고학적으로 증명했죠. 바퀴는 불의 발명에 필적할 만큼 인류 역사에 중요한 발명품입니다. 데이비드 앤서니가 주장한 것은 인도·유럽어는 정복자의 언어이고, 인도유럽어를 사용하는 사람들이 주변을 정복할 수 있었던 데는 바퀴가 큰 역할을 했다는 것이죠. 그리고 바퀴가 발명된 곳은 흑해 부분이고요.

2015년에 하버드 대학교 의과대학의 유전학자인 데이비드 라이시David Reich가 마차를 처음 발명한 지역이 서부 러시아의 얌나야 지역이라고 주장했습니다. 그는 이곳 사람들의 유전자와 고인류 뼈의 유전자를 조사했죠. 94명의 유전자를 조사해 비교했더니 이곳에서 나온 유골과 독일 지역 사람들의 유전자가 똑같다는 겁니다. 즉 이 지역에 살던 사람들의 후손이 약 5000년 전에 독일 지역으로 대거 이주했다는 것이죠. 이때 인도·유럽어도 가졌다고 합니다.

토기를 통해서도 재미있는 사실을 알 수 있습니다. 독일에서 출토된 토기가 우리나라의 빗살무늬 토기와 놀라울 정도로 비슷합니다.

즉 빗살무늬 토기가 환북극문화의 핵심이라고 볼 수 있죠. 즉 언어와 문화의 측면에서도 시베리아를 통해 우리나라 문화가 연결되어 있다고 볼 수 있습니다.

QnA

현생인류와 한민족의

기원에 대해

묻고 답하다

대담

이홍규 교수
강연자

유정아 아나운서
서울대학교 강사

김종일 교수
서울대학교 고고미술사학

박종화 교수
울산과학기술대학교 생물정보학

김종일 선인도·유럽언어의 전파 및 이동에 대해서는 크게 두 가지 학설이 있습니다. 하나는 강의 중에 말씀해주셨듯이 신석기 후기의 얌나야 문화를 비롯해 카피스해 연안에서 형성된 그보다 앞선 여러 문화가 유럽에 많이 영향을 끼쳤다는 겁니다. 다른 하나는 선인도·유럽어족이 신석기 초기, 그러니까 대략 기원전 8000년 전 극서아시아에서 시작되었다는 견해가 있습니다. 현재 이 학설이 크게 대립하고 있죠. 최근에는 이 두 학설을 융합하려는 시도도 나타나고 있습니다. 기원전 8000년 전에 극서아시아 지역에서 사람들이 이주를 해서 한쪽은 동지중해를 거쳐서 유럽 내륙으로 들어가고, 다른 한쪽은 카스피해 북쪽으로 들어가서 이후에 카스피해 북쪽에 있던 사람들이 다시 2차로 유럽으로 들어갔다는 것이죠. 따라서 이홍규 선생님께서 연구하실 때 이 부분을 감안하시면 더 흥미로우실 겁니다.

이홍규 인도·유럽어의 기원 등에 대해서 여러 이론이 있다는 것은 저도 알고 있습니다. 앞으로 시간이 더 지나면 여러 논쟁이 정리되지 않을까 싶습니다. 아울러 유전학이 이 문제를 해결하는 데 유의미한 역할을 할 것으로 예상합니다. 우리의 조상이 어디서 왔는지 과학적으로 파악한다는 것은 굉장히 중요한 일이라고 생각합니다. 물론 인종차별적인 요소가 있을 수 있어 조심해야죠. 그럼에도 우리 자신을 이해한다는 것은 굉장히 중요한 문제이기 때문에 많은 분이 노력해주셨으면 합니다.

유정아 호모 사피엔스와 지금의 우리가 같은 것은 무엇이고 다른 것은 무엇일까요? 유전학적으로 답변이 가능한가요?

박종화 유전학적으로 그런 유전자가 이미 몇 개 밝혀졌습니다. 거정 큰 게 언어입니다. 언어 관련 유전자가 하나가 됐고, 다음으로 뇌의 신호 전달 기능을 좋게하는 유전적 변이가 생긴 게 있습니다. 유전적인 변이가 존재함을 보여주는 신호가 확실히 존재합니다. 그것이 진화의 원동력이라고 할 수 있겠습니다.

유정아 그럼 변하지 않는 것이 더 많고, 그것이 많이 변해갈수록 더 크게 진화한다고 이해해도 될까요?

박종화 변하지 않는 게 훨씬 많습니다. 생물학자에게 쥐와 사람은 똑같은 동물입니다. 빙산에 비유할 수 있겠죠. 인종이나 지능 등 다양한 유전적 형태는 거대한 빙산의 조그만 티끌 같은 차이일 뿐입니다. 그걸 가지고 우리가 확대해석을 하는 겁니다.

질문 1 인류가 아프리카에서 다른 지역으로 이동할 때 당시 아프리카의 환경은 그렇게 살기가 나쁘지 않았다고 알고 있습니다. 그렇다면 왜 굳이 그곳을 떠나 이동했을까요? 당시 아프리카를 떠나 서아시아를 거쳐 시베리아로 간 사람들은 무엇 때문에 갔을까요? 혹시 경쟁에 밀려서 간 것이 아닌가, 즉 민감한 부분이지만, 열등하기 때문에 쫓겨난 것이 아닌가 싶습니다.

박종화 우선, 열등해서 쫓겨났다는 것은 아닌 것 같습니다. 저희가 케임브리지 대학교의 안드레아 마니크 교수와 공동 프로젝트로 그 부분을 연구하고 있습니다. 그 이동의 가장 큰 원동력은 식생입니다. 기후적인 이유에서 일어난 이동이죠. 컴퓨터 시뮬레이션으로 보면 정확하게 나오는데, 현생인류의 이주를 10만 년 정도 시뮬레이션했는데, 놀라울 정도로 일치합니다. 결국 식생과 기후에 따라서 이동한 것이라고 봅니다.

김종일 고고학에서는 정반대의 견해를 갖고 있습니다. 아마 경쟁에 밀려서 생존하기 위해 이동하지 않았을까 하죠. 물론 고고학에서는 그 연대에 차이가 있습니다. 12만 년 혹은 15만 년 전 아프리카에서 일련의 무리가 사하라 사막을 건너서 일단 아라비아 반도 쪽으로 갑니다. 거기에서 몇 만 년쯤 머물다가 대략 4만, 5만 년 전에 유럽과 아시아로 대이주를 시작하죠. 그 이유에 대해서는 아직 현재 정확한 답을 제시하고 있진 못합니다. 다만 농경의 시작을 생각해보면, 그 지역이 농경에 불리한 지역이 아니었나 추측합니다. 열악한 환경에서 살아남기 위해서 특수한 생존의 방식을 강구할 수밖에 없었고 그 결과 농경이 시작되었다는 사례를 생각해보면, 이 사람들도 아프리카에서 내부적인 요인에 의해서든 환경적인 요인에 의해서든 이주할 수밖에 없는 이유가 있었고, 그 때문에 어쩔 수 없이 먼 여정을 시작한 것이 아닌가 추측하고 있습니다.

질문 2 현생인류의 기원과 관련해서 혼혈이라는 부분은 상당히 조심스럽습니다. 진화라는 게 조금씩 나아진다고 본다면 혼혈을 통해 인류가 더 나아졌다고 할 수 있는 게 아닐까요?

이홍규 그것은 상당히 민감한 주제입니다. 결국 네안데르탈인과 현생인류가 혼혈된 것은 분명한 사실입니다. 아프리카에서 떠나온 사람들이 곧 혼혈이 되죠. 지금 아프리카 이외 지역에 있는 모든 사람의 유전자에는 네안데르탈인의 유전자가 들어 있습니다. 아프리카에 머물던 사람들에게는 없죠. 그런 증거들 때문에 아프리카에서 벗어나자마자 혼혈이 됐을 거라고 추정하고 있습니다. 그 과정은 알 수 없습니다. 네안데르탈인이 현생인류를 납치했는지, 현생인류가 네안데르탈인을 납치했는지, 혹은 그저 처음에는 별다른 적대관계 없이 친하게 지내서 그랬는지 알 수 없죠. 우리는 그저 결과만 알고 있는 거죠. 그게 과거에 일어난 일이고, 지금 우리 몸속에 네안데르탈인의 유전자가 있다는 것은 사실입니다. 그걸 어떻게 해석하느냐는 것은 이야기하신 대로 조심스러운 문제입니다.

질문 3 강의 중에 호모 사피엔스가 아프리카를 떠나면서 첫 번째 네안데르탈인과 혼혈이 일어났고, 2차 혼혈은 바이칼 호수 쪽 시베리아에서 일어났다고 하셨습니다. 그러면 서아시아 지역에서 바이칼 호수로 이동하는 당위성이랄까요? 다른 곳도 아니고 왜 하필 그쪽으로 이동했을까 그게 우선 궁금합니다. 그다음으로는 저희가 학창 시절에 역사 과목에서 배울 때 최초의 문명이 메소포타미아 문명이라고 배웠습니다. 그러면 메소포타미아 문명도 분명 어디선가 왔을 텐데 그들이 바이칼 호수 쪽에서 내려온 사람들일까요? 그리고 아까 바이칼 호수 쪽에서 요하 문명 쪽으로도 문명이 전파됐다고 하셨는데 그 내려온 사람들이 동일한 계통의 사람들인지 아닌지 그런 것들이 궁금합니다.

이홍규 지금 이야기하신 바이칼 호수에 여행에 대해서는 대찬성입니다. 바이칼 호수 근처에 인류의 이른바 제2의 인류의 기원이 있다는 것은 제 이야기가 아니라 러시아 고고학자들에게 들은 이야기압니다. 그리고 그렇게 가정하면 그 모든 패턴이 상당히 맞을 것이라고 추정하고 있죠. 그들도

여러 가지 고고학적 증거를 바탕으로 이야기하고 있는데, 완전히 증명이 되지는 않은 가설 단계라고 생각하면 좋을 것 같습니다. 이 부분은 앞으로 더 많이 연구해야 할 것입니다. 아까 박종호 박사님과 좀 이야기를 했습니다만 여러 다른 생물학적인 현상들도 있습니다.

두 번째로 왜 하필 그쪽으로 갔는지에 대해서 말씀드리겠습니다. 그 옛날 빙하기와 관련해서 두 가지 조건이 있습니다. 하나는 그쪽에 물길이 있었다는 겁니다. 그 물길이 북쪽이 아니라 바이칼 호수에서 예니세이 강을 통해 아랄해 등을 거쳐 카스피해, 흑해로 흘러들어가는 거죠. 그런 큰 강이 있었다고 해요. 왜냐하면 바이칼 호수에서 북쪽으로 흘러가던 물이 빙하기 때 완전히 둑으로 막혔기 때문에 큰 강이 그쪽을 통해서 형성된 거죠. 그래서 사람들이 그리로 갔는데, 그 서쪽에는 네안데르탈인이 살고 있었기 때문에 처음에는 그쪽으로 들어가지 못한 게 아닐까 생각합니다. 한 일족은 남쪽으로 가고, 또 한 일족은 인도의 갠지스 강 혹은 그 길을 통해 위로 올라가죠. 그렇게 중앙아시아를 거쳐 이동한 것으로 추측하고 있습니다. 문명의 탄생은 그보다 훨씬 더 뒤의 일입니다. 인도·유럽어가 형성된 시기보다 훨씬 뒤이기 때문에 우리가 아는 4대 문명의 탄생과 연결짓기에는 너무 성급하지 않은가 생각합니다.

유정아 강연에 함께하신 패널 두 분께 현생인류와 한민족의 기원에 관해 간단하게 발언 기회를 드리겠습니다.

박종화 한 가지 반드시 기억하셔야 할 것이 있습니다. 여기서 제시하는 모든 것은 샘플에 기반한 것입니다. 하지만 안타깝게도 한국에는 샘플이 없

습니다. 사람이 없었던 게 아니라 샘플이 없었던 거죠. 사막이나 아프리카 등지에는 샘플, 즉 뼈가 많이 나와서 그에 대한 연구가 이루어질 수 있었죠. 그 점을 기억하셔야 합니다. 한국이나 중국이 인류의 기원일 수도 있습니다. 그런 것들을 열린 마음으로 받아들이셔야 합니다.

그다음으로, 종족이 어디서 왔느냐, 어디로 이동해 가느냐는 문제도 마찬가지입니다. 여러분이 기억해두셔야 할 것이 있습니다. 우리는 현생인류를 기반으로 과거를 보고 있다는 겁니다. 그래서 과거 10만 년 전, 20만 년 전으로 가서, 그 시각으로 봐야만 그림이 그려지지 현대의 시각으로는 보기 어렵다는 것을 항상 염두에 두어야 합니다. 고고학적 성과가 속속 나오고 있지만, 그 두 개를 생각하셔야 합니다. 또 게놈 연구가 진전되면서 엄청난 혁명이 일어나고 있습니다. 여기 계신 분들 중에서 이쪽 분야에 대해 연구하는 사람들이 늘어난다면, 앞으로 40년 뒤에는 더 많은 것이 밝혀지리라 생각합니다.

김종일 민족의 기원을 찾는 문제는 분야를 막론하고 매우 중요한 문제라고 할 수 있습니다. 특히 현대사회에 들어와서 자연과학의 기술, 특히 생물학의 발달과 함께 과학적 근거를 통해 민족의 기원에 관한 단서를 얻을 수 있게 되었죠. 그런 연구를 이홍규 선생님 같은 분들께서 해주신다는 것에 대해서 후학으로서 깊은 감사와 존경을 표합니다. 다만, 민족이 무엇인지에 대해 생각해볼 필요가 있습니다. 이홍규 교수님도 발표 중에 말씀해주셨지만, 민족은 결국 운명 공동체, 역사 공동체 그리고 언어 공동체 등의 의미를 가지고 있습니다. 그리고 민족은 그 민족 구성원들이 어떻게 자기 민족을 정의하느냐에 따라 달라질 수 있습니다. 거기에 해

결책이 있다고 이야기할 수 있을 겁니다. 그래서 자연과학적인 근거가 그 출발점이 되는 것은 분명한 사실이죠. 하지만 그것이 궁극적인 해결책을 제시하거나 해답의 전부는 아닙니다. 여러 가지 가능성을 두고 신중한 자세를 취해야 한다는 말씀을 드리고 싶습니다.

종교와 예술의 기원

인간의 두려움에 관한 이야기

배철현

커다란 지진이 일어나고 천둥, 번개가 치는 동안 신은 없었습니다. 그리고 모든 난리가 끝난 뒤에 섬세한 침묵의 소리가 들렸습니다. 형용모순이죠. 침묵에는 소리가 없으니까요.

배철현

고대 오리엔트 문자와 문명을 전공한 고전문헌학자다. 고대 오리엔트 언어들에 매료되어 하버드대학교 고대근동학과

에서 셈족어와 인도-이란어를 전공했다. 고대 페르시아제국 다리우스 대왕의 삼중 쐐기문자 비문인 베히스툰 비문의

권위자다. 2003년부터 서울대학교 종교학과 교수로 유대교, 그리스도교, 이슬람교와 그 이전 문명과 종교를 가르치

고 있다. 2009년에서 2013년까지 격주로 주말에 중국 베이징대학교에서 오리엔트 언어들을 가르쳤다. 2015년 미래

혁신 학교 '건명원'을 기획하여 출범시켰고, KBS 1 텔레비전 과학 프로그램 〈장영실쇼〉를 진행하고 있다. 최근 저서

로는 《신의 위대한 질문》, 《인간의 위대한 질문》이 있으며, 《문자를 향한 열정: 세계 최초로 로제타석을 해독한 샹폴

리옹 이야기》, 《성서 이팩트》와 《꾸란 이팩트》 등을 우리말로 옮겼다. 2016년 현재 〈인간의 위대한 여정〉(월간중앙)과

〈배철현의 심연〉(경향신문)을 연재하고 있다.

안녕하십니까. 이런 과학 강연 프로그램에 과학에는 문외한인 인문학자가 서려니 두렵고 떨리는 마음이 있습니다. 그렇지만 한번 용기를 내서 강의를 해보겠습니다.

사실 science라는 단어는 '무언가를 알다' '알고 싶어 하다'라는 의미의 라틴어 scire(스키레)에서 나왔습니다. 무언가를 안다는 것은 모른다는 것을 전제로 합니다. 따라서 이 science라는 단어가 아시아로 건너오면서 과학科學이라는 단어로 번역됐을 때 '과정 과科' 자를 썼다는 사실이 참 중요한 의미를 지닌다고 생각합니다. 어떤 의미에서 그렇게 번역했는지는 모르지만, 과학이라는 것이 절대 진리에 대한 답을 주는 것이 아니라 자기가 알지 못하는 세계의 두려움에 대한 끊임없는 도전, 그 과정을 말하는 게 아닌가라는 생각을 했습니다. 이 두려움이 사실은 인류의 문명 발상에서 인간을 인간이게 하는 데 상당히 중요한 역할을 하는 것 같아요.

오늘 제가 말씀드릴 '종교와 예술의 기원'은 사실 이 두려움에 관한 이야기입니다. 종교는 자기가 모르는 두렵고 신비한 세계를 이미 알고 있는 것에 가두지 않고, 그것을 안다며 오만하게 굴지 않고, 그 세계에 경외심을 표하는 겁니다. 이 경외심을 저는 종교라고 하고 싶습니다. 아인슈타인이 양자역학에 대해 말할 때 신은 그렇게 주사위를 던지지 않는다고 했습니다. 아인슈타인은 스스로 종교인이라고 말했습니다. 그 사람이 말한 종교인이란 어떤 개별적인 신을 믿는 것이 아니라 우리가 발견하지 못한 엄청난 우주의 질서에 대한 것입니다. 예를 들어서 씨앗에서 싹이 터서 꽃이 피는 과정을 과학자들이 설명하지만 그 과정에 대해서 완전히 알지는 못합니다. 하늘에 별이 몇 개나 있을까요? 허블 망원경이 만들어진 이후에 지금 1000억 개가 있다고 하는데 사실 1000억 개의 1000억 배가 있을 수도 있습니다. 그런 무한한 세계에 대한 경외심, 그것이 바로 종교가 아닌가 싶습니다. 오늘 종교의 기원에 대한 강의는 문자가 없던 시절의 사람들이 경외심을 표현하는 방법인 그림을 통해 진행하겠습니다.

이야기가 있는 동굴벽화

현생인류는 기원전 약 3만 5000년부터 기원전 1만 2000년 사이 놀랍고 감동적인 작품을 남겼습니다. 마치 마크 로스코Mark Rothko의 추상표현주의 그림을 보는 듯한 착각이 들 정도죠. 실제로 제가 2014년에 프랑스 남부에 있는 라스코 동굴에 가서 일주일 동안 벽화만 보고 왔습니다. 눈물이 쭉 흐르더군요.

라스코 동굴벽화는 그냥 동굴 한쪽 벽에 그려진 것이 아닙니다. 땅속으로 50미터나 들어간 곳에 그려져 있었습니다. 그들은 그 깊고 어두운 곳까지 가서 인간이 닿을 수 없는 저 너머의 세계에 대한 두려움을 표현했습니다.[7-1]

인류는 기원전 1만 2000년경에 처음 농업을 시작합니다. 씨를 뿌리면 싹이 납니다. 농업은 지하에 갇혀 있던 사람들의 생각을 지상으로 옮겼습니다. 그래서 기원전 5000년에 도시가 등장하고, 기원전 3300년에 문자가 등장하고 문명이 탄생하죠. 오늘 제가 이야기하려는 종교는 고전 종교에서 다루는 체계적 종교가 아닙니다. 호모 사피엔스들이 3만 5000년 전부터 1만 2000년 전까지 남긴 벽화를 통해 인간

은 왜 그림을 그렸고, 거기에서 우리는 무엇을 찾을 수 있는지에 대한 것입니다.

원시인들이 동굴 벽에 남긴 그림은 우리에게 무언가를 전달해줍니다. 예술이라는 것은 인류가 느끼는 두려움을 시각적·청각적으로 표현한 것입니다. 네안데르탈인은 이미 음악을 만들었습니다. 1996년 슬로베니아의 동굴에서 발견된 네안데르탈인의 유적 근처에서 곰의 정강이뼈로 만든 작은 피리가 발견되었습니다. 일정한 간격으로 구멍이 다섯 개 뚫려 있었죠. 이것이 오음계와 딱 맞더랍니다. 이미 네안데르탈인도 음악을 통해 자신의 감각을 표현한 것이죠. 음악이 있었다는 것은 그에 맞는 가사, 즉 글이 있었다는 겁니다. 또 그 음악에 맞는 무용도 있었을 겁니다.

프랑스 남부와 스페인 남부, 프랑스 북서부에는 이런 동굴이 600개 이상 발견됩니다. 각 동굴마다 수많은 그림이 남아 있죠. 오늘 저는 여러분께 많은 동굴벽화 사진을 보여드릴 겁니다. 이 그림들은 결코 단순하지 않습니다. 무척 입체적입니다. 실제로 파블로 피카소Pablo Picasso는 알타미라 동굴벽화를 본 뒤 "알타미라 이후에 모든 게 쇠퇴했다."라는 말을 남기기도 했습니다. 그리고 1940년대 뉴욕 현대미술관에서 '현대미술이란 무엇인가What is modern art'라는 과목을 가르칠 때 알타미라 동굴벽화를 바탕으로 현대미술을 설명하죠.

동굴벽화는 단순히 그림에 머물지 않습니다. 인간이 왜 인간이 되었는가, 인간의 욕망은 무엇이고, 인간이 인간이 되기 위해 왜 동굴에 들어갔는가를 보여줍니다. 그렇다면 먼저 동굴이 상징하는 것에 대해 살펴보겠습니다.

플라톤은 《국가》에서 동굴의 비유를 통해 인간의 본성을 말했습니다. 기원전 8세기의 예언자 엘리야도 신의 이야기를 들었을 때 동굴에 있었습니다. 그 신은 '침묵의 소리'에 있었다고 기록되죠. 여기서 그는 새롭게 신을 발견합니다. 이 모든 일이 동굴에서 이루어집니다. 호모 사피엔스가 동굴에 들어간 이유도 단지 비를 피하기 위해서만은 아닐 겁니다.

고고학적인 유물이 의미가 있으려면 이야기가 필요합니다. 이야기가 없다면 의미가 없죠. 이야기를 통해서 가치가 부여됩니다. 물건이든 사람이든 이야기가 없으면 평범해지고, 이야기가 있으면 위대해집니다.

고대 그리스인들은 이야기를 historia라고 했습니다. 라틴어로 넘어오면서 historia의 hi가 없어져서 storia가 됐죠. 그래서 storia라는 말은 이야기이자 역사를 의미합니다. 사실 역사가 이야기죠. 헤로도토스Herodotos가 《페르시아 전쟁사》를 남길 수 있었던 것은 다른 누군가로부터 그 이야기를 들었기 때문입니다. 남에게 들은 것을 정리한 거죠. 이게 storia입니다.

역사라는 것, 이야기라는 것은 남들이 보지 못한 세계를 보는 겁니다. 자기만이 경험한 세계를 통해서 이야기를 만들어내는 것은 아주 중요한 능력이죠. 그 능력이 사람과 제품을 위대하게 만듭니다. 대부분의 사람들은 자기 스토리를 만들 때 스스로 열등하다고 생각해서인지 자기 이야기를 만들어내지 못합니다. 그래서 항상 다른 사람의 이야기를 끄집어내려고 하죠. 그게 더 커 보이는 겁니다. 이런 사람들은 선도하지 못하고 항상 후발 주자에 머물고 맙니다.

제가 발견한 천재들은 자기의 이야기가 열등하다고 할지라도 그것을 바탕으로 자기만의 이야기를 만들어내는 사람입니다. 그런 사람을 천재라고 하죠. 찰스 다윈이 그랬고, 존 돌턴이 그랬고, 지그문트 프로이트가 그랬습니다. 예를 들어, 미켈란젤로는 사생아였습니다. 장영실은 어머니가 부산 동래의 기생이었고 아버지는 몽골 유민이었던 것으로 추정됩니다. 이들 모두 자신에게 주어진 부정적인 조건을 극복해 위대한 결과를 만들어낸 사람들입니다.

동굴에 그림을 그렸던 그 사람들은 남들이 다 아는 보편적인 세계, 남들이 다 보는 걸 보는 사람이 아니라 남들이 보지 못하는 다른 세계를 보는 능력이 있는 사람입니다. 이것을 퉁구스어로 샤먼이라고 했습니다. '샤šₐ'라는 것은 '본다'라는 뜻입니다.

숲 속에 있으면 수많은 소리가 들립니다. 하지만 처음에는 참새나 비둘기 등 익숙한 소리만 간신히 듣게 되죠. 시간이 흘러 숲에 익숙해지면 그전에는 듣지 못한 다른 새들의 소리도 들립니다. 프랑스의 작곡가 장 필리프 라모는 숲 속에 들어가면 새소리가 100가지는 들린다고 했습니다. 예수는 언젠가 "너희가 귀가 있어도 듣지 못하고 눈이 있어도 보지 못한다."라고 했습니다. 남들이 듣지 못하는 것을 듣고, 남들이 보지 못하는 것을 보는 사람들이 있습니다. 이런 사람들이 종

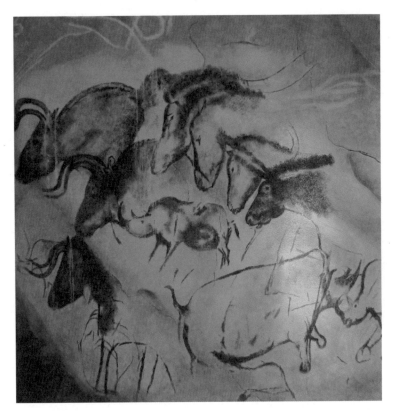

교를 만들곤 하죠. 그걸 성상화한 사람이 미켈란젤로고, 레오나르도
다빈치인 겁니다.

잃어버린 동굴을 찾아서

2003년에 발견된 동굴이 있습니다. 베르너 헤어조크Werner Herzog라
는 독일의 유명한 영화감독이 〈잃어버린 동굴을 찾아서〉라는 제목의
다큐멘터리를 만들어 우리나라에서도 많이 알려졌죠. 이 동굴에 거주
하던 사람들은 3만 년 전에 아주 정교한 그림을 그렸습니다.[7-2] 마치
3D 영화처럼 입체적입니다. 선 하나로 거침없이 그려냈습니다. 프랑

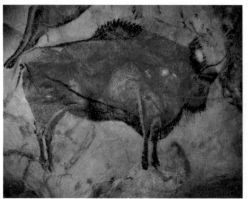

스 남부에 있는 쇼베Chauvet 동굴의 벽화입니다. 유명한 라스코 동굴벽화는 지금부터 약 1만 7000년 전에 프랑스 남부 니스에 있는 라스코 동굴에서 그려진 그림입니다. 1940년대에 동네 아이들이 발견했다고 전해집니다. 이런 그림을 왜 그렸을까요? 말씀드렸다시피 피카소는 알타미라Altamira 동굴벽화를 보고 충격을 받았습니다. 1만 2000년 전에 그려진 그림이죠. 피카소는 알타미라 동굴벽화에 그려진 소의 모습과 비슷한 그림을 그리기도 했죠.7-3 어쩌면 여기에서 피카소의 추상주의가 등장한 것은 아닌가 합니다. 추상주의는 복잡한 것에서 가장 단순한 것을 뽑아내는 겁니다. 1940년대에 등장한 추상표현주의를 피카소는 이런 식으로 했을 겁니다.

현대 동굴벽화 연구의 선구자인 에밀 카르타이야크Emile Cartailhac는 19세기 말부터 프랑스와 스페인 동굴에서 발견된 벽화들의 진위성을 강하게 부인했습니다. 찰스 다윈의 진화론을 신봉한 그는 2만 년 전 구석기 '동물'들이 그런 정교한 그림을 그릴 수 없다고 주장했죠. 그림은 문화적으로 풍요롭고 여유로운 문명사회에서나 가능한 귀족들의 전유물로 생각했습니다. 살아남기도 힘든 사냥·채집 시대에 살던 사람들이 이런 그림을 그릴 리 없다는 것이죠.

하지만 카르타이야크는 1902년에 쓴 《의심하는 자의 잘못Mea Culpa d'un Sceptique》이라는 책에서 이전의 주장을 번복합니다. 알타미라 동굴의 벽화를 조사한 끝에 구석기 시대에 속하는 그림임이 명백히 밝혀졌죠. 최근에 분자유전학적 연구를 통해 밝혀진 결과 이 그림들이 2만년, 3만 년 전의 그림이라는 것도 밝혀졌죠. 이런 결과는 예술에 대한 시각에 큰 변화를 불러일으켰습니다.

1907년에 독일의 역사가 빌헬름 보링거Wilhelm Worringer는 《추상과 공감Abstraktion und Einfühlung》이라는 책을 썼습니다. 이 사람은 추상과 공감의 능력은 이성주의와 과학혁명이 일어난 후의 지적 단계에 올라서야만 가능한 것이라고 했습니다. 그러니까 자연을 모방하는 서양 예술은 '공감'을 기초로 하며, 공감이란 감정은 원시인들에겐 존재하지 않았다는 겁니다. 그들은 거친 현실적 조건 때문에 추상적인 예술만 남길 수밖에 없었다는 것이죠.

예술이 자연을 모방했다는 건 플라톤이 생각한 예술이론입니다. 그래서 플라톤은 예술가를 상당히 무시했어요. 왜냐하면 아름다움이라는 개념은 생각에서만 존재한다는 거예요. 아름다운 여인은 있지만 아름다운 수많은 것 중 하나이기 때문에 이건 아름다움이 아니라고 생각을 한 거죠. 그래서 이런 생각들은 현대에 등장하지, 옛날에는 그런 게 있을 수 없다고 본 것입니다.

프란츠 보아스Franz Boas 등의 인류학자가 등장하면서 새로운 견해가 나타납니다. 사실 18세기 이후 산업혁명을 거치면서 유럽 열강의 지상 과제는 해외 식민지를 개척하는 것이었습니다. 그러기 위해서 다른 나라와 다른 문화에 대한 공부를 시작했죠. 이때 상당히 많은 인류학자가 배출되고 보아스도 그중 한 사람입니다. 그는 우리가 어떤 문명을 연구를 할 때 그 문명에 대해 자신의 시각에 맞춰 강압적으로 재단해서는 안 된다고 했습니다. 문명은 그 자체로 봐야 하는 것이지, 우리의 기준을 강요할 수 없다고 했죠. 원시라는 개념을 다르게 해석하자고 제안했습니다.

어떤 이론가들은 원시인들의 마음가짐이 문명인들의 마음가짐과 구별된다고 생각합니다. 그러나 저는 원시적인 삶을 사는 사람들 중에서 이 이론에 들어맞는 사람을 본 적이 없습니다. 어떤 문화에 속하든 상관없이 모든 인간의 행동은 그가 다루는 전통적인 자료에 의해 결정됩니다. 개별 문화는 역사적인(사회적인) 발전으로서만 이해 가능합니다.

— 프란츠 보아스, 《원시 예술》

프랑스의 앙리 브루이Henri Breuil는 동굴벽화가 원시적인 풍요 제사 의식이라고 주장했습니다. 하지만 저는 이 해석에는 동의하지 않습니다. 제가 볼 때는 구석기인들의 예배 의식이 아니었나 합니다. 일종의 의례라는 거죠.

> 앙리 브루이
프랑스의 사제였던 앙리 브루이(1877~1961)는 동굴벽화가 원시인들이 자신이 잡고 싶은 동물들을 그림으로써 더 많이 잡을 수 있다는 것을 의미하는 원시적인 풍요 제사 의식이라고 주장했다. 실제로 동굴벽화에 남겨진 동물들 중에는 뾰족한 칼이나 창으로 긁힌 흔적이 있어 그 주장에 신빙성을 더했다.

구석기 시대는 살아남기도 벅찬 시대였습니다. 먹고사는 것 정도가 아니라 언제 어디서 어떤 짐승 혹은 부족의 공격을 받을지 알 수 없는 시대였어요. 모든 것이 얼어붙은 빙하기 시대에 여러분이 프랑스 남부의 어느 산골짜기에서 살았다고 상상해보세요. 왜 군이 칠흑같이 어두운 지하 50미터 밑으로 내려갔을까요? 왜 군이 거기까지 내려가서 그림을 그렸을까요? 자신들이 거주하지도 않는 그곳으로 왜 내려갔을까요? 그런 절대적 암흑에 들어가보신 적이 있나요? 그 정도 깊고 조용한 곳에 가면 딱 한 가지 소리만 들립니다. 바로 심장 소리죠. 오로지 자신의 심장 소리

만 들리는 곳에서는 당연히 '인간은 어떤 존재인가', '우리는 왜 사는
가'라는 의문이 들 수밖에 없을 겁니다.

인간이란 무엇인가

인간 창조 신화 중 가장 오래된 신화가 에누마 엘리쉬Enuma Elish라
는 신화입니다. 기원전 19세기경의 바빌론 신화죠. 그 신화에는 재미
있게도 신들이 인간처럼 노역을 했다고 나와요. 워낙 힘든 일을 하니
까 신들이 더 위대한 신들에게 불평을 합니다. 좀 편하게 해달라고요.
절대복종을 약속하면서 자신들의 일을 맡아서 해줄 어떤 존재를 내려
달라고 하죠. 이에 창조 여신인 룰루Lullu가 인간을 만듭니다. 그랬더
니 이제 인간이 일을 하지 않고 쉬는 겁니다. 그래서 신들이 인간을
벌하기 위해 홍수를 내리죠. 자주 들은 이야기죠? 홍수 신화는 신화에
서 자주 접할 수 있는 흔한 모티브입니다. 어쨌든 바빌론 신화에서 인
간은 '신의 노역을 대신하는 존재'였습니다.

> **인간의 다른 이름**
메소포타미아인: 룰루Lullu－신 대신 노동하는
물건들
고대 히브리인: 아담Adam－진흙
고대 그리스인: 앤트로포스Anthropos－하늘을 바
라보는 존재
로마: 후무스Humus－진흙 → 호모Homo
한·중·일: 인간人間－관계의 존재

고대 히브리인은 인간을 뭐라고 했을까요? 아담
Adam입니다. 아담이라는 말은 '흙'이라는 뜻이에요. 인
간은 전부 흙이었어요. 그리고 언젠가 흙으로 돌아갑
니다. 그래서 인간을 흙이라고 한 겁니다. 히브리어로
붉은 흙은 아다마Adama라고 했습니다. 기독교 성경을
보면 붉은 사람이라는 뜻의 에돔이라는 사람이 나오는데, 그게 이런
뜻입니다. 인간의 본질은 흙이고 잠시 생명을 얻어 숨을 쉬는 것이죠.

그리스 사람들은 인간을 가리켜 '두 발을 땅에 딛고 하늘을 보는
자'라고 했습니다. 앤트로포스Anthropos, '하늘을 보는 존재'라는 뜻이
죠. 라틴어는 또 다릅니다. 라틴어에서는 인간을 후무스Humus라고 했

7-4
마르크 샤갈의 〈인간의 창조〉

습니다. 여기서 human이란 말이 나왔습니다. 이 역시 '흙'이라는 뜻입니다. 동아시아에서는 인간을 참 특이하게 봤어요. 아시아에서 인간을 말할 때 중요한 개념은 '관계'입니다. 그래서 '사이 간間' 자가 들어가죠. 따라서 인간을 관계적인 존재로 본 것이 아닌가 생각합니다.

마르크 샤갈Marc Chagall의 그림을 보시죠. 〈인간의 창조La Création de l'homme〉라는 그림입니다.**7-4** 샤갈은 창세기 그림을 그리면서, 인간은 단순히 흙에서 태어나 흙으로 돌아가는 존재가 아니라 신이 부여한 사명을 받아 세상에 내려온 존재라고 했습니다. 그림에는 샤갈의 부인 벨라가 있고, 예수도 있고 예언자 예레미아도 있습니다. 이 그림에서 말하는 바는 인간이 단순히 흙을 빚어 만들어진 존재가 아니라, 어떤 사명을 가지고 태어난 존재라는 것입니다.

인간을 인간으로 만드는 특징

지금부터는 제가 잘 알지 못하는 분야에 대한 이야기입니다. 240만 년 전에서 150만 년 전까지 산 원시 인류가 있습니다. 뇌의 크기는 650cc 정도 되죠. 바로 도구를 사용하는 인간, 호모 하빌리스Homo habilis입니다.**7-5** 그리고 시간이 한참 흘러 70만 년 전에는 허리를 곧게 편 채 두 발로 걷는 인간 호모 에렉투스가 등장합니다. 135만 년 전에 등장했다는 학설도 있는데, 대략 70만 년 전으로 합시다. 동물 중에서 허리를 편 채 살아가는 동물은 인간뿐이랍니다.

허리를 편 채 두 발로 선다는 것은 오랜 진화의 산물입니다. 그 덕에 인간은 나무에서 내려올 수 있었죠. 인간이 나무에서 내려온 뒤 아주 중요한 변화가 생겼습니다. 이전까지 나무 위에서 살 때는 원숭이처럼 넓은 권역을 쭉 살피는 능력이 중요했습니다. 그런데 나무에서 내려와서는 한 지점에 초점을 맞추는 능력이 중요해졌습니다. 몰입이죠. 그래서 인간만이 앞을 본다고 해요.

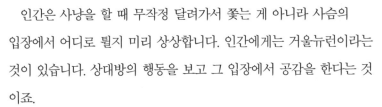

7-5
호모 하빌리스의 두개골

인간은 사냥을 할 때 무작정 달려가서 쫓는 게 아니라 사슴의 입장에서 어디로 뛸지 미리 상상합니다. 인간에게는 거울뉴런이라는 것이 있습니다. 상대방의 행동을 보고 그 입장에서 공감을 한다는 것이죠.

인간이 되기 위한 특징은 집중해서 인내를 갖고 깊이 보는 겁니다. 저는 이 깊이 보는 작업 자체가 인간의 특징이고, 종교와 예술의 핵심이라고 생각합니다. 그런데 지나치게 집중하면 주변에서 닥칠 위험과 어려움을 간과할 수 있습니다. 그래서 필요한 능력이 바로 사회적 능력입니다. 주변에 있는 사람에 의지하고 서로 도움을 주는 능력이죠. 집중과 사회적 공감 능력 덕분에 인간은 오늘날까지 살아남을 수 있었습니다.

인간은 70만 년 전부터 불을 사용했다고 합니다. 이전까지는 인간도 다른 육식동물과 마찬가지로 생식을 했죠. 불을 사용하면서 인간

신피질
(종합적 사고)

변연계
(감정)

뇌간
(생존)

7-6
뇌의 해부도

의 수명이 급격히 늘었다고 해요. 또한 뇌가 커지기 시작했죠. 이렇게 인간의 뇌 용량이 급격히 커지기 시작하면서 이성과 언어와 자기 성찰이 등장하게 됩니다.

저명한 뇌 연구가인 폴 맥린 Paul D. MacLean은 뇌를 세 가지로 간단하게 나누었습니다. 각각 뇌간brain stem과 변연계limbic system, 신피질neocortex입니다.[7-6] 뇌간이 관장하는 것은 생존입니다. 변연계가 관장하는 것은 감정이고, 신피질은 종합적 사고를 관장하죠.

악어에게는 뇌간만 있다고 합니다. 그래서 악어의 일생은 다음 네 가지로 정리될 수 있습니다. 첫째, Feeding. 먹기 위해 사는 겁니다. 둘째는 Fighting. 먹으러 갔는데 다른 악어가 있으면 싸워야 하죠. 셋째는 Fleeing. 싸우려고 하는데 다른 악어가 너무 크면 도망쳐야 하니까요. 그리고 넷째 Reproduction. 재생산입니다. 뇌간만 있는 악어의 삶은 이렇게 단순하죠.

변연계는 감정을 조절합니다. 여기서 다른 개체의 행동과 감정을 공유하죠. 가령 어느 개가 울면 주변의 다른 개가 따라 우는 것 등이 이 변연계 덕분이라고 할 수 있죠. 그런데 온혈 포유류에만 있는 것이 신피질입니다. 신피질은 종합적 사고 능력을 담당합니다. 인간의 신피질은 전체 뇌 부피의 2분의 1 정도를 차지합니다. 원숭이는 10분 1 정도죠.

동물은 태어나자마자 비교적 빨리 일어나서 걷습니다. 바로 일어나는 녀석도 있고, 30분이나 한 시간 정도 되면 제 다리로 일어나서 걷습니다. 하지만 인간은 스스로 걷는 데 1년이 걸립니다. 게다가 3개월 동안은 아예 기지도 못합니다. 성장이 느린 걸까요, 아니면 엄마의 뱃속에서 지나치게 빨리 나온 걸까요?

인간은 다른 동물에 비해 미숙한 상태로 태어납니다. 열 달이나 뱃속에 있었는데도 성장이 제대로 이루어지지 않은 상태에서 태어납니다. 그런데 그래야 합니다. 더 늦으면 머리가 커져서 어머니의 산도를 비집고 나올 수가 없습니다. 바로 신피질 때문이죠. 그래서 인간은 일찍 태어나고, 1년 가까이 제 스스로 걷지도 못할 정도로 취약합니다.

인간이 태어나면 최소한 1년, 못해도 10년 가까이 제 힘으로 살아가기가 힘듭니다. 다른 존재가 꾸준히 보살펴줘야 해요. 목숨 바쳐서 보살피죠. 바로 엄마입니다. 따라서 모든 인간은 어떤 존재가 목숨을 건 보살핌 속에서 길러낸 사랑의 결과물인 겁니다. 이런 마음을 히브리어로 רחם이라고 합니다. 이는 자궁이라는 의미이기도 하고, 동정이라는 뜻이기도 합니다. 측은하게 여기는 것이죠. 동정을 뜻하는 영어 단어 compassion은 라틴어 passion에 com이 붙은 겁니다. passion은 아픔이라는 뜻입니다. com은 '~와 함께'라는 뜻이죠. 즉 동정은 인간만이 가진 최고의 능력입니다. 상대방의 아픔을 공감한다는 것이죠. 자연 세계에서 최고의 경쟁력인 것입니다.

사람들이 수백 년 전의 셰익스피어를 읽고 공부하는 이유는 뭘까요? 저 같은 사람이 기원전 6세기의 다리우스 비문을 연구하고 쐐기 문자를 공부하는 이유는 뭘까요? 나와 시간적·공간적으로 전혀 상관없는 사람을 공부하는 것이 어떤 정신적이고 영적인 운동이기 때문일 겁니다. 그런 식으로 다른 시대, 다른 문화와 다른 사람을 이해할 수 있는 것이기 때문입니다.

우주를 움직이는 강력한 힘

인간을 정의하는 단어는 많습니다. 하지만 호모 핑겐스_Homo pingens_라는 단어는 처음 들어보셨을 겁니다. 제가 만들었거든요. 그림 그리는 인간이라는 뜻입니다. 호모 사피엔스가 20만 년 전에 아프리카에서 나왔죠. 이스라엘 쪽으로 10만 년 전에 갔고, 6만 년 전에 유럽으로 갔습니다. 호모 사피엔스가 유럽으로 갔을 때 그곳에는 네안데르탈인이 있었습니다.

최근의 연구에 따르면 호모 사이엔스와 네안데르탈인이 혼혈을 남겼다고 해요. 유럽인 중 10퍼센트 정도에 네안데르탈인의 DNA가 있다고 합니다. 그러다 3만 년 전에 신기하게도 네안데르탈인이 한순간에 싹 없어집니다. 네안데르탈인은 호모 사피엔스보다 두뇌 용량도 크고 체격도 좋았다고 합니다. 네안데르탈인의 멸종에 관해 여러 학설이 있지만, 가장 유력한 것은 그들이 사회를 이루지 못한 게 결정적이었다는 학설입니다. 사람들이 사회를 이루고 거기에서 일어나는 여러 가지 분쟁을 해결하지 못해서 멸종했다는 거죠.

사람들은 3만 년 전에 신기한 것을 깨닫습니다. 밤하늘의 별을 보는 데 그치지 않고 거기에 어떤 원칙이 있다는 것을 깨달았습니다. 눈에 보이지는 않지만 우리를 움직이는 강력한 힘이 있다는 것이죠.

수메르 사람들은 이것을 메_ME_라고 했습니다. 이 말은 뿔을 뜻합니다. 뿔이 있는 것은 왕관입니다. 왕관을 쓰는 순간 그 사람은 신이 되는 거죠. 이집트에서는 이걸 마아트_MA'AT_라고 했습니다. 마아트는 기원전 2500년에 2.5톤짜리 돌 300만 개가 들어간 피라미드를 올렸습니다. 이걸 지은 사람은 이집트 제3왕조의 2대 파라오 조세르 시대의 재상 임호테프_Imhotep_입니다. 피라미드를 지을 때 가장 중요한 것은 중

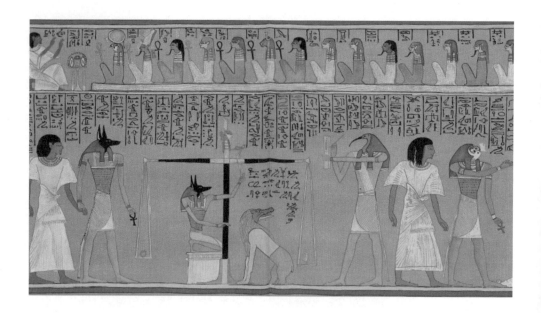

7-7
《사자의 서》

심입니다. 피라미드의 중심에는 타조 깃털이 있습니다. 이 타조 깃털을 마아트라고 했습니다.

흔히 마아트는 정의justice라고 번역되는데, 더 정확하게는 '올바른 것What is proper' 정도가 될 것입니다. 지금 이 순간 내가 해야 할 일, 그게 마아트입니다. 1000억 개의 별이 운행하는 방식, 그것이 마아트입니다. 기원전 14세기에 이집트에서는 《사자의 서死者-書》라는 책이 나옵니다.7-7 그 책에 따르면 모든 사람은 죽으면 심판을 받습니다. 아누비스라는 신이 심판하죠. 그는 천칭저울을 이용해 한쪽에는 인간의 심장을 올리고, 다른 한쪽에는 마아트를 달아놓습니다. 그게 평형을 이루어야지 한쪽으로 기울면 옆에 있는 괴물 아무트에게 잡아먹힙니다.

인도에는 르타Rta라는 개념이 있습니다. 이것은 의례를 의미하죠. 의례는 우주의 질서입니다. 이것을 사회에 적용하면 다르마Darma가 됩니다. 그리고 개인에게 적용하면 카르마Karma입니다. 다르마는 한자로 법法이라고 번역하고, 카르마는 한자로 업業으로 번역하죠.

르타에서 중요한 요소는 '르'입니다. 인도·유럽어에서 가장 중요한 개념이죠. 르는 아르Ar로 이어집니다. 아르는 우주의 질서에 맞게 배열한다는 의미입니다. 이 일을 하는 사람, 즉 우주의 질서에 맞게 배열하는 일을 하는 사람을 아리안이라고 합니다. 그리고 우주의 질서에 맞게 배열된 것을 바로 아르타Arta라고 하죠. 맞습니다. 예술입니다.

예술이란 결국 우주의 질서에 맞게 안 보이는 세계를 알고자 하는 능력, 그 과정을 말하는 것입니다. 이런 개념을 기원전 6세기에 그리스에서 받아들였습니다. 그중에서 우주의 질서를 가장 잘 아는 사람에게 최상급을 의미하는 'st'를 붙여서 아리스토크라시라고 불렀습니다. 귀족이라는 뜻이죠. 귀족은 삶에서 꼭 해야 하는 것을 가장 아는 사람을 이르는 말입니다. 그래서 귀족을 이른바 프리무스 인테르 파레스Primus Inter pares라고도 했습니다. '동료들 가운데 최고'라는 뜻이죠.

우주를 움직이는 강력한 힘을 동양에서는 도道라고 했습니다. 도는 목적지가 아닙니다. 도를 알기 위해 길에 들어선 순간 이미 그는 목적지에 도달했다고 하죠. 그래서 도입니다. 길이죠.

히브리어로는 샬롬이라고 합니다. 아랍어로는 샬람이죠. 이 말들은 보통 '평화'라고 번역되는데, 그런 뜻이 아닙니다. 우주의 뜻을 알고 내가 할 일을 알기 때문에 옆에 있는 사람이 나한테 느끼는 카리스마를 샬롬이라고 합니다. 아랍 사람들은 만날 때 '마하살라마'라고 인사합니다. '당신은 일생 동안 자신의 할 일을 알고 있었고 그걸 행하고 있습니까?' 혹은 '오늘을 인생의 마지막처럼 살고 있습니까?' 하고 물어보는 것입니다. 이게 샬롬입니다.

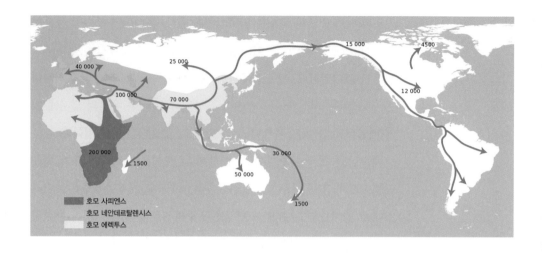

동굴에서 길을 찾다

　20만 년 전에 아프리카에 살던 호모 사피엔스는 10만 년 전에 서아
시아 지역으로 이동한 뒤 지구 곳곳으로 여행을 떠납니다.[7-8] 특히 유
럽 지역으로 간 사람들은 그곳에서 그림을 남기기 시작하죠. 알타미
라 동굴벽화를 그린 사람들은 벽이 아닌 천장에 그림을 그렸습니다.
1879년에 알타미라 동굴벽화를 처음 발견한 사람은 마르첼리노 데
사우투올라Marcellino de Sautuola라는 자작입니다. 아마추어 고고학자인
이 사람은 열 살짜리 딸 마리아와 함께 동굴 탐사를 떠났죠. 그런데
딸이 갑자기 천장을 보라고 했더랍니다. 그러니까 사우투올라 자작의
딸인 마리아가 알타미라 동굴벽화를 발견한 것이죠.

　쇼베 동굴은 지금까지 발견된 동굴 중에서 가장 오래된 동굴입니
다. 이 동굴의 거의 맨 끝, 지성소 같은 곳에는 종유석에 그린 그림이
있습니다.[7-9] 종유석 그림에는 여자 성기 모양의 그림이 있고 위에는
황소가 있습니다. 마치 '미녀와 야수'를 연상시키는 이 그림은 어떤 의
미일까요? 이것은 후에 제기된 '상극의 일치Coincidentia oppositorum'라는

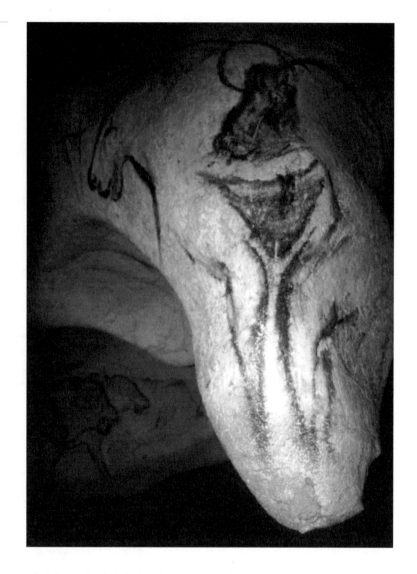

개념을 통해 설명될 수 있습니다. 쇼베 동굴은 제의를 행하던 성소였습니다. 사냥·채집 사회에서 일어난 모든 일을 해소하는 어떤 의례가 벌어진 곳이죠.

　　라스코 동굴은 1940년대에 10대 청소년들이 발견했습니다. 저는 라스코 동굴벽화를 선사시대의 시스티나 성당 벽화라고 표현하고 싶습니다. 그중에 몇몇 그림에는 주목할 만한 상징들이 있습니다.[7-10] 어느 그림은 뿔이 기막히게 길게 뻗어 있고, 어떤 그림 아래에는 마치 수를 센 것과 같은 점이 찍혀 있기도 합니다. 또 어떤 그림에는 후대의 사람들이 계속 덧칠을 해서 진하게 그려진 듯한 그림이 있기도 합니다.

플라톤은 우리 인간이 허상을 본다고 했습니다. 자신의 시각이 아니라 남들의 눈으로 보고 남들의 의견을 무의식적으로 따라간다는 것이죠. 용기 있는 사람은 이것에서 벗어나 스스로의 눈으로 세상을 봅니다. 나를 조종하는 어떤 허상이 있다는 것을 깨닫습니다. 이것을 바로 동굴에서 발견하죠. 동굴은 처음으로 자기 자신을 들여다볼 수 있는 공간입니다. 동굴이 많지 않은 서아시아 지역에서는 그 공간이 사막으로 나오죠.

호모 사피엔스들은 깊고 좁은 통로를 통해 지하로 내려갑니다.[7] 그곳에서 칠흑 같은 어둠 속에서 깊은 몽환과 침묵에 온전히 자신을 맡겨두죠. 자신만 남겨진 고유한 공간에서 자신의 심장 소리를 듣고 거기서 자신에게 맡겨진 유일무이한 섭리를 깨닫는 겁니다.

7-10
라스코 동굴벽화

호모 사피엔스 사피엔스들은 깊고 좁은 통로를 통해 지하로 내려간다. 그곳에는 칠흑과 같은 어둠과 귀를 멍하게 하는 침묵만 존재할 뿐이다. 동굴에 내려와 벽화를 보고 의례를 행하곤 했다.

우리가 아는 대부분의 혁신가들은 자신만의 고유한 공간 안에서 자신의 심장 소리를 영적으로 듣는 시간을 정기적으로 가진 자들이다. 이곳에서 이들은 자신들의 삶의 의미, 공동체의 존재 의미를 제상의 귀를 기울여 들었다. 그 존재 의미를 섭리(攝理)라 한다. 모세, 엘리야, 플라톤, 붓다, 예수, 무함마드는 이 섭리를 깨달은 자들이다.

기도, 섬세한 내면의 소리

이슬람교의 창시자 마호메트는 고아였습니다. 유복자의 아들로 태어나 다섯 살에 엄마까지 잃었죠. 그러다 스물다섯에 돈 많은 미망인을 만나 인생 역전을 합니다. 그런데 이 사람이 그냥 편히 살아가기만 한 것이 아니라 자신의 어린 시절을 기억해 10년 동안 동굴에 들어가 살았습니다. 그 안에서 자신을 성찰하고 신의 목소리를 들었죠. 그리고 현재 16억 인구의 정신적 스승이 되었습니다.

매사추세츠의 깊은 숲 속에 산 유명한 문필가 헨리 데이비드 소로 Henry David Thoreau는 자기 스스로 외로운 게 아니라 고독한 것을 추구한다고 했습니다. 혼자 있으려는 노력을 하는 이유, 숲 속에 가는 이유를 그는 인생을 섬세하게 살고 싶어서라고 말했습니다. 인생에서 중요한 본질을 대면하기 위해서, 죽을 때 알았으면 하는 것들을 알기 위해서 혼자 있는 시간을 갖겠다는 것이죠.

기원전 13세기에 아브라함 종교에서 아주 혁신적인 일이 일어납니다. 바로 모세가 이스라엘 민족을 이끌고 이집트 땅에서 도망을 치는 것이죠. 히브리라는 말은 도망자, 경계를 넘는 사람들이라는 뜻입니다. 그래서 유대인에게 최고의 축제가 바로 유월절입니다. 경계를 넘어서는 날이죠.

모세는 이집트에서 유대인 노예의 아들로 태어났습니다. 그런데 유대인의 수가 너무 많아져서 태어나는 유대인 아기를 모두 죽이라는 명령이 내려졌습니다. 그러나 모세의 어머니는 모세가 태어나자마자 상자에 넣은 채 강가 갈대 숲에 놓아두었습니다. 마침 파라오의 딸이 모세를 발견해서 키웠습니다. 그래서 40년 동안 왕으로 살았습니다. 그러다가 자신의 출생을 깨닫고 이스라엘 노예를 학대하는 이집트인 을 죽였습니다. 그러고 도망을 쳤죠. 바로 사막입니다. 사막에서 40년 을 지냅니다. 사막은 일종의 동굴입니다. 자기 자신과 대면하는 장소 입니다. 그런 곳에 있으면 안 보이는 존재를 볼 수 있게 되죠.

모세가 신을 맞이한 장소는 가시덤불입니다. 일상성으로 가득한 곳 이죠. 아무도 신이 나타날 거라고 생각하지 않은 곳입니다. 신은 말합 니다. "신발을 벗어라. 네가 서 있는 곳이 거룩한 땅이다." 이게 아브라 함 종교의 시작입니다. 모세가 목소리에게 누구인지 물었습니다. 그 러자 목소리가 대답하죠. "나는 나다." 아주 충격적인 대답이죠. 이건 문법적으로도 틀린 문장입니다. 주어와 서술어가 같을 수는 없습니 다. 신은 나를 나로 정의하는 것입니다. 나 이외에는 나를 설명할 방 법이 없는 것, 이게 바로 신이죠.

이와 같은 이야기는 선지자 엘리야에 의해서 반복됩니다. 엘리야는 북이스라엘 사람으로 그 당시 북이스라엘에 아합이 있었고 북부인이 그 유명한 이세벨이에요. 그래서 이 이세벨과 아합이 모든 종교 선지 자를 갈멜산에서 전부 죽였습니다. 무려 950명이었죠. 그랬는데 이세 벨이 엘리야를 죽이기 위해 쫓아와요. 그러다 사막으로 도망을 가서 호렙산에 이릅니다.

엘리야라는 선지자는 중기시대에 아주 중요한 선지자입니다. 엘리 야는 신에게 불평을 합니다. 평생 당신을 따라다녔는데 왜 이런 상황 에 처하게 됐느냐고요. 그랬더니 신은 언젠가 계시를 할 테니 호렙산 안에 있으라고 답했습니다. 커다란 지진이 일어나고 천둥, 번개가 치 는 동안 신은 없었습니다. 그리고 모든 난리가 끝난 뒤에 섬세한 침묵 의 소리가 들렸습니다. 형용모순이죠. 침묵에는 소리가 없으니까요.

7-11
카스파르 프리드리히의
〈해변의 수도승〉

이것이 바로 내면의 소리입니다.

크로마뇽인의 유산, 묵상

카스파르 프리드리히Caspar David Friedrich는 독일의 낭만주의 화가입니다. 그는 1802년에 〈해변의 수도승Der Mönch am Meer〉이라는 작품을 그리죠.**7-11** 그는 이전까지는 사람을 강조하다가 이 작품으로 새로운 경지에 이릅니다. 엄청난 하늘과 바다가 있고 아주 작게 사람이 하나 서 있습니다. 이것은 숭고함으로 표현할 수 있습니다. 거대한 산에, 웅

장한 폭포 앞에 있을 때 나라는 주체는 사라집니다. 내가 알고 있는 세계를 넘어선 너무도 강력한 세상이 펼쳐지면서 내가 그 상태로 말려들어가는 거죠.

숭고함을 표현한 또 다른 화가는 마크 로스코입니다. 로스코는 1950년에 이탈리아 여행을 떠납니다. 그곳에서 메디치 가문을 위해 미켈란젤로가 지은 로렌시안 도서관에 갑니다. 그런데 거기 창문이 막혀 있더라는 겁니다. 그 닫힌 창문에 큰 충격을 받았습니다. 이런 전통은 아주 오래된 것입니다. 이집트에서는 문 위에 위문이라는 것이 있습니다. 사람이 죽은 뒤에 영혼이 떠나가지 못하도록 막힌 창을 다는 거였죠. 거기서 아이디어를 받아 그림을 그렸습니다. 제목은 없습니다. 말 그대로 〈무제〉죠. 회색 위에 검정색뿐인 그림입니다. 인간

7-13
라스코 동굴벽화 중
죽어가는 사람

안의 죽음. 그 죽음 후에 만나게 될 커다란 세계에 대한 이야기입니다. 다른 사람의 이야기가 아닌 자기 마음속에서 들려오는 침묵의 소리. 이것이 바로 종교와 예술의 특징일 겁니다.

종교와 예술의 특징은 유동성과 투과성입니다. 유동성은 내가 네가 될 수도 있고, 네가 내가 될 수도 있는 능력입니다. 투과할 수 있는 능력이죠. 피레네 지역 아리에의 트루아네프 지하 미로에는 독특한 그림이 있습니다. 사람도 아니고 짐승도 아닌 오묘한 동물이죠.[7-12]

라스코 동굴에는 죽어가는 사람을 그린 그림도 있습니다.[7-13] 옆에는 큰 소가 있고, 창이 있습니다. 아마도 소를 사냥하다가 죽은 것처럼 보이죠. 다리도 꼬여 있고 성기도 발기되어 있습니다. 어쩌면 소를 사냥하다 죽은 동료를 기리기 위한 그림이 아닌가 싶습니다.

기도라는 것은 라틴어 단어 콘템플라티오contemplatio에서 나왔습니다. 12세기 중세 신학에 처음 등장한 단어죠. 의미는 '위에서 찍어보다'입니다. '자세히 관찰하다'라는 의미를 지닌 contemplari의 과거분사 '콘템플라트'에서 만들어진 단어입니다. 이 단어는 '~와 함께'라는 전치사 cum과 하늘을 나는 새의 모양augury을 보고 점을 쳤던 장소인 templat-의 합성어입니다. 독수리 눈으로 내가 어디로 가고 있는지 찍어보는 연습을 하는 것이 바로 묵상이고, 기도라는 것입니다.

서양에서는 오래전부터 연극 전통이 발달했습니다. 오늘날의 민주주의를 만든 그리스의 페리클레스 장군이 기원전 5세기에 시작했죠. 그리스 사람들은 극장에 모여서 연극을 즐겨 보았습니다. 배우가 가면을 쓰고 연기에 집중하다 보면 자신도 모르는 사이에 자신이 극중 인물이 됩니다. 그렇게 되면 자신의 시각이 아니라 극중 인물의 시각으로 사건을 바라보죠. 제3의 시선으로 자신을 보는 것입니다. 깊이 바라보는 것. 여기서 바로 예술이 탄생한 것입니다.

우리는 누구일까요? 이렇게 묵상을 하고, 기도를 하면서 내면의 소리에 귀를 기울이는 인간은 과연 무엇일까요? 인간은 어쩌면 영적인 동물일 겁니다.

마지막으로 스티브 잡스Steve Jobs 이야기를 하며 정리하겠습니다. 스티브 잡스는 스탠포드 대학교 졸업식 연설에서 아래와 같은 말을 합니다.

글자와 글자 사이의 공간에 미쳐 있었습니다.
그 자체로 아름답고 역사적이고 예술적으로 미묘한 것이죠.
거기에 미쳐 있는 이유는 과학으로는 풀어낼 수 없었습니다.

잡스는 하루에 다섯 시간씩 묵상을 했다고 합니다. 이 묵상의 전통은 3만 5000년 전에 크로마뇽인이 우리에게 남겨준 가장 아름답고 위대한 유산이 아닌가 합니다. 고맙습니다.

Q n A

종교와 예술의
기원에 대해
묻고 답하다

대담

배철현 교수
강연자

유정아 아나운서
서울대학교 강사

송호근 교수
서울대학교 사회학과

고광국 박사
한국과학기술정보연구원 전문연구위원

고광국 종교와 예술의 기원에 대한 강의 잘 들었습니다. 사실 종교와 예술의 관계는 부침이 있었다고 봅니다. 종교의 영향으로 예술적 창의성이 제한되는 경우도 있었죠. 최근의 경우를 보면 리처드 도킨스가 《만들어진 신》을 통해 "신은 망상이다."라고 선언하죠. 그러면서 과학이 모든 것을 지배할 것이다. 신은 없는 것이 더 나을 수 있지 않겠느냐고 주장했습니다. 그보다 한참 전에 찰스 다윈이 《종의 기원》에서 진화론을 이야기하기도 했고요. 그러나 아까 말씀하신 대로 사막의 고요함, 묵상, 연민의 정 등은 과학이 아무리 발달하더라도 인간이 계속 가지고 있을 겁니다. 지금 현재 과학과 종교 간의 깊은 대립이 발생하고 있는데, 그 해결점을 찾기 위한 노력 또한 이루어지고 있습니다. 과연 종교와 과학에는 어떤 공통점이 있는지, 또 앞으로 어떤 관계가 될지 예상하시나요?

배철현 자신이 알고 있는 지식이 전부라는 생각이 종교근본주의, 과학근본주의, 예술근본주의를 만듭니다. 하지만 우리가 알고 있는 것은 우주에서 티끌과도 같은 것입니다. 루돌프 오토가 말한 절대적인 타자Das ganz Andere는 미지의 세계에 대한 이야기입니다. 이것은 다름이죠. 기독교에서 원수를 사랑하라는 것도 다름의 극한입니다. 공자는 자기가 당하기 싫을 일을 남에게 하지 말라고 했고, 토라 전체의 핵심은 당신이 하기 싫은 일을 남에게 하지 않는 거라고 했습니다. 나머지는 다 각주에 불과하다고요. 내가 하기 싫은 일을 남한테 시키는 사람은 무슬림이 될 수 없다고 합니다. 이처럼 자기가 모르는 세계에 대해 알려고 하는 노력이 중요합니다.

저는 과학 정신을 선호합니다. 도킨스가 주장한 것은 신비와 경외를 권력의 수단으로 삼으려는 종교에 대한 비판입니다. 그런 신은 가짜라는 거죠. 많은 과학자도 자신이 모르는 세계에 대한 동경은 있을 겁니다. 모르는 세계에 대한 자기의 정성을 그런 점에서 저는 신이라고 생각합니다.

유정아 자연과학자가 신을 믿을 수는 있지만 자신이 공부하는 자연과학으로 신을 규명할 수는 없는 걸까요?

배철현 신을 규명하려는 시도는 토마스 아퀴나스, 데카르트 등 많은 사람이 했습니다. 물론 실패했죠. 랠프 에머슨의 《자시론 Self Reliance》의 첫 문장은 "사람은 모두 자기만의 별이다 Man is his own star."입니다. 고대 수메르 사람들은 신을 별이라고 믿었죠. 보이지만 다가갈 수 없는 존재. 그런데 에머슨은 자신이 별이라고 했습니다. 저는 종교를 자기 위안이라고 말하고 싶습니다. 자기 자신 안의 위대함이죠.

송호근 저는 '인류사는 종교사다'라고 생각합니다. 인류사의 배경에 가장 중요한 것이 종교라고 보죠. 배철현 교수님은 종교의 기원에 대해 한 가지만 말씀하신 것 같습니다. 동굴에서 시작된 종교적 체험을 통해 종교가 기원했다는 거죠. 동굴은 안전을 확보할 수 있고, 따라서 자신을 바라볼 수 있는 유일한 공간입니다. 그런데 4만 년 전 인간에게 가장 중요한 문제는 생존이었을 겁니다. 그래서 동굴벽화에서 느껴지는 것은 풍요에 대한 갈망입니다. 동물 그림을 통해 배고픔을 대체하거나 기원했을 겁니다. 그런 의미에서 종교는 두 가지 측면을 동시에 가지고 있는 것이 아닌가 싶습니다.

배철현 말씀하신 대로 그 부분은 제가 간과한 듯

합니다. 풍요 제사 의식과 종교는 상당히 연결된 부분입니다. 예전에 동굴에서 발견된 크로마뇽인의 뼈를 조사한 연구 결과가 있었습니다. 동굴에는 오록스와 황소, 사슴 등의 그림이 그려져 있었는데, 크로마뇽인의 뼈를 조사해보니 그런 것들을 먹지 않았더라는 겁니다. 그들의 주식은 염소였죠. 이 문제는 이렇게 해석해보고 싶습니다. 일종의 환각 상태에서 자신이 먹고 싶은 동물이 아니라 어떤 공생의 인연에서 자신의 위치를 확인하는 것이 아닐까 말이죠. 물론 더 연구가 필요한 부분이죠. 환각 상태에서 동물의 입장에서 자신을 본 것이 아닌가 싶습니다. 단순히 풍요의식으로 설명하기에는 부족한 부분이죠.

질문 1 평소에 이런 의문을 품었습니다. 종교의 특징 중 하나는 무엇을 하지 말라는 게 굉장히 많다는 것 같습니다. 자연계에서 그런 금기는 무척 기이한 현상 같아요. 사자가 먹이를 잡아놓고선 먹을지 말지 고민하지는 않잖아요. 여러 종교를 보면 이것도 하지 말라, 저것도 하지 말라. 하지 말라는 게 많습니다. 생산수단이 발달하니까 배부른 소리를 하게 된 걸까요? 종교는 왜 이런 금기를 제시할까요?

배철현 종교의 사회학적인 기원에 대한 이야기군요. 막스 베버는 사회 규율로서의 종교를 이야기했습니다. 말씀하신 대로 종교는 이런저런 것을 하지 말라는 게 많습니다. 이는 종교가 사회나 공동체의 중심 이데올로기로 등장하면서 발달한 것으로 봅니다. 공동체를 유지하기 위한 수단이 된 거죠. 기독교의 경우를 보죠. 콘스탄티누스가 그리스도교를 로마 제국의 이데올로기로 삼으면서 교리 논쟁이 시작됩니다. 여러 규율과 금기가 생기고, 4세기

에 이르러 이단이라는 개념이 만들어지죠. 15세기, 16세기에는 종교재판이 시작되죠. 20세기 들어서는 근본주의가 득세합니다. 이런 것은 종교이면서 종교가 아닐 수도 있다고 생각합니다. 종교를 통해서 정치적인 목적을 이루려는 것이죠. 어떤 종교든 공동체의 이데올로기가 되면서 규율이 만들어지지 않았을까 생각합니다.

유정아 배철현 교수님이 한때 종교인이셨다고 들었습니다. 종교학자이자 고전문헌학자로서, 신앙 체계 안에 있다가 지금 진리의 체계를 탐구하는 학자가 되셨는데, 어떤 이유가 있었나요?

배철현 제가 1988년 미국에 유학을 떠났습니다. 그때 신학교에서 종교가 다른 사람 다섯을 한 방에 배정해주었습니다. 한 명은 티베트의 라마승이었고, 한 명은 무신론자, 한 명은 미국의 목사, 또 한 명은 이슬람 사제였습니다. 저까지 다섯 명이 1년 동안 한 방에서 살았죠. 문제는 바로 생겼어요. 미국의 목사라는 친구가 화장실만 다녀오면 냄새가 너무 심한 거예요. 그래서 저는 "나는 화장실 청소를 안 하는 대신 사용하지도 않겠다." 하고선 학교 체육관 화장실을 이용했어요. 그런데 매번 화장실이 깨끗해요. 봤더니 티베트 라마승 친구가 매일 한 시간 동안 청소를 했던 겁니다. 1년 뒤 무신론자 친구가 일침을 하더라고요. 제가 믿는 건 가짜라고요. 다른 친구들도 마찬가지죠. 그래서 자기가 만약 종교를 믿는다면 라마 불교를 믿겠다고 했습니다.

종교에서 중요한 것은 약속과 믿음이죠. 영어 단어 Believe에서 lieve는 사랑입니다. 즉 Believe는 자기 삶에서 소중한 것을 선별해내는 능력이죠. 또 약속을 뜻하는 피데스Fides는 Fidelity, 충절이고

요. 자기 삶에서의 원칙을 알고 있고 그것을 끝까지 지키려는 충절. 그래서 무엇을 믿느냐보다 중요한 것은 삶에 대한 태도입니다. 진정 종교인이란 향기가 나서 옆에 사람이 모이는 게 중요합니다.

질문 2 예, 종교에 대한 이야기를 오랜만에 밝고 따뜻하게 들은 것 같습니다. 인간의 진화, 인간성의 진화가 이타심에 기반을 두고 있다고 하셨습니다. 최근에 스티븐 핑커의 《우리 본성의 선한 천사》를 읽고 있는데, 거기서도 문명화를 바탕으로 인간성의 선함을 믿고 그렇게 앞으로도 나아질 것이라는 이야기가 나옵니다. 그렇다면 종교학적인 관점에서 종말이란 어떻게 해석될 수 있고, 어떻게 그려질 수 있는지 학자적인 관점에서의 생각을 듣고 싶습니다.

배철현 종말이라는 개념은 본래 페르시아 종교에서 기원했습니다. 기독교에서는 원래 천국이라는 개념이 없었어요. 역사적으로 볼 때 기원전 4세기에 헬레니즘이 들어오면서 유대인들이 박해를 받기 시작하고, 기원전 2세기에 로마 제국이 들어서고, 기원후 70년에 다시 티투스 베스비아누스가 다시 예루살렘을 침공해서 무너뜨리죠. 기원후 70년의 사건이 결정적이었던 것 같아요. 그전까지 사람들은 순환적인 역사관을 가지고 있었는데, 이게 직선이 되어버립니다. 언젠가는 이 고통을 끝내야 한다는 것이죠. 그래서 4세기에 아우구스티누스에 이르러 이게 강화됩니다. 그때는 로마 제국이 고트족과 야만인에 의해 무너지죠. 그래서 어떻게 로마가 멸망할 수 있는가 하면서, 역사를 비관적으로 봅니다. 따라서 어느 종말에 이르러 이 고통을 끊어야 한다는 개념이 생기죠. 이때 〈요한계시록〉이 등장하죠. 처음 예수가 "왕국이 온다."고 했을 때

그 왕국은 종말이 아니었어요. kingdom은 doomsday가 아니었던 거죠.

질문 3 종교와 예술에 모두 관심이 많아서 이번 강연은 상당히 흥미로웠습니다. 저는 원형 archetype이라는 것이 있다고 생각합니다. 이런 관점에서 여러 종교를 연구하면 인간이란 어떤 존재인가, 그 외에 또 어떤 존재에 대한 여러 견해를 내놓을 수 있을 것 같은데요. 그래서 인간 원형에 대한 질문과 우리의 인정과 종교와의 관계가 궁금합니다.

배철현 원형. 인간, 제 모습도 잘 모르거든요? 그런데 인간의 원형에 대해서 솔직히 잘 모르겠습니다. 인간의 원형 중에 어떤 모습이 있다는 것은 상당히 환원적인 해석이 아닌가 싶어요. 인간의 원래의 모습이라뇨. 아까도 말씀드렸지만 저는 신을 다름이라고 정의했습니다. 그래서 각자가 원형이 아니라 자기 자신만의 원형을 가진 그것 자체가 자신에게는 보잘것없는 거지만, 그 다름 자체가 자신에게 신이고 그것이 자신에게 원형일 뿐이죠. 모든 사람이 따라야 할 그 원형 같은 것은 없지 않을까 생각합니다.

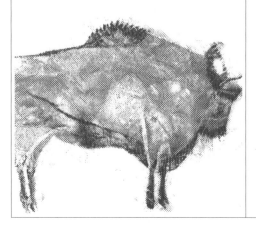

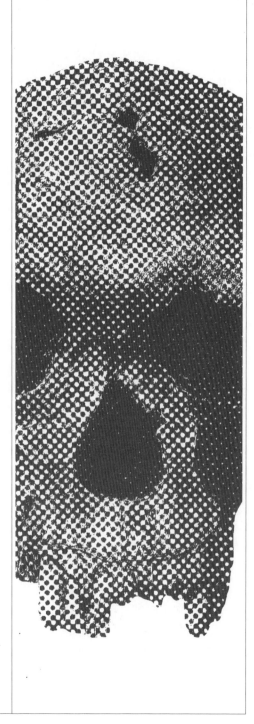

문명과 수학의 기원

수학, 그 아름다운 예술과 질서

박형주

물리적 세계의 불완전함 이면에 있는 질서를 찾아내고, 수학적 단순화 과정을 거쳐 대칭과 조화를 표현하는 일에 매료된 수학자들은 역사의 도처에서 관찰됩니다.

박형주

서울대학교 물리학과를 졸업하고, 캘리포니아 대학교 버클리 캠퍼스에서 대수기하학을 연구해 박사학위를 받았다. 오

클랜드 대학교 수학과 교수, 고등과학원 계산과학부 교수, 포항공과대학교와 아주대학교 수학과 교수를 지냈다.

2015년부터 국가수리과학연구소 소장으로 재직 중이다. 한국인 최초로 국제수학연맹(IMU) 집행위원으로 선출되기도

했다. EBS 다큐프라임 〈생명의 디자인〉을 진행하고, 〈문명과 수학〉에서는 자문과 감수를 맡았다. 2010년 《동아일

보》가 선정한 '10년 뒤 한국을 빛낼 100인'에 선정되었고, 2014년에 한국과학기자협회가 주는 '올해의 과학자상'을

받았다. 여러 신문의 과학 칼럼을 기고하면서 수학의 대중화에 앞장서고 있다. 저서로 《수학이 불완전한 세상에 대처

하는 방법》(공저)이 있다.

문자가 발명되지 않아 기록된 역사가 남아 있지 않은 시대를 선사시대라고 합니다. 빌렌도르프의 비너스Venus of Willendof 같은 고고학적 출토품을 보면, 선사시대의 인류도 개인과 집단의 바람을 상징을 통해 표현했음을 알 수 있습니다. 오늘날의 눈으로 본다면 예술이라고 부를 만한 것이 존재했던 것이죠. 생존을 위해 사냥감의 수를 센 흔적도 있으니, 인류는 어쩌면 문자나 언어보다도 먼저 셈과 수를 발명했을지도 모릅니다.

수학은 고대 이집트와 바빌로니아에서 문명의 여러 필요에 따라 상당한 수준으로 발전했습니다. 피라미드와 국제 교역에서 관찰되는 건축의 수학과 상거래의 수학은 지극히 자연발생적이죠. 하지만 이러한 수학을 전혀 새로운 차원으로 끌어올린 것은 추상화와 공리화를 통한 사유체계를 만들어낸 고대 그리스 문명이었습니다. 이 사유체계는 르네상스를 통해 중세로 이어지며 서양 지성사의 중심이 되었습니다.

실용적 측면이 강했던 이집트와 바빌로니아의 수학 이후에 사변적인 그리스 수학이 출현한 것은 변증법적 대립 과정으로 볼 수 있습니다. 그리스의 중심이 알렉산드리아로 옮겨진 뒤 추상적인 그리스 수학도 지구의 지름을 재고 달까지의 거리를 측정하며 항해의 문제를 해결하는 등 실용적 성과를 냅니다. 실용과 추상이 변증법적 합을 시도한 것이라고 볼 수 있겠죠.

중세 말의 유럽에는 식민지를 확보하는 것이 국가의 존망을 좌우하던 시절이 있었습니다. 그렇기 때문에 항해 기술이 경쟁력의 핵심이 되었는데, 삼각함수론의 출현으로 바다 한가운데서도 배의 위치를 확인할 수 있게 되었습니다. 농사와 계절 예측을 위한 달력 제작의 필요성은 천체의 운동을 이해하려는 노력으로 이어졌고, 이 과정에서 미적분학이 출현했죠.

물리적 세계의 불완전함 이면에 있는 질서를 찾아내고, 수학적 단순화 과정을 거쳐 대칭과 조화를 표현하는 일에 매료된 수학자들은 역사의 도처에서 관찰됩니다. 완전함에 대한 열망은 추상과 사변의 옷을 입고 나타나지만, 프랜시스 베이컨Francis Bacon과 데카르트가 외쳤던 자연정복의 열망 또한 실용의 모습으로 곳곳에서 출현하며 대립하곤 하죠. 그리스적 수학과 바빌론적 수학은 각각의 진화된 모습으로 21세기에도 대립하고 융합하며 인류의 진보를 이끌고 있으니, 실용과 추상의 변증법은 고대 문명에서부터 현재까지 계속되고 있습니다.

예술과 수학의 탄생

인류 역사에서 가장 오래된 것은 예술과 수학일 겁니다. 문자가 출현하기 이전의 시대를 흔히 선사시대라고 합니다. 그리고 문자가 출현해서 기록이 남아 있는 시대를 역사시대라 하죠. 언어는 대략 기원전 10만 년에서 기원전 5만 년 사이에 발명되었다고 추정됩니다. 하지만 문자는 기원전 5000년쯤에 만들어졌다고 알려져 있죠. 그러니까 실제로 인류의 역사는 대부분 문자가 없는 것입니다.

문자 기록이 없어도 빌렌도르프의 비너스 같은 출토품을 통해 당시의 사회상을 알 수 있습니다.[8-1] 이 조각품은 기원전 2만 3000년 경에 만들어졌죠. 문자가 나타나기 훨씬 전이죠. 빌렌도르프의 비너스는 가슴과 엉덩이가 상당히 큽니다. 아마도 당시에는 인류의 생존, 종족

빌렌도르프의 비너스

의 보존을 위해 다산이 필요했겠죠. 그래서 풍만한 여성의 조각상을 만들어 다산을 기원했을 것으로 보입니다. 개인이나 집단의 기대나 희망을 어떤 상징을 통해 표현하려 했던 것이죠. 이것이 바로 예술입니다. 이미 문자가 발명되기 훨씬 전에 이런 예술의 개념이 있었던 것이죠.

수학은 어떻습니까? 이상고 뼛조각 Ishango Bone 8-2이라고 하는 어느 뼛조각에는 특이한 흔적이 있습니다. 기원전 2만 5000년에서 기원전

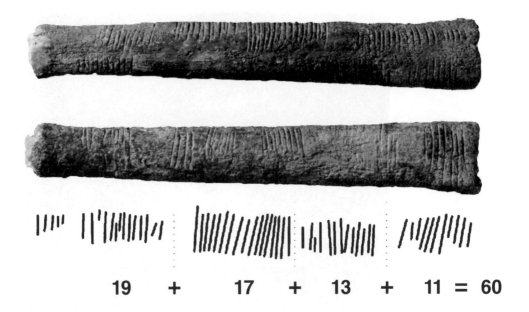

19 + 17 + 13 + 11 = 60

8-2
이상고 뼛조각

2만 3000년 정도된 이 뼈에는 여러 줄이 그어져 있습니다. 어떤 셈을 한 것으로 보이죠. 사냥감을 기록한 것으로 보는 견해도 있었지만, 요즘엔 연산을 한 것으로 해석합니다. 그러니까 그 당시에 이미 셈의 개념이 있었다는 겁니다. 생존의 필요에 따라 셈의 개념이 출현한 것으로 보죠. 겨울을 나기에 충분한 사냥감을 갖고 있는지를 알아야 하는 거죠. 그걸 제대로 못하면, 겨울을 못 나고 죽는 거죠. 결국 셈이라는 것은 살아남기 위한 필요에서 출현한 것으로 생각합니다.

　이렇듯 예술과 수학은 인류의 역사에서 가장 오래된 것으로 볼 수 있는데, 그렇다면 이 둘은 과연 따로 발전했을까요? 그렇지 않을 겁니다. 인류의 생존, 종족의 보존을 위해 예술과 수학은 상호작용을 하면서 발전했습니다.

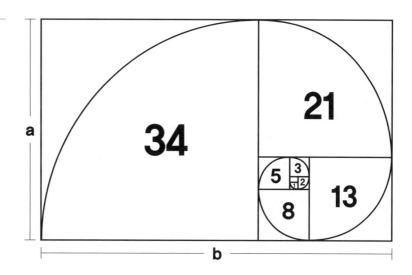

$$a/b = (a+b)/a = 1.618033\cdots$$

황금비율의 수학

황금비golden ratio라는 것은 다들 아실 겁니다. 가장 아름다운 비율이라고 하죠. 직사각형 안에 정사각형만큼을 빼면, 또 직사각형이 남죠. 거기서 또 정사각형을 빼내고, 남아 있는 직사각형에서 또 정사각형을 빼냅니다. 이때 나타나는 비율을 황금비율이라고 합니다. 이 비율을 계산하면 1.618 정도 됩니다.[8-3] 이런 황금비율은 자연에서 자주 발견됩니다. 태풍의 모습에서 발견되고, 노틸러스Nautilus라는 조개에서도 관찰됩니다.

황금비율은 아주 오래전부터 발견됩니다. 고대 이집트의 피라미드와 고대 그리스의 신전에서도 황금비율을 찾을 수 있죠. 이것은 단순히 수학을 위한 것이 아니라, 어떤 것이 보기 좋은가에 대한 당시의 믿음이었습니다. 이렇게 예술과 수학은 서로 영향을 미치면서 고대부

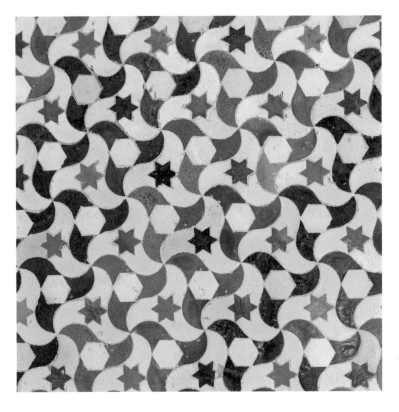

8-4

황금비율의 예

8-5

이슬람 문화권의 타일

터 발전해온 것이죠.[8-4]

이슬람 문화권에서는 사람의 모습을 그리는 걸 금기시했기 때문에 기하학적인 무늬가 굉장히 발전했죠. 평면을 가득 채울 수 있는 타일링의 분류도 이미 중세의 이슬람에서는 이루어지고 있었습니다. 상당히 높은 수준의 기하학이 발달했던 거죠. 타일링의 수학은 상당히 어렵습니다. 그런데 이미 11세기 정도에 타일링 수학은 상당한 발전을 했습니다.[8-5]

수학으로 발견한 소리

음악은 어땠을까요? 음악에서 관건은 듣기 좋은 소리를 찾는 겁니다. 이미 고대 그리스 시대에 피타고라스는 어떤 음들이 합쳐지면 협화음이 되고 어떤 음들이 불협화음을 만드는지 이해했습니다. 그래서 피타고라스 음계Pythagorean scale를 만들었죠. 근대에 오면 18세기에 요한 세바스티안 바흐Johann Sebastian Bach가 온음계를 만듭니다. 서양 음악은 300년 가까이 온음계에 따라 만들어졌죠. 그런데 피타고라스 음계는 온음계와 거의 흡사합니다. 이미 고대 그리스 시대에 수학적 질서를 이용해서 이런 것들을 만들었습니다.

> 온음계 diatonic scale, 一音階
한 옥타브 안에 다섯 개의 온음과 두 개의 반음을 포함하는 음계를 말한다. 반음의 위치에 따라 장음계와 단음계로 나뉜다. 반음계半音階의 반대 개념이다.

피타고라스는 어느 주파수를 나타내는 소리의 정수배 차이를 내는 주파수의 소리가 듣기 좋은 소리라고 믿었습니다. 바흐도 동일한 관점에 따라 온음계를 만들었죠. 실제로 인간이 들을 수 있는 주파수는 17~1만 7000헤르츠인데, 특정 주파수의 단순음이 있을 때 그 두 배의 주파수를 갖는 단순음은 원래 음보다 한 옥타브 높죠.

피타고라스는 음악을 수학의 한 부분으로 보고, 한 음으로부터 파

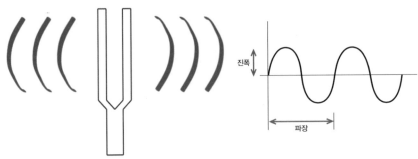

생되는 많은 배음 중 앞에 있는 몇 개의 음들이 협화음을 만든다고 믿었습니다. 특히 중요한 처음 네 개의 주파수를 갖는 음들의 상호작용으로 피타고라스 음계라는 것을 창안했죠. 피타고라스 음계는 세 가지 주파수 비율, 즉 2와 $\frac{3}{2}$ 과 $\frac{4}{3}$ 로 구성됩니다. 도(C) 음의 주파수를 f 라고 하면 솔(G) 음의 주파수는 $f \cdot 2^{\frac{7}{12}} \cong \frac{3}{2} f$ 가 되고, 파(F) 음의 주파수는 $f \cdot 2^{\frac{5}{12}} \cong \frac{4}{3} f$ 가 됩니다. 이에 따르면 C와 G는 잘 어울리는 협음이고, C와 F도 잘 어울립니다.

소리와 주파수의 관계는 소리굽쇠를 이용해서 실험할 수 있습니다.[8-6] 소리굽쇠를 치면 하나의 단순한 음이 납니다. 만약 그 음의 주파수보다 두 배로 늘리면 한 옥타브 높은 소리가 납니다. 이것을 발견한 사람은 조제프 푸리에Jeseph Fourier라는 수학자입니다. 물론 피타고라스는 이 원리를 몰랐어요. 파동이라는 것의 개념도 몰랐죠. 그런데도 신기하게 피타고라스는 푸리에가 만든 파동의 관점을 거의 이해하고 있었습니다. 그러니까 두 옥타브가 올라가면 주파수가 두 배가 된다는 것 말이죠. 세 옥타브가 올라가면 주파수가 두 배에 두 배가 될 테니까 여덟 배가 되는 거죠. 네 옥타브가 올라가면 두 배의 두 배의 두 배가 되니까 열여섯 배가 되는 거고요. 결국 n옥타브가 올라가면 주파수는 2^n 만큼 곱해집니다. $f^n = 2^n f$ 인 거죠.

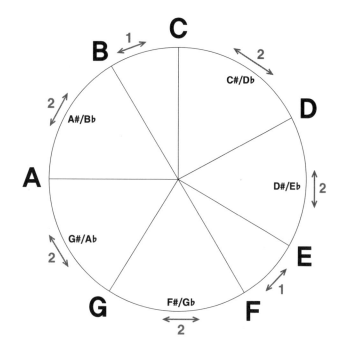

C(도)에서 다음 C(도)까지를 한 옥타브라고 합니다.$^{8-7}$ 한 옥타브는 반음까지 해서 모두 12등분이 됩니다. 그러니까 반음이 올라갈 때마다 $\frac{1}{12}$만큼 올라가는 거죠. 주파수는 어떻게 될까요? 원래 주파수가 있으면, 반음 올라가면 $\frac{1}{12}^{\frac{1}{12}}$이 올라가겠죠. 두 반음이 올라가면, 즉 온음이 올라가면, $2\frac{2}{12}^{2}$이 올라갑니다. 이렇게 협화음을 이해할 수 있는 겁니다.

피타고라스에 따르면 기타를 연주할 때는 현이 진동하면서 파생음이 나옵니다. 주파수가 두 배 혹은 세 배인 파생음이 나오죠. 이렇게 주파수의 비율이 정수, 다시 말해 두 번째와 세 번째, 세 번째와 네 번째 이런 것들이 협화음을 만든다는 것입니다. 그런데 푸리에의 파동이론으로 생각해보면 도에서 솔까지는 반음을 일곱 번 가야 합니다. 그러니까 주파수는 $\frac{7}{12}$ 옥타브가 올라가는 거예요.

원래 도의 주파수가 f라고 하면 솔음의 주파수는 $\frac{3}{2}$ 정도가 됩니다. 도가 두 번째 파동이라고 하면, 솔은 세 번째 파동입니다. 피타고라스에 의하면 협화음입니다. 마찬가지로 도에서 파까지는 반음이 다섯 개 있습니다. 그러니까 $\frac{5}{12}$옥타브 올라가야 하죠. 그렇게 올라가면 그게 대충 $\frac{4}{3}$가 됩니다. 다시 말하면 도와 파는 마치 세 번째와 네 번째 파동의 관계가 됩니다. 역시 피타고라스에 의하면 두 개는 협음입니다. 그래서 피타고라스는 신기하게도 파동은 전혀 이해하지 못했는데도 협화음이 만들어지는 것을 완벽하게 이해하고 있었습니다.

푸리에의 이론은 18세기에 출현했습니다. 그러니까 2,000년도 더 전에, 파동의 개념이 있기 전부터 이미 피타고라스는 이런 관념을 이해했다는 것이죠. 파동이라는 말을 전혀 언급하지 않고도 이런 말을 한 것입니다. 우리는 그래서 어떤 음들이 합쳐지면 귀에 듣기 좋은 소리가 되는지 완벽히 이해합니다. 그리고 바흐는 이것을 가지고 온음계를 만들어서 서양 음악의 토대를 만들었습니다. 역사적으로 보면 수학자들은 무엇이 보기 좋고, 무엇이 듣기 좋은가라는 질문에 수학적인 방식으로 답해왔습니다.

실용과 추상의 대립

수학의 역사를 추상과 실용의 대립이라는 관점으로 정리해보겠습니다. 세상에는 두 가지 우주가 존재합니다. 물리적 우주와 수학적 우주죠.[Q1] 물리적 우주는 우리가 살고 있는 세상입니다. 거기에는 사과 세 개가 있을 수도 있고, 고양이 세 마리가 있을 수도 있습니다. 하지만 수학자들이 생각하는 수학적 우주에서는 그것들 모두 3이라는 추상적인 개념으로 나타납니다. 3이라는 숫자로 나타나는 것이 굉장히 많겠지만, 수학적 우주에서는 그냥 3 하나뿐입니다. 따라서 사과 세 개에서 하나를 먹으면 몇 개가 남을까라는 질문을 할 때 수학적 우주에서는 3이라는 숫자의 성질을 공부하는 것이 될 것입니다. 그리고 3이라는 숫자의 성질에 따라 사과를 먹거나 고양이 한 마리가 도망갔을 때 어떤 일이 일어나는지를 나중에 알게 되죠. 이렇게 두 우주 사이의 대립으로 수학의 기원과 역사를 설명해드리겠습니다.

물리적 우주에 초점을 두면, 사과 세 개와 고양이 세 마리, 사람 세 명을 볼 때 모두 각각 별개의 현상으로 다루게 됩니다. 굉장히 많은 일을 해야 하는 거죠. 하지만 수학의 세계에선 그것이 3이라는 숫자 안으로 수렴됩니다. 그로부터 얻은 결과를 모든 현상에 적용할 수 있죠. 여기서 물리적 우주를 다루는 것을 실용, 응용, 기술이라고 부르고, 바빌로니아라고 부를 수 있을 겁니다. 바빌로니아에서 저런 실용 수학이 발전했기 때문이죠. 반면에 수학적 우주를 추상, 순수, 과학이라 부르고, 그리스라고 부르겠습니다. 이 두 세계의 대립과 상호 극복

Q1 :: 추상적·수학적 우주와 과학의 관계는?

제가 수학적 우주라는 말을 쓴 것은 기술과 과학의 대조처럼 물리적 우주와 수학적 우주의 대조되는 두 평행을 말씀드리려고 했기 때문입니다. 그것이 수학적 구조 안에 과학이 있다는 것은 아닙니다. 수학적 우주에서 이루어진 결과들을 자연 현상에 적용하는 것을 과학으로 보는 것이 틀리지는 않을 겁니다.

예를 들어 뉴턴이 미적분을 만들었지만, 실제로 어떤 천체의 운동을 기술하는 데에는 만유인력의 법칙이 필요했습니다. 물리적 세계에서는 작용하는 법칙이지만, 수학적 우주에 포함되지는 않거든요. 그런 의미로는 영역이 다른 부분이 분명히 있는 거죠. 하지만 만유인력의 법칙을 가지고 실제 지구의 궤도를 만들어내는 과정에서는 수학적 우주에서 만들어진 결과를 가져다 쓰는 거죠.

제가 수학의 발전이 두 세계의 관심에 어떤 상호 대립과 어떤 상호 극복의 과정이라고 말씀드렸는데, 추상적인 수학적 우주만 놓고 본다면 고대 그리스의 고전기가 그 시기였을 겁니다. 만약 그 상태로 그대로 뒀다면, 그 안에서만 발전했다면, 미분의 필요나 이런 것들을 깨닫는 데에 더 많은 시간이 걸렸을지도 모릅니다. 그렇기 때문에 물리적 우주에서 그런 것들의 필요가 출현한 거죠. 출현해서 그것들이 이 안으로 다시 들어와서 그것들이 이론화되고 하는, 그러니까 이 세계에만 있다고 하면, 진화 자체가 느려졌거나 결국엔 오더라도 이런 변증법적인 상호 작용 없이 이것만 갖고 발전하기에는 힘든 거죠. 결국 상호작용이 키라고 생각합니다.

이 수학의 발전 과정이었다고 볼 수 있습니다. 이것이 수학의 기원이기도 하죠.

물리적 세계에서는 전혀 다른 현상들이 수학적 우주에서는 같은 현상으로 나타나는 경우가 무척 많습니다. 소리굽쇠를 치고 거기서 나오는 소리의 진폭을 추적하면 특정한 사인파가 나옵니다. 하나의 주파수를 갖는 거죠. 그런데 용수철에 추를 매달고 당겼다가 놓으면 길어졌다 짧아졌다 하면서 진동합니다. 그러면서 움직임의 폭이 줄어들다가 멈추죠. 추의 운동을 추적하면 역시 삼각함수가 나옵니다. 우리가 사인함수를 어떻게 더하는지를 알면 서로 다른 주파수의 소리들이 합쳐졌을 때 어떤 합성음이 나올지를 알 수 있게 되죠. 결국 사인 함수의 성질을 이해하면 물리적 세계에서는 전혀 관계없어 보이는 현상들을 수학적으로 다 이해할 수 있게 되는 것입니다. 이렇게 물리적 우주에서 너무나 달라 보이는 것들이 수학적 우주에서 하나의 원리로 설명되는 것은 너무나 많습니다.[8-6]

저는 물리적 우주와 수학적 우주 사이의 관계를 기술과 과학, 실용과 추상이라고 봅니다. 여기서 저는 이 두 개 사이의 대립과 상호 극복 과정을 변증법이라고 표현하겠습니다. 게오르크 빌헬름 헤겔Georg Wilhelm Friedrich Hegel은 《역사철학강의 Vorlesungen über die Philosophie der Weltgeschichte》라는 저술에서 정반합 이론을 이야기했습니다. 세상에 어떤 하나의 흐름이 탄생하면 얼마 후 그 흐름에 반하는 것이 탄생하고, 그것들이 서로 대립하고 극복하면서 새로운 합이 출현하죠. 이 합이 어느 순간 새로운 정이 되고, 다시 그에 대한 반이 출현합니다. 헤겔은 역사의 발전 과정이 이런 정반합의 과정을 겪는다고 했습니다. 순수와 추상의 대립과 상호

> 게오르크 헤겔
독일의 철학자로 만물은 본질적으로 끊임없는 변화 과정에 있다는 변증법을 주장했다. 그의 이론에 따르면 원래의 상태가 정(正)이면, 모순에 의한 자기부정은 반(反)이고, 만물은 이 모순을 해결하려는 방향으로 운동하며 그 결과 새로운 합(合)의 상태로 변화한다. 이 변화의 결과물은 새로운 출발점이 되고, 이러한 변화는 최고의 지점에 도달할 때까지 계속된다.

극복이 수학의 역사라고 본다면, 이는 헤겔적 관점이라고 볼 수 있습니다.[2]

마르틴 하이데거Martin Heidegger는 기술과 과학의 관계에 대해 목적과 수단의 예를 들었습니다. 사람들은 흔히 과학이 목적이고 기술은 그것을 달성하기 위한 수단이라고 생각합니다. 하지만 하이데거의 관점은 전혀 다릅니다. 그는 기술이 먼저 출현했다고 생각했습니다. 수학의 역사를 되돌아보면, 수학의 처음은 일종의 셈이었습니다. 그것은 생존의 필요성 때문에 만들어진 것이죠. 결국 실용이 먼저 출현합니다. 셈을 더 잘하기 위해 셈하는 방법을 공부하게 되고, 그다음에 더 깊이 있는 수학이 출현하게 됐죠. 사실은 실용이 순수보다 또는 추상보다 먼저 출현했다고 보는 하이데거의 관점이 역사적으로는 더 타당합니다.

바빌로니아와 그리스의 수학 비교

지금부터는 물리적 우주와 수학적 우주에 대한 관심이 어떻게 상호 대립하고 서로를 극복해왔는지 살펴보겠습니다. 저는 앞에서 실용과 추상의 변증법으로 수학의 역사를 본다고 이야기했습니다. 역사에 나타난 사례를 통해서 실용과 추상의 대립을 보려는 것이죠.

여기서 우리가 주목할 곳이 지중해입니다. 지중해는 위로는 유럽, 아래로는 아프리카, 동쪽으로는 아시아와 접해 있습니다. 세 개의 대륙이 만나는 곳입니다. 역사상 3대 문명이 이곳에서 발전했습니다. 고대 이집트 문명, 고대 바빌로니아 문명 또는 메소포타미아 문명이죠. 바빌로니아는 지금의 이라크 근처입니다. 그리고 그리스 문명도 지중해에서 발달했습니다. 물론 시기적으로는 훨씬 뒤이긴 하죠.

바빌로니아는 유럽과 아시아와 아프리카가 만나는 중심지에 위치했습니다. 지중해 교역의 요충지였죠. 국제 교역이 활발하게 이루어져 상업을 위한 수학이 발전했습니다. 이집트에서는 기하학이 더 발전했다고 알려져 있죠. 바빌로니아와 이집트 두 문명에서는 실생활의 필요에 따라서 수학을 발전시켰습니다. 물리적 우주에 더 관심을 가진 실용적인 수학이라고 볼 수 있죠. 반면에 그리스 문명은 훨씬 뒤긴 하지만 철학적이고 추상적인 공리에 기반한 수학을 발전시켰습니다. 수학적 우주에 관심을 가진 거죠. 이 둘을 비교해보겠습니다. 바빌로니아 수학이라고 하는 것은 실용적인 수학을 말할 것이고, 순수한 또는 추상적인 수학을 그리스적 수학이라고 부르겠습니다.

문제를 하나 보겠습니다. 둘레의 길이가 80미터이면서 가장 넓은 사각형은 무엇일까요? 고등학생도 알 겁니다. 바빌로니아에서는 사각형을 길이 80미터짜리 선을 만들어놓고 계속 바꿉니다. 가로, 세로를 이리저리 바꿔가면서 어떤 게 가장 넓은지 확인해보죠. 그러다가 정사각형이라는 답을 얻죠. 이게 실험적인 수학입니다. 하지만 고대 그리스에서는 이렇게 하지 않았습니다. 이건은 추측이지 증명일 수 없다는 것이죠. 그래서 그리스에서는 공리를 만들고, 그것으로부터 기반한 기하학을 만들고, 그 기하학을 만들어 증명을 시도했습니다. 이런 것들이 결국 관점의 차이라고 할 수 있습니다.

문제를 하나 더 볼까요? 제곱해서 2가 되는 수에 1을 더한 값은 몇일까요? 그러니까 1더하기 $\sqrt{2}$ 의 값을 구하라는 뜻입니다. 이것은 그리스 수학자들을 굉장히 괴롭혔던 주제입니다. 왜냐하면 당시는 무리수라는 게 굉장히 이해하기 힘든 개념이었거든요. 특히 피타고라스는 무리수를 오랫동안 받아들이지 않았습니다. 그런 수가 존재할 수 없다고 했죠. 물론 결국엔 받아들였죠. 바빌로니아는 이런 문제로 고민하지 않았습니다. 그냥 1.4를 제곱하면 2가 채 안 되는데, 1.42를 제곱하면 2가 넘는다, 그러니까 1.41 좀 넘으면 될 거다 이런 식이었죠. 그리스에서는 이런 방식을 받아들이지 않습니다. 왜냐하면 제곱해서 2가 되는 수라는 것은 결국 가로와 세로가 각각 1인 직각삼각형의 빗변입니다.[Q2]

그리스 사람들은 고민 끝에 이런 덧셈법을 만듭니다. 길이가 1인 선분 세 개를 놓은 다음 그 세 개를 펼쳐 길이를 1 더하기 $\sqrt{2}$ 라고 하기로 정한 겁니다. 덧셈마저 기하학적으로 하는 것이죠. 그리스 사람들은 2×3은 어떻게 정의했을까요? 길이 2짜리 선분과 3짜리 선분을 가지고 직사각형을 만든 다음 그 면적을 2 곱하기 3이라고 하는 것으로 정의했습니다. 즉 대수도 기하학으로 한 것이죠. 그래서 2×3×3은 최적으로 정의했고, 2×3×4×5는 두 개로 나누어서 했습니다. 한쪽의 면적을 구하고 다른쪽의 면적을 구해서 더했죠. 결국 그리스에서 발전시킨 것은 '기하학적 대수'라고 할 수 있습니다. 그래서 그리스 시대를 '기하학의 시대'라고 합니다.

바빌로니아 지역인 메소포타미아 문명에서는 실용적인 수학이 발전했음을 보여주는 많은 증거가 있습니다. 특히 상업 거래를 위한 수

Q2 :: 제곱해서 2가 되는 수를 1에 더한 값은?

- **바빌로니아적 접근**
  1.4를 제곱하면 2가 안 되고, 1.42를 제곱하면 2가 넘는다.
  → 1 + 1.41 = 2.41 정도

- **그리스적 접근**
  무리수의 개념을 추론하고 기하학적 덧셈법을 개발

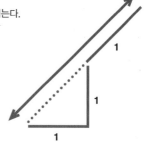

학이 많이 발전했죠. 기원전 2500년경에 만들어진 것으로 추정되는 진흙판에는 구구단과 나눗셈 등이 기록되어 있죠. 또 기원전 1600년경에는 1차 방정식과 2차 방정식의 해법을 내놓았고, 60진법을 사용해 1시간을 60분으로, 원을 360도로 표기한 기록도 있습니다.

이집트와 비교할 때 흔히 바빌로니아 수학이 이집트 수학보다 더 진전됐다고 봅니다. 이집트는 기하학의 측면에 머물렀는데, 바빌로니아는 그걸 대수적으로도 상당한 수준까지 끌어올렸습니다. 분수의 개념이 이미 바빌로니아에서는 상당히 이해되고 있었죠. 이집트에서는 분수의 개념을 상당히 혼란스러워한 기록이 있습니다.

하지만 바빌로니아의 수학이 항상 실용적이진 않았습니다. 점성술을 위해 천체 운동을 관찰하기도 했습니다. 그러니까 고상한 목적을 위한 수학이 어느 정도 진전되기도 한 것이죠. 예술적 관점에 따른 부분도 어느 정도는 있었던 것으로 보입니다.

이집트의 수학

이집트의 수학은 말씀드린 것처럼 기하학이 좀 더 발전했습니다. 기원전 1800년경에는 곱셈, 나눗셈, 분수, 소수, 1차 방정식의 해법에 관한 교재가 이미 있었죠. 기원전 1890년경에 작성된 파피루스에는 문장을 사용했고, 기원전 1300년경에는 2차 방정식의 해법을 이해했습니다.

이집트에서 수학이 발전한 것에 대해 흥미로운 시각이 있습니다. 당시 이집트는 나일강의 범람을 예측하는 것이 파라오의 중요한 의무였습니다. 나일강이 범람해 사람들이 죽으면 왕도 쫓겨나거나 살해되기도 했어요. 강의 범람을 예측한다는 것은 왕의 중요한 책임이었습니다.

수학을 바탕으로 달력을 만들고 주기를 계산해 나일강의 범람을 예측하는 것은 파라오에게는 목숨이 달린 임무였습니다. 그러니 수학이 발전할 수밖에 없었죠. 그래서 수학을 제왕의 학문이라고 했고, 왕이 다음 왕에게 넘겨주는 중요한 일이었다고 합니다.

당시 달력은 1년을 365일로 봤는데요, 사실 1년은 365일 더하기 6시간입니다. 그래서 당시 달력으로 여러 해가 지나면 달력이 맞지 않게 됩니다. 그러니까 365일에 하루의 4분의 1 그러니까 6시간을 더해줘야 되는데 그걸 몰랐기 때문에 틀렸죠. 그러니까 몇 년 지나면 달력이 틀리게 되고, 예측이 어긋납니다. 주기에서 벗어나니까요. 대부분의 사람들은 당시 성직자나 왕이 이 사실을 알고 있었다고 의심했습니다. 자신들의 권위, 능력을 보여주기 위해서 비밀로 했다는 거죠. 신정정치를 유지하기 위한 수단으로 이런 것들을 비밀로 했다고 추측합니다. 그러니까 당시 수학은 일종의 비밀스러운 지식이었던 것이죠. 이집트의 피라미드 건축이나 회화에서 사용한 특정한 비율 등 실용적인 수학만 추구한 건 아니고 일부 예술적인 면도 추구했지만, 아주 무의미한 수준이었을 겁니다.

바빌로니아와 이집트가 상당한 수준으로 수학을 발전시켰음에도 한계가 있었죠. 가장 중요한 것은 실용적인 필요와 예술적인 욕구를 만족시키는 수학을 발전시킨 것은 사실이나 학문의 일반적 단계에는 미달했다는 겁니다. 굉장히 많은 부분에서 물리적 우주에만 멈춘 겁니다. 그것들이 수학적 우주에서는 하나가 될 수 있다는 사실을 간과하거나 몰랐습니다. 그래서 원리를 도출하는 데는 이르지 못했습니다. 성직자나 집권 세력이 이런 일반적인 수학을 이해했을 것으로 추정되는데, 특유의 비밀주의 때문에 제대로 계승되지 못했습니다. 지식을 과학적 조직체로 만들지 못한 것이 이들의 한계였죠.

그리스 수학의 세 시기

이런 의미에서 그리스 수학의 추상성은 변증법적인 반의 출현으로 볼 수 있습니다. 역사적 필연이죠. 그리스 수학을 고전기라고 부르는데, 기원전 700년경부터 알렉산더 대왕이 사망한 시기, 그러니까 기원전 323년까지가 보통 고전기라고 부르는 시기입니다. 아테네가 그리스의 중심이던 시대로 추상적인 사유의 수학을 발전합니다. 그러니까 바빌로니아나 이집트와는 아주 다른 방식의 수학이죠. 아리스토텔레스가 알렉산더 대왕의 스승인데, 알렉산더 대왕이 죽은 다음 해에 죽습니다. 그래서 고전기의 끝이 알렉산더의 사망이 아니라 아리스토텔레스의 사망이라고 하는 사람들도 있습니다.

피타고라스, 플라톤, 아리스토텔레스 같은 사람들이 활동했던 시대가 이때입니다. 철저하게 추상적이었죠. 게다가 플라톤은 수학을 응용하려는 것을 경멸했다고 알려져 있습니다.

그다음이 헬레니즘 시대인데요, 로마가 그리스를 정복하면서 끝납니다. 헬레니즘 시대 수학의 중심은 알렉산드리아로 넘어갑니다. 알렉산드리아는 이집트 북단의 항구도시로 교역의 요충지였습니다. 알렉산더 대왕이 죽은 뒤 프톨레마이오스가 그곳을 통치하게 되면서 알렉산드리아를 서구 문명의 중심지로 만듭니다. 전 세계를 통틀어 문명이 가장 발전되었다고 지금도 여겨지고 있습니다.

알렉산드리아에는 세계에서 가장 큰 도서관이 있었고, 유클리드Euclid나 아르키메데스, 디오판투스 등이 활동했죠. 이 시대는 로마가 정복하면서 끝납니다만, 알렉산드리아는 계속 번창합니다. 보통 헬레니즘Hellenism이라고 하는 이 시기가 좀 다른 것은 고전기에서는 순수 수학, 추상적인 수학만 하고 실용 수학은 경멸했는데, 이 시기에는 변증법에서 합의 과정이 일부 이루어집니다. 실제로 삼각법을 이용해 지구에서 달까지의 거리도 재고, 지구의 반지름도 측정했습니다. 수학적 응용이 상당히 이루어진 것이죠.

그다음에 찾아오는 로마제국 시대는 일종의 정체기였습니다. 로마 시대에 유명한 사람은 히파티아Hypatia입니다. 역사상 최초의 여성 수학자이자 알렉산드리아 시대의 마지막 수학자로 알려져 있죠. 히파티아는 415년에 기독교인들에게 무참히 살해됩니다. 길거리에서 온몸이 찢겨진 채 발견되죠. 히파티아는 아버지가 알렉산드리아 도서관의 관장이었고, 평생 독신으로 산 굉장한 미인이자 천재였다고 합니다.

당시 기독교인들은 그런 축적된 지식을 신의 권위에 도전하는 불경스러운 것으로 여겼습니다. 히파티아는 그들의 공적이었죠. 많은 사람이 히파티아의 사망을 알렉산드리아 시대의 마지막으로 봅니다. 같은 이유로 약 100년 뒤에 플라톤 아카데미가 폐쇄됩니다. 플라톤 아카데미는 플라톤이 아테네에서 만든 뒤에 900년 동안 존속했던 학당이지만, 로마 황제가 이를 폐쇄시킵니다. 왕권과 기독교에 도전한 위험하고 불순한 대상으로 보았기 때문입니다. 그 뒤에 실제로 알렉산드리아는 아랍인에 의해 642년에 파괴됩니다. 하지만 수학적인 진보가 전혀 없었기 때문에 학문적으로는 히파티아의 사망이 알렉산드리아의 끝이라고 할 수 있습니다.

그리스는 아테네를 중심으로 굉장히 철학적이고 추상적인 수학을 발전시켰습니다. 그 뒤 알렉산드리아 시대에 추상과 실용의 일부 결합이 일어났지만 여전히 방점은 순수와 추상에 있었습니다.

마테마타, 배우고 가르치다

고전기에 중요한 인물은 피타고라스입니다. 그는 마테마타mathemata를 중시했는데, 이 말은 '배우고 가르친다'는 의미의 그리스어 마테시스에서 유래했습니다. 지금 수학을 가리키는 말도 원래는 수학과 관계가 없었던 거죠. 배우고 가르친다는 어떤 행위를 의미할 뿐이었습니다. 고대 그리스 대부분의 학당에서 이런 일들이 일어났기 때문에 그것이 수학과 동일시됐던 걸로 보입니다. 마테마타에서 중시한 과목이 산술, 기하, 천문, 음악인데, 이게 중세에도 똑같이 이어집니다.

중세 대학에서는 기초 3학과 상급 4학이 중요했습니다. 기초 3학은 문법, 논리, 수사학이고, 상급 4학은 산술, 기하, 천문, 음악인데 이게 그 피타고라스의 네 과목과 같습니다. 근데 이 네 과목은 당시에는 모두 수학으로 여겨졌습니다. 산수는 수학의 본질, 기하는 정적인 수학, 천문은 동적인 수학, 음악은 수학의 응용으로 봤습니다. 음악이 수학과 분리되지 않았죠. 앞에서 잠깐 음계 이야기를 했는데요, 그 피타고라스의 음계 이론들이 수학의 한 분야로 이루어져 있었어요. 심지어 바흐 시대까지도 수학과 음악은 동일한 분야로 여겼습니다.

그리스 수학의 색깔을 좀 더 보려면 유클리드가 등장할 수밖에 없는데요, 그가 남긴 《기하학 원론》에는 기하학뿐 아니라 대수나 산술도 굉장히 중요한 부분을 차지합니다. 하지만 가장 중요한 부분은 기하학이죠. 약 3세기경에 활동한 유클리드는 공리적인 방법을 도입했습니다. 즉 수학적 엄격함을 정립한 것이죠.

공리는 의심의 여지없이 받아들이기로 한 약속을 의미하는데, 흔히 그리스적 사유체계의 상징이라고 합니다. 이것마저 의심하면 아무것도 할 수 없는 것이 바로 공리죠. 그 공리로부터 논리적인 추론 과정을 거쳐 결론을 끌어내는 것이 유클리드적 사고입니다. 역사상 가장 많이 읽히고 인쇄된 책이 《성경》이고, 두 번째가 유클리드의 《기하학 원론》입니다. 이 책은 서양의 많은 분야에 영향을 미쳤는데 수학뿐 아니라 정치, 사회, 문화 등 거의 모든 부분에 영향을 미칩니다.

가령 '모든 사람은 평등하게 태어났다'는 공리가 있습니다. 이것은 반박하기 쉽지 않습니다. 대부분의 사람이 동의하죠. 그리고 여기서부터 논리가 전개됩니다. 그 결과 '미국은 영국으로부터 독립해야 한다'는 결론으로 이어집니다. 미국 〈독립선언문〉 역시 이런 공리에서 태어난 것이죠. 이런 식의 논리 전개를 우리가 유클리드적 논리 전개라고 합니다. 당연히 서양의 지성사에서 가장 중요한 부분으로 봐도 무리가 없습니다.

실용적이었던 중국 수학

중국의 수학에 관해서는 기록이 많지 않습니다. 다만 다분히 실용적인 수학이었다고 알려집니다. 기원전 200년경에 진시황의 분서갱유가 있었죠. 농업이나 점성술, 천문학에 관계된 책을 제외하고는 모든 책을 불질러버렸죠. 다른 책들은 진시황의 권위에 대한 도전으로 받아들였기 때문이죠. 이때 수학 책도 다 불타버려서 기록이 없어요. 굉장히 높은 수준의 수학이 있었다고 추정은 되지만, 알 수 있는 게 없죠. 2세기에 남긴 《구장산술九章算術》이라는 책에 있는 내용으로 추정할 뿐입니다. 추정에 의하면 상당히 수준이 높았다고 해요. 예를 들면 피타고라스의 정리 같은 것들도

> 《구장산술》
전한 시대(기원전 206년~기원후 8년)에 편찬된 것으로 추정되는 중국의 수학 서적이다. 책은 문제, 답, 답을 얻는 과정을 담은 술, 주의 순서로 기술되어 있다. 모두 아홉 장으로 되어 있다. 첫째 장인 〈방전장〉은 분수의 사칙연산에서 시작해 평면도형의 넓이, 원과 호의 넓이, 원주율 3.14 등을 구했다. 둘째 장인 〈속미장〉은 비례사율과 도량형의 환산을 다루었고, 셋째 장인 〈최분장〉은 비례배분, 비례, 반비례 등을, 넷째 장인 〈소광장〉은 제곱근과 세제곱근을 구하는 법을 통해 방정식의 해법을 다룬다. 다섯째 장인 〈상공장〉은 입체의 부피를 다루고, 여섯째 장인 〈균수장〉은 둘째 장과 셋째 장의 내용을 확장했다. 일곱째 장인 〈영부족장〉은 2원 연립1차방정식을 해결하는 방법으로 이중가정법을 도입한다. 여덟째 장인 〈방정장〉은 3원 이상의 연립1차방정식을 행렬로 표시하고 가우스－조르단 소거법으로 이를 푼다. 유리수의 대수적 구조를 확립한다. 마지막 아홉째 장인 〈구고장〉은 피타고라스의 정리를 기본으로 직각삼각형의 문제를 해결한다.

이미 있었다고 알려져 있습니다.[2]

　중국 수학의 황금기는 보통 13세기로 칩니다. 이 당시에 대수방정식, 고차대수방정식 등이 다 다루어지고 있었죠. 그리고 근사삼각함수의 개념도 출현했습니다. 근데 그다음 14세기부터 또 중국 수학의 암흑기가 옵니다. 이때가 명나라인데요. 명나라 300년 동안 아무것도 안 했습니다. 수학에 대한 진전이 전혀 없어요. 아마도 유교의 영향이 컸을 거라고 추정합니다. 수학을 하는 것을 굉장히 낮은 학문으로 보았기 때문이겠죠.

인도의 수학

　인도는 아주 특이한 곳입니다. 기원전 10세기에 이미 천문학적인 수를 셌습니다. 우주 전체의 원자 수보다 더 큰 수를 세는 수의 단위가 있었죠. 그러니까 조, 해, 경 같은 단위들이 나옵니다. 아마 불교적인 우주관 때문이라고 봅니다. 크고 광대하고 영원한 것에 대한 상상력이 그런 숫자를 만든 것이죠.

　고대 그리스에 수학이 발전했음에도 거기에 없는 개념 중 하나가 무한입니다. 유클리드에서는 모든 것이 유한한 길이를 갖는 선분이지 무한한 직선이라는 개념이 없습니다. 그러니까 무한이라는 개념은 굉장히 위험했고, 사람이 받아들이기 힘든 개념이었습니다. 그런데 이상하게도 인도에서는 무한이라는 개념이 너무나 일찍 출현해요. 아마도 종교적인 영향이 있었을 거라고 추정합니다. 중세 기독교에서도 무한의 개념이 출현하기까지 굉장히 많은 시간이 걸리고 힘들었습니다. 그런데 인도에서는 너무나 쉽게 이렇게 큰 개념이 탄생합니다. 이미 기원전 3세기에 무한의 개념을 상세히 이해하고 있었고, 심지어 셀 수 있는 수와 셀 수 없는 수의 개념 차이도 이해하고 있었습니다. 서양에서는 무한이라는 개념을 뉴턴까지 와서도 상당히 혼란스러워 하거든요. 문화와 종교가 학문적인 색깔에 미치는 영향을 단적으로 볼 수 있습니다.

인도의 수학자들은 기원전 8세기에 이미 피타고라스보다 약 300년 앞서서 피타고라스 정리를 만들었죠. 7세기에는 숫자로서의 0의 개념을 정립했는데, 서양에서는 중세까지도 0은 자리수의 의미밖에 없었어요. 숫자가 아니었습니다. 인도에서는 0+1=1, 1-1=0 이런 숫자를 0이라고 하기로 했습니다. 서양에서는 이렇게 생각했어요. '더하거나 빼서 아무 효과도 없는 걸 왜 연산하지?' 추상적인 것이라는 말이죠. 수라는 것은 세기 위해 만든 개념이니까 양의 수밖에 없습니다. 그래서 0이라는 숫자가 유럽에서는 16세기에 들어서야 사용됩니다. 인도에서는 거의 1,000년 먼저 0을 사용했죠. 무의 개념이 불교나 힌두교에서는 기본적으로 종교에 내재되어 있기 때문에 너무나 자연스럽게 발전한 것이라고 봅니다.

중세 유럽에서 유행하던 신학은 '충만의 신학'이라고 합니다. 충만의 신학에서는 '없다'는 개념을 아주 불경스럽고 위험한 것으로 여겼어요. 그래서 12세기경에 0이라는 개념이 아랍에서 유럽으로 전달되는데, 받아들여지기까지 4세기나 걸렸습니다. 심지어 당시에는 0의 개념을 주장하면 화형을 당하기도 했답니다.

아랍 수학

아랍 문명은 고대 그리스의 성취와 인도의 성취를 유럽에 전달하는 메신저 역할을 했습니다. 아랍 수학 자체도 상당히 높은 수준에 오르

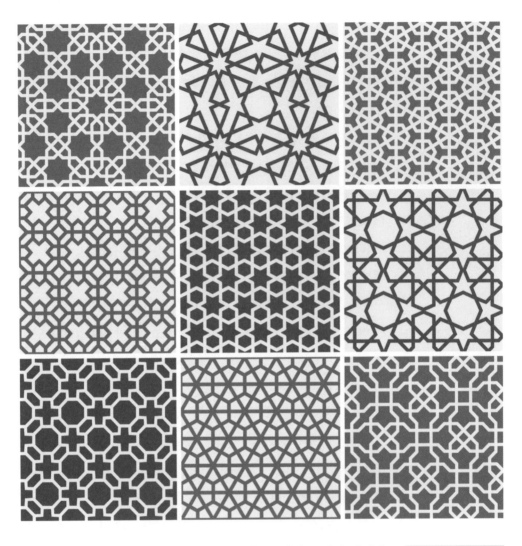

긴 했지만, 인류 문명에서 아랍 문명의 가장 큰 기여는 이런 메신저
역할을 한 것입니다. 8세기 이후 이슬람 정복기에 굉장히 많은 곳을
정복했는데, 그때 여러 곳에서 얻은 자료들을 아랍어로 번역했고 그
것들이 나중에 유럽으로 건너가 유럽 언어로 소개됩니다. 유럽에서
르네상스 때 번역됐던 것 대부분은 아랍어를 번역한 것입니다.

　아랍 수학에서는 특히 기하학이 발달했습니다. 아까 말씀드린 것처럼 이슬람에서는 사람을 그리는 것이 금지되어 있었죠. 그래서 추상적인 기하학 패턴이 발전했고 특히 평면 타일링에서 상당히 높은 수준에 올랐습니다.[8-8]

이슬람 수학의 황금기는 9세기에서 15세기로 봅니다. 이때 활동한 알 콰리즈미[Al-Khwarizmi]가 0을 포함한 인도의 숫자 개념을 이슬람 제국 전체에 전파하고 대수학을 발전시켰죠. 이 사람의 이름에서 대수학을 뜻하는 algebra라는 단어가 유래했다고 합니다. 수학적 귀납법 등도 이미 10세기에 다 만들어져 있었죠.

유럽의 수학

6세기에서 14세기까지는 유럽 수학의 암흑기입니다. 전혀 진전이 없었어요. 실제로 그 당시에 이렇다 할 수학자도 없습니다. 로마제국은 적어도 수학에 관해 인류에 기여한 바가 거의 없습니다. 실용을 강조했지만 그 이상을 넘어서지는 못했죠. 즉 물리적 우주만을 강조했을 뿐 수학적 우주를 다루지는 못했습니다.

이런 분위기에서 금속활자의 발명은 큰 변화를 가져다주었습니다. 르네상스도 구텐베르크 활자 덕에 가능했다는 게 일반적인 시각이죠. 결국 르네상스의 기초는 15세기 구텐베르크의 금속활자 발명이라고 생각할 수 있습니다. 종교개혁도 이 금속활자 덕분에 가능했죠. 일반인들이《성경》을 보게 되었으니까요. 그전에는 성직자들의 말만 믿었는데 드디어 읽을 수 있게 된 겁니다. 사람들이 성직자들을 의심하기 시작하면서 종교혁명이 일어났습니다.

르네상스 시대가 시작되면서 과학뿐 아니라 신학과 예술에 큰 소용돌이가 일어났고 결국 0이라는 개념이 받아들여집니다. 당시는 식민지 개척이 국운을 좌우하던 시대여서 항해가 중요했고, 그래서 지도 작성이 필요했습니다. 유클리드 기하학을 넘어서는 새로운 기하학이 필요하자 좌표기하학이 출현하죠. 데카르트와 페르미 같은 사람들이 좌표기하학을 만드는 데 큰 역할을 했습니다.

17세기에서 18세기는 계몽주의 시대입니다. 실용과 추상의 결합이 강화된 시기였죠. 그리스적 전통에 알렉산드리아의 영향이 더해집니다.

프랜시스 베이컨은 귀납적 사고를 이야기하고, 르네 데카르트는 "사변적인 것이 아닌 실제적인 철학으로 우리를 자연의 주인이요 소유자가 되게 하는 것"이라는 말로 자연 정복을 이야기합니다. 결국은 실용의 중요성을 말하고 있다고 보여집니다. 그러니까 추상적인 우주관을 갖고 있지만 그것들이 어떤 형태로든 세상에 기여해야 한다는 것이죠.

19세기는 수학의 추상화가 심화되는 시기입니다. 어떤 의미에서는 실용성의 한계로부터 자유롭습니다. 다시 말하면 물리적 우주에서 수학적 우주로 초점이 이동하는 시기입니다. 그리고 이전에 우리가 세상의 문제를 해결해야 한다는 사명감에서 자유로워집니다. 실제로 수학적 우주에서 많은 진전이 일어납니다.

가장 중요한 것은 닐스 헨리크 아벨Niels Henrik Abel과 에바리스트 갈루아Évariste Galois의 성취인데요. 5차방정식에는 일반 근이 존재하지 않는다는 걸 이때 증명합니다. 이 문제는 2,000년 넘게 끌어오던 문제였어요. 그동안 풀지 못한 채 놔두고 있다가 드디어 이 시기에 이걸 증명하게 되죠. 저는 이것이 수학적 우주에 초점을 맞추면서 인간 지성이 만들어낸 가장 큰 성취 중 하나라고 생각

> 에바리스트 갈루아
프랑스의 수학자로 수열을 특정한 수학적 조건에 따라 묶는 방법인 군(群)의 개념을 처음으로 고안했다. 그의 연구는 추상대수학의 기반인 '갈루아의 이론'과 군론의 기반이 되었다. 또한 군의 개념은 기하학이나 결정학(結晶學)에도 응용되었고, 물리학에도 풍부한 연구 수단을 제공하였다.

합니다. 이게 가능해진 것은 실용성의 한계에서 자유로워졌기 때문이라고 볼 수 있습니다. 어떤 의미에서는 변증법적 과정에서 실용성으로 인해서 더는 지적인 성취가 이루어지지 않는 한계를 넘어선 것으로 볼 수도 있습니다.

20세기는 추상적인 수학의 전성시대입니다. "해의 존재성과 유일성이 해결되면 그 해를 찾는 방법을 몰라도 모든 것을 안 것인가?"라는 구성주의적 관점이 이때 등장합니다.

과학혁명과 수학의 난제

지금까지 역사적으로 추상과 실용이 어떤 형태로 대립하고 서로 극복하면서 발전해왔는지 이야기했습니다. 18세기에서 19세기에 와서 이런 추상적인 수학적 우주에 집중하는 흐름이 생겼죠. 이제 실용과 추상이 21세기까지 어떻게 진화해왔는가를 이야기할 차례입니다. 실용은 수학의 영역 확대라는 모습으로, 추상은 난제 해결의 형태로 나타납니다.

토머스 쿤Thomas Kuhn은 《과학혁명의 구조The Structure of Scientific Revolution》라는 책에서 과학의 발전은 연속적인 것인가, 불연속적인 것인가라는 질문을 합니다. 과학이 어떤 점진적인 개선의 과정을 통해서 발전할까요? 쿤은 아니라고 주장합니다. 과학은 점진적인 발전의 과정을 겪다가 어떤 난관에 부딪치죠. 과학 체계 내에서는 해결할 수 없는 큰 난관입니다. 그 난관 안에서 막혀 있다가, 대천재가 나타나거나 집중적인 집단 연구 등에 의해 그 난관을 넘어서는 새로운 패러다임이 출현하고, 그 패러다임에서 다시 점진적인 발전의 과정을 밟는다는 것이 쿤의 주장입니다. 이런 새로운 패러다임의 출현 과정을 우리가 '과학혁명'이라고 부른다고 쿤은 이야기했죠. 뉴턴 혁명이나 상대성이론, 양자역학의 출현 등이 바로 과학혁명입니다.

그런데 이러한 틀을 수학에 적용하면 어떨까요? 수학에서도 과연 쿤이 말한 혁명을 발견할 수 있을까요? 저는 가능하다고 생각합니다. 제가 말하려는 발전은 물리적 우주가 아닌 수학적 우주에 국한된, 수학적 우주 안에서 일어난 발전입니다. 수학은 점진적으로 발전하다가 어떤 난제를 만나 정체하죠. 난제는 결국 기존의 수학적 지식이 갖고 있는 한계나 체계의 문제를 드러내거든요. 그것을 풀지 못하는 이유가 분명히 있을 것이고, 그 이유를 분석해보면 우리가 모르는 것, 기존 시스템의 불안정성을 이해하게 되겠죠. 난제는 새로운 사고의 틀을 구축하는 동기가 됩니다. 그래서 쿤이 말한 불연속적인 발전 과정이 수학적 우주에서도 일어납니다.

대표적인 수학의 난제로는 5차 방정식의 일반근을 구하는 문제가 있습니다. 2차 방정식에는 근이 있습니다. 3차 방정식과 4차 방정식에도 근을 구하는 공식이 있습니다. 그런데 5차 방정식에는 이상하게도 근을 구하는 공식이 없습니다. 고대 그리스 학자들도 이 문제를 붙들고 애를 먹었습니다. 그러다 대천재가 나타나서 이 문제를 해결하죠. 바로 아벨과 갈루아입니다. 19세기에 와서야 문제가 풀린 거죠. 이 두 사람은 함께 문제를 푼 게 아니라 각각 따로 문제를 해결했습니다. 특히 갈루아는 10대 후반에 이 문제를 해결했습니다. 사고의 틀 자체를 바꿔서 새로운 이론을 만들었죠. 갈루아가 제시한 것을 군론Group Theory이라고 하는데, 요즘 수학을 전공하는 대학교 학부 3학년이 1년 동안 배우는 현대 대수학에서 가장 중요한 내용입니다.

5차 방정식에 일반근이 없다는 걸 안 것이 뭐가 그리 중요할까요? 이것 자체는 중요하지 않습니다. 하지만 이 문제를 풀기 위해 나온 새로운 틀, 군론이 중요한 것이죠. 군론은 화학에서 결정의 구조, 자연계가 존재하는 대칭성을 표현하는 도구가 되었습니다. 그래서 화학적 결정의 대칭성을 표현하고, 물리학 게이지론에서 어떤 대칭성을 표현하는 도구가 되었습니다.[Q3] 아마 갈루아가 없었다면 물리학과 화학의 모습도 상당히 달라졌을 겁니다.

1900년 파리 세계수학자대회 개막식에서 당대의 대수학자 다비트 힐베르트David Hilbert는 미해결 난제 23가지를 제시합니다. 이 문제들을 100년 동안 풀자고 해서 '100년의 문제'라고 합니다. 20세기 전반부 수학은 힐베르트의 난제를 해결하는 과정으로 비유될 정도로 수학 연구의 화두가 되었죠. 그중에서 열 개는 완벽하게 해결했고, 일곱 개는 일부 해결, 두 개는 미해결, 네 개는 문제가 불명확하다는 결론이 났죠.

2000년, 미국 케임브리지에 있는 클레이수학연구소Clay Mathematics

Q3 :: 군론을 이해하기 쉽게 설명해 주세요

정삼각형을 생각해 보세요. 정삼각형을 어떻게 이야기합니까? 보통 정의할 때는 세 변의 길이가 같은 삼각형이라고 이렇게 정의할 겁니다. 그것을 완전히 다른 관점으로 설명해보죠. 임의의 도형이 있는데 180도가 아니라 120도 돌린다고 생각해보세요. 120도, 240도, 360도, 자 그런데 예를 들어서 어떤 도형은 정 몇 각형인데 이게 120도, 240도, 360도 세 회전을 모아놓은 집합을 생각해보세요. 120도 회전, 240도 회전, 360도 회전. 그러면 이게 하나의 군이 된다고 이야기하거든요.

이 군을 그 도형에 적용해보면 정삼각형만 모양이 바뀌지 않아요. 다른 건 다 바뀝니다. 사각형을 보세요. 120도 돌리면 모양이 바뀌거든요. 그런데 정삼각형은 바뀌지 않습니다. 이 군을 적용했을 때 안 바뀌는 정다각형을 생각해보면 정삼각형밖에 없어요.

그러니까 정삼각형을 세 변의 길이가 같은 삼각형 이라고 정의하는 게 옛날의 방식이라면, 갈루아의 방식은 이 군을 적용했을 때 안 바뀌는 것을 정삼각형이라고 하자는 겁니다. 다시 말하면 어떤 변환으로 군이라는 걸 정의하면 그게 유일하게 정의되어서 우리가 기하를 할 수 있게 되고 대칭성을 표현할 수 있다는 관점입니다. 예를 든다면 정사각형은 90도, 180도, 270도, 360도 이 네 개의 회전이 된 집합을 하나의 군이거든요. 그런데 그 군을 적용했을 때 안 바뀌는 정다각형은 정사각형밖에 없어요. 이런 식으로 해서 기하를 보는 관점을 완전히 바꾼 거예요. 이렇게 해놓고 나면 신기하게도 옛날에 어려웠던 것을 굉장히 쉽게 증명할 수 있더라는 것입니다.

Institute에서 일곱 개의 수학 난제를 선정합니다. 이 문제들은 특히 더 어려우니 앞으로 1,000년 동안 풀자고 정리해두었죠. 그래서 '밀레니엄 문제Millenium Problems'라고 합니다. 각 문제당 100만 달러의 상금이 걸려 있습니다. 그중 한 문제는 나오자마자 몇 년 만에 풀렸어요. 이렇게 난제를 설정하는 것은 바로 그 풀지 못하는 이유를 분석함으로써 수학이 발전해왔기 때문입니다.

최근에 주목 받은 난제 하나를 소개하겠습니다. 2006년 필즈상의 주인공이된 문제죠. 3, 5, 7이 뭐죠? 소수입니다. 소수이면서 등차수열이죠. 그다음에 5, 11, 17, 23도 등차수열이면서 소수입니다. 네 개의 숫자가 나열되어 있죠. 그럼 다섯 개짜리 소수만으로 된 등차수열이 있을까요? 5, 11, 17, 23, 29입니다. 그럼 여섯 개인 소수만으로 된 등차수열이 있나요? 있을지 없을지 모르겠지만 뭔가 커져야 할 겁니다. 100개는? 10만 개는? 소수만으로 된 등차수열이 있을까요? 다시 말해 소수들의 집합을 생각하면 그게 얼마만큼 있는지를 묻는 겁니다. 임의의 개수를 갖는 소수만으로 된 등차수열은 항상 있습니다. 이게 오랫동안 안 풀리던 문제인데, 테렌스 타오Terrence Tao가 풀어서 필즈상을 받았습니다. 이런 것들을 이해하게 된다는 게 어떤 의미일까요? 소수의 성질을 더 알게 된다는 것입니다.

현대 수학의 응용

물리적 우주는 어떤 발전이 있었을까요? 대부분 수학적 우주에 있는 결과를 가져다가 적용하는 경우가 많습니다. 〈토이 스토리〉라는 애니메이션이 있습니다. 특히 〈토이 스토리 2〉에는 상당히 고차원적인 수학이 사용됩니다. 해상도를 맘대로 조절하는 것이 수학 덕분에 가능해졌죠. 가령 한 장면을 확대할 때 이전에는 새로운 그림을 그려야 했어요. 그런데 이제는 특정 장면을 후반 작업에서 확대해도 완벽하게 해결되는 겁니다. 이 문제를 픽사의 수학자들이 해결했습니다.

교통 문제도 수학자가 해결합니다. 독일이 통일된 후 동베를린과 서베를린이 합쳐지면서 교통정체가 극심했다고 합니다. 그래서 이 문제를 해결하는 공모를 했습니다. 해결책을 제시한 사람은 마르틴 그뢰첼Martin Grötschel이라는 수학자였습니다. 베를린 공대 수학 교수였고, 국제수학자연맹의 사무총장이었죠. 일반적으로 교통 정체가 심해지면 버스를 더 투입해야 한다고 생각하는데, 그는 오히려 버스를 줄여야 한다고 주장했습니다. 버스를 1,800대에서 1,300대로 줄이자 교통 문제가 대부분 해결됐죠. 수학에서는 가끔 상식에 반하는 결과가 나오기도 합니다. 정치에서도 수학은 힘을 발휘합니다. 미국의 네이트 실버Nate Silver는 2008년 미국 대통령 선거 당시 오바마의 재선을 거의 완벽하게 예측했습니다. 미국은 대통령 간선제라 주별로 결과를 예측하는 것이 무척 어렵습니다. 그는 1퍼센트 내의 오차 범위에 있는 인디애나 주를 제외하고 결과를 완벽하게 맞췄죠. 실버는 2009년에 《타임》에서 선정한 "세계에서 가장 영향력 있는 100"에 이름을 올리기도 합니다.

하버드 대학교 수학과 4학년 학생인 벤 자우머Ben Zaumer는 빅데이터를 활용해 2015년 아카데미상 수상 결과를 88퍼센트의 정확도로 맞췄습니다. 오로지 데이터와 통계만을 이용했죠. 각 범주 별로 역대 오스카상에서 영향을 끼쳤던 요소, 즉 예상인자들을 선정한 뒤 역대 오스카상에서의 영향력을 측정해 수치로 표현합니다. 그렇게 21개 부문에 후보를 하나씩 추측하니 총 470조 개의 시나리오가 나왔죠. 이 중 어떤 시나리오가 예상인자 값에 가까운지를 따져 예측했습니다.

이렇게 아무 질서도 없이 마구잡이로 모여 있는 것처럼 보이는 데이터에 질서를 부여하고 의미있는 결론을 이끌어내는 게 빅데이터의 힘입니다.

수학은 의학 분야에서도 영향력을 발휘합니다. 특히 자기공명영상(MRI)이나 컴퓨터 단층촬영(CT)에 기여한 바가 크죠. 이런 촬영은 사람의 몸에 자기장을 쏘아서 측정하는 겁니다. 사람의 몸속에는 장기가 있기 때문에 자기장이 인체를 통과하면서 휩니다. 그때 장기가 어떤 형태냐에 따라서 자기장의 휘는 정도와 모양이 달라지죠. 측정 결과 나오는 것은 자기장의 휜 정도입니다. 그런데 우리가 알고 싶은 건 인체 내부의 상황입니다. 그러니까 역문제inverse problem가 발생하는 거죠. 자기장이 휜 걸로부터 어떤 모양이 이렇게 휘게 했을까를 추정하는 문제를 수학자들이 해결했습니다.

구글은 수학으로 성공한 대표적인 기업이죠. 구글이 등장할 때 이미 알타비스타나 야후 같은 포털 사이트가 있었습니다. 그런데도 성공한 이유는 검색 결과 덕분이죠. 대부분 검색어를 입력하면 결과가 나오는데, 구글은 여기에 페이지랭크라는 알고리즘을 이용해서 첫 화면에 사용자가 원하는 결과가 펼쳐지게 했죠.

수학적 우주에서는 이미 만들어진 완전히 추상적인 힘으로 이런 문제들을 해결합니다. 방금 든 사례 대부분이 그런 경우입니다. 반대의 경우도 있습니다. 기술의 발전, 즉 물리적 우주에서의 성취가 수학적 우주에 영향을 줘서 새로운 이론을 만들어내는 경우도 드물게 있습니다. 마르코니는 18세기 말에 무선통신 이론을 만들었는데, 무선통신은 19세기 말에 상용화됩니다. 이 기술은 완전히 세상을 바꿉니다. 특히나 전쟁에서요.

무선통신의 문제는 무선으로 명령을 전달하면 적도 똑같이 그 정보

8–9
제 2차 세계대전에서 사용된
독일의 에니그마 머신

를 얻는다는 것입니다. 아군이 들으면 적군도 듣는다는 거죠. 결국 암
호가 결정적으로 중요해집니다. 무선통신 기술의 발전은 수학의 형태
를 획기적으로 바꿔놓습니다. 이런 암호 발달이 계속되어 에니그마
암호 같은 난공불락의 암호까지 등장하는 것입니다. 물론 앨런 튜링
Alan Turing이 에니그마Enigma를 풀어내죠.[8-9] 지금 현재 암호는 수학의
한 분야로 완전히 자리를 잡았습니다. 기술의 발전이 새로운 수학을
촉발하는 기폭제 역할을 한 드문 사례입니다. 하지만 수학적 우주에
서 어떤 논리적인 과정을 거쳐 만들어진 것들이 구체적인 문제를 해
결하는 경우가 더 많습니다.

　한국의 수학은 이식된 것이라고 할 수 있습니다. 서양에서 만들어
져서 해방 이후에 이식되었죠. 역사적인 발전 과정을 생략하다보니
이식된 모습, 수학적 우주에 대한 관심이 대부분입니다. 그런 것들이
이런 물리적 우주에서 일어난 일들에 적용되고 해결하는 과정에서 변
증법적으로 서로 영향을 주고 받으면서 발전하는 단계를 밟지 못했
죠. 그래서 지금은 물리적 우주에 더 관심을 갖고 이런 상호 관계를
만드는 일에 한국의 수학자들이 매진해야 할 시기입니다.

QnA

문명과 수학의 기원에 대해 묻고 답하다

대담

박형주 교수
강연자

유정아 아나운서
서울대 강사

고계원 교수
고등과학원 수학과

성기원 학생
서울대학교 화학과 대학원생

성기원 수학을 한마디로 정의할 수 있을까요?

박형주 수학에 대한 일반적인 정의 중 하나는 수학을 언어로 보는 겁니다. 과학의 언어로 보는 거죠. 이는 수학이 과학이냐는 질문과 맞닿아 있습니다. 이 역시 오래된 질문이고 논쟁도 크게 벌어졌죠. 수학은 분명 언어적 측면이 굉장히 많습니다. 특히 추상적 우주라는 것을 구체적인 물리적 우주에서 적용하려면 언어의 특성에 기댈 수밖에 없죠. 그런데 언어의 속성만으로 이것을 설명하기는 어렵습니다. 카를 포퍼는 수학의 과학 논쟁을 주도했죠. 요즘 어느 정도 합의된 결론은 "수학은 관계의 과학이다."입니다. 그러니까 물리적인 대상들의 관계를 기술하는 과학이라는 것이죠.

고계원 다른 분야도 마찬가지지만, 퀀텀 점프라는 게 있습니다. 천천히 발전하다가 비약적인 성장이 일어난다는 거죠. 오늘 강연에서도 수학의 세계에서 난제들을 해결함으로써 퀀텀 점프가 일어나는 경우를 보았습니다. 앞으로 수학에 또 다른 퀀텀점프가 있다면 어디서 올까요?

박형주 오늘 강연의 키워드는 실용과 추상의 대립과 극복입니다. 제가 강의에서 말씀드린 사례는 실용적 관점에서의 진화입니다. 현재 정치나 경제의 문제를 수학이 어떻게 접근하고 해결하는가를 보여드렸죠. 20세기 후반부터 지금까지 인류 역사에서 일어난 가장 큰 변화라면 데이터에 대한 접근성일 겁니다. 20세기 후반부터 인류가 새롭게 갖게 된 무기가 데이터죠. 일단 방대한 데이터를 저장하는 게 가능해졌습니다. 그다음으로 데이터를 다루는 수학이론이 발전했죠.
지금 거의 모든 분야에서 빅데이터가 화두입니다.

문제는 데이터만으로는 아무것도 해결하지 못합니다. 데이터로 무엇을 하느냐죠. 아카데미상에서는 21개 분야에서 다섯 명의 후보를 냅니다. 그럼 어떻게 될까요? 500조 개의 시나리오가 있습니다. 5의 21제곱이니까요. 이 말은 무엇이냐 하면 500조 개의 시나리오는 수퍼컴퓨터로도 계산할 수 없습니다. 그런데 그럴 필요가 없어진 거죠. 수학 이론, 결국 최적화 이론 덕분입니다. 가장 가까운 걸 찾는 거죠. 최적화이론이 정말로 빠르게 발전하고 있습니다. 이런 종류의 수학이 앞으로 인류가 가질 가장 큰 무기이며, 앞으로 몇 십 년 동안 가장 중요한 수학이 아닐까 싶습니다.

질문 1 토머스 쿤의 《과학혁명의 구조》를 보면 자연과학에서는 기존 이론으로 설명할 수 없는 자연현상을 극복하는 과정에서 패러다임의 전환이 일어난다고 했습니다. 계단식 발전이 이루어지는 것이죠. 수학에서는 19세기 이후 추상화가 이루어져서, 문제가 어떤 자연현상이 아니라 수학자의 머릿속에서 나온다고 볼 수 있을 겁니다. 그럴 때 수학에서는 어떤 식으로 계단식 발전이 이루어지는지 궁금합니다.

박형주 아까 제가 사례로 들었던 5차방정식의 일반근 같은 경우는 알렉산드리아 때부터 전해진 문제입니다. 쌍둥이 소수 문제도 알렉산드리아에서 던졌던 문제입니다. 아직도 안 풀렸죠. 그러니까 2,500년 동안 안 풀린 문제입니다.
이 문제는 차이가 2인 소수쌍에 관한 겁니다. 3과 5는 소수이고 차이가 2입니다. 5와 7이 그렇고, 11과 13이 그렇죠. 17과 19가 있고요. 수가 커질수록 드뭅니다. 그럼 질문입니다. 이러다 이 소수쌍이 끝이 날까? 어디에서 끝이 날까? 점점 드물어지지

만 그럼에도 계속 갈까? 이런 문제입니다. 소수에 대해서는 많이 알았다고 판단했는데, 이 2의 소수쌍은 31과 33에서 또 등장합니다. 규칙을 찾지 못하는 거죠. 질서가 없어요. 소수 분포의 규칙은 뭘까? 이런 생각을 하게 됩니다. 수학적 우주에서의 자체 난제죠. 소수는 암호에서 자주 활용합니다. 인터넷 쇼핑에서도 활용하죠.
마르코니 무선통신의 개발이 실제 어떤 수학적인 진보의 덕을 보기는 했지만 많은 경우는 그렇지 않습니다. 자체적인 논리의 과정에서 난제에 부딪치고 해결하죠. 페르마의 마지막 정리는 결국 풀었죠. 350년이나 걸렸지만요. 수학의 난제라는 것은 수학적 우주에서의 논리적 추론 과정에서 자체적으로 출현하는 경우가 많습니다.

질문 2 앞으로의 수학은 어떻게 발전할까 궁금합니다. 전체적으로 추상적 수학에서 실용적 수학으로 발전했는데, 요즘 수학 문제의 흐름을 보면 추상화 실용을 많이 접목하려는 경향이 있습니다. 앞으로 수학은 추상적으로 더 발전할지, 실용적으로 더 발전할지 궁금합니다. 또는 수의 체계가 이대로 끝날지, 새로운 수의 체계가 발견될지, 혹은 새로운 난제를 해결해 수학이 발전할지도 궁금합니다.

박형주 오늘 제가 강의에서 강조한 수학의 두 측면, 즉 추상적이고 철학적이고 순수한 측면과 직접 우리 인류 삶의 문제를 해결하는 실용적인 측면에 여전히 서로 영향을 주고 대립하고 극복하면서 계속 발전할 겁니다. 순수한 수학의 영역에서는 우리가 아직 풀지 못한 난제를 해결하려는 노력을 계속할 것이고, 실제 우리 삶의 영역에 이러한 추상적인 수학의 결과들이 들어올 겁니다. 요즘 선거 예측은 거의 정확한 편입니다. 아까 말씀드린 빅데이

터의 해석에 관한 문제죠. 이렇게 수학은 실제 우리 삶의 문제를 해결하는 방향으로 진전할 겁니다.

유정아 수학은 우리나라에 이식된 학문인데, 우리나라 수학이 세계의 추세를 쫓아갈 수 있을까요?

박형주 해방 이후에 서양의 수학이 한국에 이식되면서 기본적으로는 우리나라에도 수학적 우주가 열린 셈입니다. 그리고 어느덧 우리나라에서도 인류에 기여할 수 있는 수준의 결과를 내는 수준에 다다랐죠. 저는 순수 수학의 영역에서 한국이 굉장히 많은 성취를 이루었고, 이제 그것들이 실제로 연결되는 일들이 일어났고, 또 계속 일어날 거라고 생각합니다.

질문 3 이 강의의 주제가 기원인데요, 기원이라고 하면은 끝에 대해서도 생각해봐야겠죠. 수학이 계속 나아가다보면 이제 더 이상 연구할 게 없다는 벽에 부딪히게 될까요? 제가 체환연산에 대한 이야기를 들어봤는데, 거기서는 연산을 정의하기에 따라서 일종의 구조를 공리에 따라서 마음대로 만들 수 있다고 한 것 같습니다. 그렇다면 만드는 대로 계속 생성될 수 있는 건지 궁금합니다.

박형주 그건 아닙니다. 하나씩 말씀드리죠. 유리수는 뭘까요? 사칙연산이 가능합니다. 덧셈, 뺄셈, 곱셈, 나눗셈이 됩니다. 그런 집합이에요. 실수 역시 사칙연산이 가능한 또 다른 집합입니다. 그러면 이렇게 따지면 사칙연산이 가능한 집합은 굉장히 많습니다. 복소수도 있고, 심지어 유한체라는 것들도 있고, 무척 많죠.
그런데 수학자들은 이걸 각각 따로따로 공부하는 게 아니고 사칙연산이 가능한 집합이 있다면 거기

서는 어떤 일들이 일어날까를 공부합니다. 그리고 그렇게 공부한 결과들은 유리수에도 적용되고 실수에도 적용되고 또 잘 보이지는 않지만 유한체에도 적용됩니다. 심지어 유한체는 요즘은 우주에서 우주선이 사진을 찍어 보내오는 디지털신호를 해석하는 데 사용됩니다. 디지털 신호는 오존층을 통과하면서 깨집니다. 엉뚱한 사진이 나오죠. 그걸 다시 고쳐서 원래대로 복원하는 데 필요한 게 코딩 이론인데, 여기에 유한체가 활용됩니다. 즉 추상적으로 보이지만 사실은 굉장히 유용한 이론인 거죠. 사칙연산이 가능한 곳에서는 어떤 일이 일어날지 수학자들이 공부해놓으면 그다음부터는 모든 게 적용되기 때문에 따로 따로 공부하지 않습니다. 그러니까 단순화가 수학계의 포인트죠. 수학이 유한할까요, 무한할까요? 세상은 어떨까요? 제 생각에는 새로운 문제들이 계속 출현할 것이고, 우리는 계속 진보해나갈 겁니다.
사실은 무한이라는 개념이 너무 추상적이고 잘 그려지지 않아서 계속 발전한다는 게 뭔지 이해하기 힘든 부분이 있습니다. 당연합니다. 고대 그리스 때 유클리드는 유한선분밖에 생각을 못 했습니다. 계속된다는 게 뭔지를 이해를 할 수가 없었거든요. 무한이 뭔지 모르기 때문에 지금 혼란스러운 거거든요. 그런데 계속 갑니다.

유정아 그러면 기원은 있었으나 끝은 없을 것이다. 수학에 무한이라는 개념이 있는 한. 그런 이야기인가요?

박형주 네. 그렇습니다. 물론 그것을 표현하는 말이 있어요. 무한원점point at infinity, 무한대에 점을 찍으면 되는데, 그걸 설명하기는 어렵습니다.

질문 4 강의 중에 이집트나 바빌론, 그리스 모두 당시의 강대국이었습니다. 문화적이든 군사적이든. 그렇다면 수학이 발전한 나라가 강대국이 되는 건가요, 아니면 강대국이었기 때문에 수학이 발전한 건가요?

박형주 로마의 경우는 예외입니다. 로마 제국은 역사상 가장 강하고 방대한 나라 중 하나였는데, 수학에서는 암흑기나 다름없습니다. 제가 6세기에서 14세기를 암흑기라고 했죠. 15세기에 아랍문명이 고대 그리스와 인도의 성취를 유럽에 전달하기 전까지는 수학사에서 기억할 만한 것이 거의 없습니다. 거의 800년 동안이죠. 이런 걸로 보면 강대국이 어떤 문명의 성취에 꼭 기여하는 것은 아닌 듯합니다. 오히려 어떤 의미에서는 로마 제국은 앞선 알렉산드리아 시대의 성취에 기생했다고도 볼 수 있습니다. 그런 의미에서는 문명의 색깔이 중요한 것 같습니다.

질문 5 실제로 학교에서 배운 수학을 활용할 일이 거의 없는데, 왜 미적분까지 배워야 하나요?

박형주 제가 가장 많이 받는 질문이 있습니다. 평생 미적분 한 번 안 하고 살 것 같은데 왜 그걸 배워야 하냐는 거죠. 다른 하나는 중·고교 교과과정에서 수학을 꼭 해야 하느냐는 거고요. 일견 타당합니다. 제가 보기에도 수학 때문에 고통스러워하는 사람들이 많습니다. 사실 답은 없죠. 오늘 강연이 수학을 공부해야 하는 것에 대한 부분적인 답이 되길 원했습니다.

21세기를 이제 그전과 비교했을 때 큰 차이 중 하나는 지식이 덜 중요해졌다는 겁니다. 역설적이죠. 지식이 덜 중요해졌습니다. 왜냐하면 지식의 성취가 너무나 빨리 이루어졌기 때문에, 엄청나게 많은 것을 알게 되었습니다. 대학교에서 엄청나게 공부했어도 졸업하고 한두 해가 지나면 옛날 지식이 되어버리는 겁니다. 대학에서 배운 걸로는 먹고살지 못하죠. 금방 또 새로운 걸 배워야 해요. 그런 의미에서 지식이 덜 중요해졌습니다.

많이 아는 게 이제는 덜 중요합니다. 많은 기업과 대학에서도 트렌드의 변화가 너무 빠르기 때문에 새로운 걸 금방 가르쳐야 합니다. 따라서 결국엔 얼마나 많이 아느냐보다 얼마나 트렌드의 변화를 빨리 이해하고 새로운 지식을 습득할 수 있느냐가 중요합니다. 배우는 능력이 훨씬 중요한 거죠. 그래서 저는 21세기에는 지식이 아니라 배우는 능력이 더 중요하다고 생각합니다. 이 배우는 능력이라는 것은 어떤 논리적인 사고를 해나갈 수 있는 능력입니다. 이런 시대에 수학은 사고의 훈련을 하는 과정인 거죠. 내용은 잊어도 됩니다. 하지만 그 배우면서 했던 사고의 과정은 남습니다.

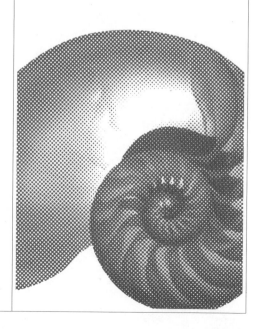

9강

과학과 기술의
기원

과학과 기술,
그 복잡한 관계의 시작

홍성욱

더 많은 것을 갖고 싶어 하는
인간의 욕구, 욕망, 희망, 갈망
이런 것들이 기술을 낳는다고요.

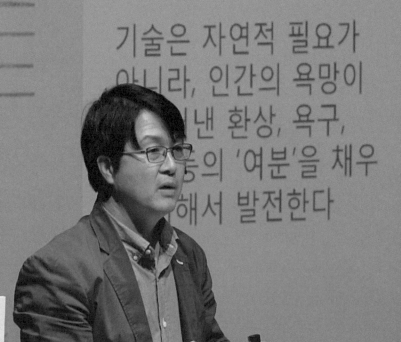

Bassala (1998)

기술은 자연적 필요가 아니라, 인간의 욕망이 ...낸 환상, 욕구, ...의 '여분'을 채우...해서 발전한다

the Origin

[후원] NAVER

HALL

홍성욱

서울대학교 물리학과를 졸업하고 과학사 및 과학철학 협동과정에서 석사학위와 박사학위를 받았다. 1992년 미국 과학사학회에서 박사 과정 학생을 대상으로 수여하는 최우수 논문상인 슈만상을, 1996년에는 미국 기술사학회의 IEEE 종신회원상을 받았다. 캐나다 토론토 대학교 교수를 거쳐 2003년부터 서울대학교 과학사 및 과학철학 협동과정과 생명과학부 교수로 재직하고 있다. 과학사 분야를 비롯해 과학기술학Science and Technology Study(STS) 분야에서 수많은 저서와 논문을 발표했다. MIT에서 출판되어 호평을 받은 무선통신의 역사에 관한 책 *Wireless: From Marconi's Black-Box to the Audion*를 비롯해 《과학은 얼마나》, 《그림으로 보는 과학의 숨은 역사》, 《인간의 얼굴을 한 과학》, 《홍성욱의 과학 에세이》 등의 책을 썼으며 《융합이란 무엇인가》, 《인간·사물·동맹》, 《과학기술학의 세계》 등의 책을 엮었다. 2013년에는 토머스 쿤의 《과학 혁명의 구조》(4판)를 공역했다.

안녕하세요. 반갑습니다. 오늘 제가 이야기할 주제는 과학과 기술의 기원입니다. 과학과 기술 자체의 기원이라니 생소할 수도 있겠죠. 지금까지 여러분은 우주라든가 지구, 물질 등 구체적인 대상의 기원에 대한 강의를 들었을 겁니다. 각 주제에 대해 현대 과학이 밝혀낸 최신의 연구 성과를요. 이런 연구는 기본적으로 과학적인 연구 방법론을 활용해 이루어집니다. 그렇다면, 그런 과학적 연구는 어떤 방식으로 생겨났을까요? 과학과 기술의 기원이라는 이름으로 이야기할 내용은 바로 이런 물음에 답하는 것입니다.

저는 과학을 다루기도 하지만 동시에 역사학자입니다. 역사학자는 기원이라는 문제를 다루는 것이 항상 만만치 않은 작업이라는 것을 알고 있습니다. 먼저 두 권의 책을 소개하겠습니다. 하나는 1837년 이전까지의 유선전신의 역사를 다룬 존 페이히John Fahie의《1837년 유선전신의 역사History of Electric Telegraphy to the Year 1837》입니다. 흔히 유선전신이 발명됐다고 알려진 해가 1837년입니다. 그래서 유선전신의 역사를 다룬다면 1837년 이후의 역사를 다루어야 마땅하겠죠. 하지만 이 책은 그 이전까지의 역사를 다루는 책입니다. 다른 하나는 같은 저자의《무선전신의 역사A History of Wireless Telegraphy》라는 책입니다. 이 책은 1838년부터 1899년까지의 무선전신의 역사를 다룬 책입니다. 그런데 무선전신이 사용된 것은 대략 1899년부터입니다. 이 책 역시 그 이전의 무선전신의 역사를 다루었죠.

이게 어떤 의미일까요? 우리는 흔히 어떤 발명품이나 과학적 개념이 언제부터 만들어졌거나 통용되었다고 이야기합니다. 하지만 그 기원을 따져보면 그 이전에도 얼마든지 그에 견줄 수 있는 이야기들이 있다는 의미입니다.

저 역시 무선전신의 기원에 관한 논문을 쓴 적이 있습니다. 하지만 그 기원을 밝힌다기보다는 그 기원을 둘러싼 여러 논쟁과 해석이 왜, 그리고 어떤 맥락에서 등장했는지 등에 관한 논문이었습니다. 다시 말씀드리자면 무언가의 기원, 어떤 기술의 기원이라고 했을 때 분명하게 구분되는 한 가지 답, 모든 사람이 만족하고 모든 역사학자가 동의하는 답이란 없습니다. 그것을 둘러싼 다양한 이야기를 살펴 왜 그런 이야기가 나오게 되었고, 그런 이야기들을 우리가 어떻게 해석할 수 있는지를 살펴보아야 합니다.

어원으로 본 과학과 기술의 기원

흔히 무언가의 기원에 대해 이야기할 때 가장 먼저 접근하는 한 가지 방법은 어원을 생각해보는 것입니다. 영어에서 과학을 의미하는 science는 '지식'을 뜻하는 라틴어 단어 scientia(스키엔티아)에서 왔습니다. 이 단어는 '지식을 얻다'라는 뜻의 sciens(스키엔스)의 명사형이고, '알다'라는 의미의 scire(스키레)에서 출발했죠. science라는 단어가 지금 우리가 사용하는 의미로 사용되기 시작한 것은 18세기 중엽에서 19세기 초엽 정도입니다. 그전까지 science는 지금과 같은 의미가 아니었습니다. 1833년에 윌리엄 휴얼William Whewell이 '과학자scientist'라는 용어를 처음 사용했다고 합니다.

그렇다면 그전에 존재했던, 우리가 근대 이전의 과학자라고 알고 있는 사람들은 무엇이라 불렀을까요? 뉴턴이나 라부아지에 같은 사람들이 했던 활동에 대해서는 뭐라고 불렀을까요? 그때는 자연철학natural philosophy이라고 했습니다. 로버트 보일Robert Boyle 같은 사람도 스스로를 자연철학자라고 했고, 마이클 패러데이Michael Faraday는 심지어 19세기 인물이지만 자신을 scientist라고 부르는 것을 몹시 싫어했다고 합니다. 자신이 하는 것은 자연철학이고, 자신은 자연철학자라고 늘 주장했다고 합니다. 이렇듯 science라는 단어 자체를 둘러싸고도 여러 이야기를 할 수 있습니다.

기술을 의미하는 영어 단어 technology라는 말은 라틴어가 아니라 그리스어서 기원했습니다. 그리스어로 '체계적 관리'를 의미하는 tekhnología(테크놀로기아)에서 시작되었다고 알려져 있죠. 이 단어는 기예를 의미하는 tékhnē와 –logía가 합성해 이루어진 단어입니다. 이 테크놀로지라는 말에 대해서도 비슷한 논의를 할 수 있습니다.

영어 단어 technology가 지금 우리가 사용하는 의미로 사용되기 시작한 것 역시 대략 19세기 중반 이후입니다. 그럼 그전에는 어떻게 불렀을까요? 중세와 근대 초기에는 mechanical art라고 불렀습니다. 또 개별적인 기술의 이름으로 불렀죠. mechanical art, machine art, steam engine 등 개별 '기술'의 이름으로 불렀죠. 이런 것들을 추상화하여 통칭하는 technology라는 단어는 없었던 겁니다. 이렇게 어원만 잠깐 살펴봐도 과학의 기원, 기술의 기원이 언제인지 이야기하는 것 자체가 상당히 만만치 않은 작업인 것을 짐작할 수 있습니다.

과학과 기술의 기원에 관한 문제를 더 복잡하게 만드는 것이 바로 과학과 기술과의 관계입니다. 역사적으로 고대로부터 현대에 이르기까지 과학과 기술은 직접적인 상호작용이 많지 않았습니다. 그런데 이 문제에 대해서 새롭게 해석하는 철학자들이 있습니다. 대표적인 예가 마르틴 하이데거Martin Heidegger와 브뤼노 라투르Bruno Latour입니다.

하이데거는 기술이 과학보다 훨씬 본질적이라고 생각했습니다. 기술이라는 것은 인간이 대상, 특히 자연과 같은 대상을 사람에게 유용한 대상으로 바꾸는 인간의 '의지'라고 보았죠. 즉 기술의 본질은 '기술적인 것'이 아니라 인간의 '의지'라는 것이죠. 그리고 과학은 기술이 필요에 따라 발전시킨 지식일 뿐이라고 보았습니다. 하이데거에 따르면 과학은 17세기 이후에 본격적으로 발전합니다. 기술은 한참 이전부터 있어왔고요.

브뤼노 라투르는 과학과 기술 모두 비인간이라는 것(자연도 될 수 있고 기술도 될 수 있죠.)들을 인간에게 의미 있는 것으로 탈바꿈시키는 행위라고 봤습니다. 즉 인간이 인간이 아닌 것과 새로운 연관관계를 만들어가는 행위가 과학과 기술인 것이죠. 라투르에 따르면 과학과 기술 사이에 근본적인 차이는 존재하지 않는다고 볼 수 있습니다. 그래서 라투르는 테크노사이언스technoscience라는 말을 만들어서 사용하기 시작했습니다.

＞ 브뤼노 라투르
프랑스의 과학기술학자로 인문학, 사회과학, 자연과학의 경계를 허무는 '과학인문학'으로 현대 과학기술학에 큰 영향을 미쳤다. 학문의 경계를 허물고 가로지르는 하이브리드 사상가로서, 사물을 정치 활동의 주체로 새롭게 정의한 그의 시각은 현대 정치철학과 과학철학, 사회이론에 큰 파장을 미치고 있다. 대표 저서인 《우리는 결코 근대인이었던 적이 없다》는 세계 20여 개 나라에 번역 출간되어 그의 사상의 독창성을 널리 알렸다.
라투르가 현대 사회와 과학기술의 관계를 설명하기 위해 고안한 '행위자-연결망 이론actor-network theory(ANT)'은 다양한 현상을 설명하는 혁신적 사회이론으로 평가받으며 사회학, 인류학, 지리학, 경제학 등으로 적용 범위를 넓히고 있다.

기술은 어떻게 등장했는가

과학과 기술의 관계가 물론 복잡하긴 하지만, 어쨌든 앞서 시작됐다고 알려진 기술에 대해 먼저 살펴보겠습니다. 상당히 오랫동안 기술은 사람만이 가지고 있는 것이라고 생각해왔습니다. 그런데 20세기 들어 그런 믿음에 균열이 생기기 시작했죠. 예를 들어 영장류인 침팬지에게도 기술이 있다는 사실이 발견된 겁니다. 침팬지가 나뭇가지를 다듬고 혓바닥으로 핥아 침을 묻혀 개미집에 넣는다는 것은 다들 아

구석기 시대의 뗀석기

실 겁니다. 그렇게 해서 개미를 잡아먹는 거죠. 돌을 이용해 열매를 까먹는다는 것도 보고되었습니다. 사람만 도구를 이용하는 줄 알았는데, 그게 아니라는 것, 심지어 주어진 도구를 활용하기만 하는 것이 아니라 나뭇가지를 가공까지 한다는 것이 밝혀졌죠. 인간이 하는 것과 크게 다르지 않은 기술 활동을 동물도 한다는 것입니다.

인류는 언제부터 기술이라는 것을 사용했을까요? 우리 인류의 조상 중에 약 200만 년 전에 살았다고 알려진 호모 하빌리스*Homo habilis*가 있습니다. 도구를 사용하는 인간*handy man*이라는 뜻이죠. 이들은 돌도끼 등 간단한 도구를 사용했다고 알려져 있습니다.[9-1] 약 170만 년 전부터 20만 년 전까지 살았다고 알려진 호모 에렉투스*Homo erectus*는 불을 사용하기 시작합니다. 그다음 약 40만 년 전부터 3만 년 전까지 살았던 호모 사피엔스 네안데르탈렌시스*Homo sapiens neandertalensis*는 간단한 도구를 제작하거나 하나의 도구를 여러 용도로 사용하기 시작했습니다. 그러니까 다목적 도구를 만든 것이죠.

그리고 우리의 직접적인 조상인 호모 사피엔스*Homo sapiens*가 대략

50만 년 전에 등장했는데요, 고고학자들은 호모 사피엔스가 4만 년 전에서 3만 5000년 전 사이에 기술과 관련해서 굉장히 중요하고 급격한 발전을 이루었다고 합니다. 돌, 뼈, 사슴뿔 같은 것들을 사용해서 바늘, 로프, 그물, 램프, 악기, 무기, 활, 창, 낚시 도구, 은신처 등을 만들어내기 시작한 것이죠. 그전까지는 아주 간단한 도구 몇 개만 사용했는데, 이 시기에 엄청나게 다양한 용도에 사용하는 수많은 기술이 쏟아져 나오기 시작합니다.[9-2]

이보다 조금 늦은 시기에는 동굴벽화들이 발견됩니다. 왜 구석기인들은 동굴

벽화를 왜 그렸을까요? 종교적인 의식 때문에 그렸다거나 사냥을 떠나기 전의 제의 과정에서 그렸다거나 어떤 사회적 연대를 위해 그렸다는 등 여러 추측이 있습니다. 이유야 어쨌든 이런 벽화들이 어떤 형태로든 종교적·영적 역할을 했다는 데는 많은 학자들이 동의합니다. 그러니까 이 그림 자체가 일종의 기술적 기능, 사람들을 연결시켜주고 묶어주는 사회적 기술social technology로 기능했다는 것입니다. 그러니까 인간이 굉장히 다양한 도구들을 만들기 시작했을 때 이런 일을 거의 같이했다고 합니다.

비슷한 시기에 자연에 대한 관측도 일어나기 시작합니다. 우크라이나 지방에서 매머드의 뼛조각이 발굴되었는데, 거기에 사람들이 새겨놓은 기록이 있었습니다. 이 기록을 분석해보니까 달이 차고 기우는 것을 기록한 것입니다. 이것이 대략 3만 전에서 1만 5000년 전 정도

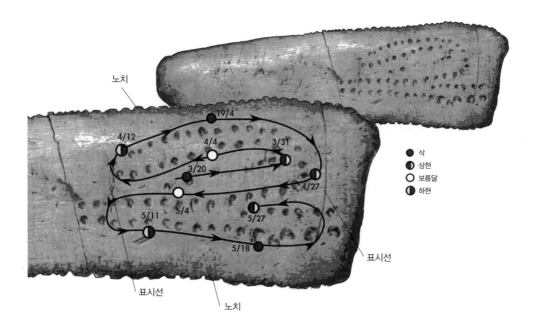

노치

19/4

4/12
4/4
3/31

3/20

5/4
4/27

5/11

5/27

5/18

● 삭
◐ 상현
○ 보름달
◐ 하현

표시선

표시선

노치

9-3
달의 위상 변화를 조각해놓은
3만 년 전의 뼛조각

에 만들어졌을 것이라고 추정하고 있습니다. 프랑스에서 발견된 3만
년 전에 만들었을 것으로 추정되는 뼛조각에도 달의 위상 변화가 조
각되어 있습니다.**9-3** 장소는 다르지만 비슷한 시기에 사람들이 자연에
대해 의문을 품고 관찰하고 기록하기 시작했다는 이야기입니다.

기술과 욕망

조지 바살라George Basalla라는 기술사학자는 구석기 시대 말기에서
신석기로 넘어가기 직전 즈음에 나타나기 시작한 엄청난 기술들에 대
해서 흥미로운 해석을 내립니다. 사람들은 일반적으로 기술이 어떤
필요에서 발명된 것이라고 생각합니다. 낚시를 하기 위해서 낚싯바늘
을 발명하고, 동물을 잡기 위해서 화살촉을 만들죠. 이처럼 필요에서
발명된 것이 기술이라고 생각하는데, 바살라는 조금 다른 해석을 내

놓습니다. 필요에서 발명되었다 하기에는 그 종류가 너무 많다는 겁니다. 기술의 가짓수가 너무 많고, 종류가 너무 많다는 것입니다. 필요를 충족하려면 몇 가지 기술만 있으면 되는데, 당시 굉장히 많은 기술이 생겨났던 거죠.

바살라는 기술의 발전은 어떤 구체적인 필요에서 생기는 것이 아니라, 인간의 욕망에서 생기는 것이라는 해석을 제시했습니다. 더 많은 것을 갖고 싶어 하는 인간의 욕구, 욕망, 희망, 갈망 이런 것들이 기술을 낳는다는 것이죠.

지금도 그렇습니다. 여러분이 앉아 있는 의자를 한번 보세요. 전 세계에 도대체 얼마나 많은 의자가 있습니까. 앉는다는 필요를 충족하려면 한두 가지 디자인의 의자만 있으면 됩니다. 그런데 굉장히 많은 디자인의 의자가 있습니다. 왜 그런 수많은 기술이 생기는 걸까요? 단순한 필요가 아니라 그것보다 훨씬 더 큰 숨겨진 욕망을 반영한 것이라는 게 바살라의 주장입니다.

이런 주장을 생물학자 중에서도 비슷한 형태로 제기하는 사람들이 있습니다. 《통섭 Consilience》의 저자로 유명한 에드워드 윌슨 Edward Wilson 은 《지구의 정복자 The Social Conquest of Earth》라는 책에서 네안데르탈인과 호모 사피엔스를 아주 흥미롭게 비교하고 있습니다. 네안데르탈인도 도구를 만들었습니다. 그런데 호모 사피엔스와 다른 점이 있습니다. 재미있는 것은 네안데르탈인의 뇌 용량이 더 크다는 사실입니다. 1,500cc 정도죠. 호모 사피엔스는 1,400cc 정도고요. 뇌의 크기로만 보면 네안데르탈인이 더 큽니다. 체격도 더 컸죠.

문제는 네안데르탈인에게는 일반 지능과 기술을 만드는 기술 지능, 자연에 대한 이해를 도모하는 자연사 지능, 그리고 사회적 연대에 관한 사회적 지능이 상당히 떨어져 있었다는 겁니다. 반면 호모 사피엔스는 이런 것들이 많이 붙어 있었다고 해요. 그러니까 장신구를 만든다거나 종교적 제의에 쓰이는 도구를 만든다거나 활을 만들거나 달을 관찰해 어딘가에 새겨놓는다거나 하는 기술이 하나로 합쳐져 있었다는 겁니다. 여러 용도로 사용하는 어떤 기술적인 활동이 인간에게는 한데 뭉쳐져 있는 어떤 활동의 발현체였다는 것입니다.

피라미드와 기술

구석기 시대를 지나 신석기 시대로 넘어오면 농경이 시작됩니다. 농경이 시작되면서 핵심적인 변화가 따라옵니다. 바로 잉여 식량이 생기고, 그 식량을 저장하는 기술이 발전하죠. 창고를 만들고 집을 짓고 성곽을 쌓는 등의 기술이죠. 촌락이 생기고 7,000명, 1만 명 정도 되는 사람이 모여 사는 동네가 만들어집니다. 그리고 거기에서 권력 구조가 생겨나고 노동의 분업이 생겨납니다. 어떤 사람은 경작만 하고, 어떤 사람은 집 짓는 일만 하고, 어떤 사람은 종교적인 역할을 담당을 하고, 어떤 사람은 그것을 통치하는 일만 하는 식으로 역할 분화가 생기기 시작합니다.

대략 기원전 5,000년 전 정도가 되면 지구상 몇 군데에서 거의 비슷한 시기에 문명권이라는 것들이 만들어지기 시작합니다. 멕시코를 중심으로 중앙아메리카에 세워진 메소아메리카 문명권, 안데스 지역에 세워졌던 잉카 문명권, 그리고 나일강 유역에서 열린 이집트 문명권, 서아시아 지역의 메소포타미아 문명권, 인도와 중국 등에서도 비슷한 시기에 문명권이 등장합니다.

이들 문명권에서는 종교적인 성격을 강하게 띠는 신전 등이 생겨납니다. 잉카 문명 지역 테오티우아칸의 태양신전, 메소포타미아 문명에 세워진 지구라트 등이 그것이죠. 그중에서 가장 유명한 것은 역시 이집트 문명이 세운 피라미드라는 어마어마한 건축물입니다.

피라미드는 겉으로 드러나는 크기만으로도 압도적이지만, 복잡한 내부 구조까지 갖추고 있습니다. 무덤으로 사용했기 때문에 진입로 등 여러 내부 구조가 있죠. 피라미드 하나에는 2.5톤짜리 돌 230만 개가 사용되었다고 합니다. 밑변은 동서남북에 맞춰 정확히 정사각형이죠. 여러 가지 신비한 부분이 많아 외계인이 만들었다는등 여러 이야기도 나옵니다.

최근에는 피라미드의 건설에 관한 역사적·기술사적인 설명이 많이 제기되고 있습니다. 이런 설명에 따르면 피라미드는 그렇게 신비한 건축물이 아닙니다. 인간의 힘으로 불가능한 일이 아니었다는 것이죠. 그 당시의 인력이나 권력으로 충분히 지을 수 있었던, 물론 쉽지는 않은 일이었겠지만, 충분히 가능한 건축물이라는 겁니다. 고대 그리스의 역사학자 헤로도토스에 따르면 10만 명의 인력과 5,000명의 기술자가 동원되었다고도 하죠.

가령 기자giza에 있는 그레이트 피라미드the great pyramids 같은 경우에는 한 번에 성공한 것이 아닙니다.[9-4] 작은 피라미드로부터 시작해서 점점 커집니다. 커지다가 어느 단계에서는 피라미드를 짓다가 무너지기도 합니다. 각도를 지나치게 높이 잡아 뾰족하게 세워서 짓다가 중간에 무너져 내리기도 했죠. 그래서 어느 단계에서는 중간 정도 이후부터 각도를 완만하게 해서 짓기도 합니다. 여러 시행착오를 거치고 난 뒤 노하우를 얻어 더 안전하게 짓는 방법들을 개발하고, 결국 그레이트 피라미드와 같은 어마어마한 건축물을 만들 수 있었던 것입니다.

피라미드는 왜 만들어졌을까요? 정확한 답을 얻기는 쉽지 않습니

다. 단순히 종교적인 이유나 왕의 무덤은 아닐 겁니다. 그렇다면 그렇게 클 이유가 없죠. 일종의 국가적 힘을 과시하고, 한편으로는 그것을 비축해나가는 행위가 아니었나 추측할 수 있습니다. 피라미드를 짓는 데 동원된 사람들은 대부분 농사일을 하던 사람들이었습니다. 농사를 짓지 않는 시기에 동원되어 피라미드를 지었죠.

피라미드를 지을 때 그것을 관장하는 정점에는 파라오라는 왕이 있었습니다. 피라미드의 규모 등을 고려할 때 왕은 결국 인간이 아니라 신과 비슷한 존재로 인식이 되었을 가능성이 크죠. 이런 행위를 통해 왕국을 건설하고, 왕국을 더 강한 것으로 만들었던 과정이 아니었나 추측을 하고 있습니다.

그리고 또 하나는 루이스 멈퍼드Lewis Mumford 같은 기술사학자가 내세운 개념인데요, 피라미드는 인류 최초의 '거대기계megamachine'라는 것입니다. 거대기계는 멈퍼드가 주로 19세기 이후에 등장하게 되는 아주 거대한 공장이나 기계 시스템을 지칭할 때 쓰는 말입니다. 그는 이미 고대 이집트에 그런 거대기계가 있었다고 주장합니다. 피라미드를 짓는 데 실제로 기계가 사용되지는 않았거든요. 주로 사용된 것은 사람입니다. 그런데 멈퍼드는 사람들을 그리 동원하고 통제하고 명령할 수 있었던 그 시스템 자체가 일종의 거대기계라고 해석한 것이죠.

그의 주장에 따르면 이집트에 새로운 문명이 만들어지면서 새로운 기술이 등장합니다. 금속, 동물, 풍력, 노예를 이용하고, 글자가 만들어지는 것이죠. 재미있는 점은 글자가 만들어지면서 관료가 되는 길이 출세하는 것이라는 생활상의 변화가 일어납니다. 왕이 절대적인 권력을 가진 시기에 글을 공부해서 관료가 되는 것이야말로 가장 중요한 일이었죠. 추측이 아니라 당시의 기록에 실제로 이런 이야기가 남아 있다고 합니다.

또한 셈법이 발전합니다. 그러면서 셈을 잘하는 사람들이 나타나죠. 회계사, 점성술사, 수학자, 의사, 엔지니어, 교사 같은 전문 직업을 가진 사람들이 등장합니다. 그리고 학교가 생깁니다. 이집트에도 생기고, 메소포타미아에도 생깁니다. 이집트는 파피루스라고 부르는 양피지에, 메소포타미아는 진흙에 자기들이 한 여러 가지 기록이라든지 계산, 책, 이런 것들을 기록해서 남기기 시작합니다. 이런 것들도 모두 기술이라고 볼 수 있습니다.

메소포타미아의 과학

이집트에서는 주로 대수학과 토지 측정을 위한 기하학이 발전했습니다. 천문학도 발전했죠. 그리고 특히 의학이 발전했습니다. 800여 가지 병에 대한 처방이 지금도 고대 이집트의 기록에 남아 있죠. 플라톤 같은 학자는 이집트가 그리스에 미친 영향을 언급합니다. 그런데 최근의 연구는 사실 이집트보다는 바빌론, 메소포타미아가 그리스에 준 영향을 더 강조합니다.

메소포타미아는 수학, 천문학, 점성술 등에서 상당한 수준에 이르렀습니다. 메소포타미아 문명지대에서는 특이한 점토판이 하나 발견됩니다.[9-5] 점토판에 새겨진 글자들을 해석해보니 특이한 숫자가 나왔어요. 1, 24, 51, 10이었죠. 당시 메소포타미아는 60진법을 사용했습니다. 그래서 이 숫자를 10진법으로 환산해보았더니 1.414213이 나왔습니다. 2의 제곱근이죠. 메소포타미아 사람들은 연립방정식, 2차방정식의 특수해를 구하는 복잡한 계산을 했습니다. 그렇지만 증명이 없었죠. 논리적-연역적 체계는 없었다는 겁니다.

천문학에서도 놀라운 기록을 굉장히 많이 남겼습니다. 이들은 기원전 1700년부터 600년까지 거의 1,000년이 넘는 세월의 천체 현상을 관찰해서 기록을 남겨놓았습니다. 이를 통해 상당히 높은 수준의 천문 지식을 얻습니다. 달력도 제작하고 일식과 월식도 예측했죠. 특히 보름달이 뜨는 주기에 관해서는 거의 완벽하게 맞추었습니다. 보름달이 뜨는 주기를 정확히 예측하려면 지구에서 보기에 태양과 달의 상대적 거리, 달의 장기적 주기, 계절의 세 가지 요소를 고려해야 했죠. 이 세 가지를 다 고려해야만 보름달이 언제 뜨는지를 알 수 있는데 결국 오랜 관찰을 통해서 그것을 정확히 맞출 수 있는 단계까지 이르렀

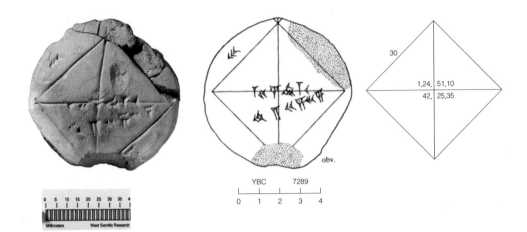

다고 합니다. 그러나 역시 천체 체계에 대한 모델은 아직 없었습니다. 그저 계산과 예측을 정교하게 할 뿐이었죠. 이집트와 메소포타미아의 과학 모두 상당히 실용적인 목적의 과학이었습니다. 그러니까 어떤 모델이나 이론은 거의 없었던 것이죠.

9-5
1, 24, 51, 10: 이들이 사용한 60진법을 이용해서 이 값을 구해보면,
1 + 1/60(24 + 1/60(51 + 1/60 x 10)) = 1.414213.
즉 2의 제곱근이다.

그리스의 과학과 기술

일반적으로 과학사 교과서는 그리스에서 시작합니다.[Q1] 그리고 그 중에서 가장 먼저 등장하는 과학자는 밀레투스의 탈레스Thales라는 과학자입니다. 탈레스는 원의 지름은 원을 반분한다는 것을 보였고, 두 선분이 교차할 때 마주보는 각은 같다는 것 등을 증명했죠. 또 이등변 삼각형에서 밑변의 두 각이 같다는 것도 증명했고요. 또 일식을 예측해서 전쟁을 막았다는 이야기도 전해집니다.

탈레스가 살아 있을 당시 소아시아 지역에서는 리디아와 메디아가 한창 전쟁 중이었습니다. 이때 리디아가 밀레투스에 동맹을 요청했죠. 탈레스는 일식을 예측하고, 곧 일식이 일어나 전쟁이 중단될 테니

동맹에 가담해 불필요한 희생을 낳아선 안 된다고 했습니다. 그의 말 대로 전쟁 중에 일식이 일어나 리디아와 메디아는 전쟁 때문에 신이 노여워했다고 여겨 전쟁을 멈추었죠. 밀레투스는 탈레스 덕에 동맹에 가담하지 않아 전쟁의 굴레에서 벗어날 수 있었습니다.

탈레스의 업적 중 중요한 것은 세상의 근본 물질에 대한 이론입니다. 그는 물이 세상의 근본 물질이라고 보았습니다. 이 세계가 굉장히 복잡하고 다양한데 이 모든 것을 만든 것이 궁극적으로는 물이라는 것이죠. 물론 말이 안 되지만, 세상의 근본 물질에 대한 탐구를 시작했다는 점에서 큰 의미가 있습니다.

탈레스에 관해서는 재미있는 에피소드도 있습니다. 플라톤이 전한 이야기인데요, 어느 날 탈레스가 하늘을 바라보면서 길을 가다가 우물에 빠졌습니다. 이 모습을 본 노예 소녀가 앞날을 예측하고 진리를 찾는다더니 발 앞에 우물도 못 본다면서 비웃었다고 전해지죠. 아리스토텔레스는 이와는 조금 다른 이야기를 전합니다. 아리스토텔레스

Q1 :: 과학과 기술의 기원이 그리스인 이유는 무엇일까?

과학의 기원은 그리스지만, 기술은 여기에 해당되지 않습니다. 그리스에서 기술은 정말 미미한 수준이었습니다. 오히려 로마가 훨씬 더 발달했죠. 로마에 지금 지어진 건물들 뭐 수로, 목욕탕 이런 것들 다 있으니까요. 그런데 로마는 오히려 과학에는 관심이 없었습니다.

17세기 중엽까지 살펴보면 서구 학자들도 중국이 서구보다 훨씬 더 잘살았고 기술적으로 훨씬 더 뛰어났다는 것을 인정합니다. 배를 만들거나 다른 여러 가지 상황을 봤을 때 훨씬 부강했다고 생각을 하죠. 문제는 왜 서구가 앞서기 시작했냐는 거죠.

어떻게 보면 서구에서는 과학혁명과 산업혁명이 일어나고 또 정밀한 기계들이 만들어졌습니다. 화약도 중국에서 왔지만, 결국 중국보다 훨씬 뛰어난 대포와 군함을 만들었죠. 쇠로 배를 만들어서 대포를 장착하고, 중국에 가서 중국의 항복을 받아내는 이런 일이 왜 생겼을까요? 우리는 과학혁명과 산업혁명, 그 두 번의 혁명이 결국 서구를 다른 문화권보다 압도적으로 강하게 만든 과정이었다고 해석합니다. 그전까지 유럽의 힘은 중국에 미치지 못했거든요. 기술력도 마찬가지고요.

그걸 거꾸로 생각해보면 오히려 기술이 과학화됨으로써 좀 더 합리적인 것이 되고 과학적인 것이 되고 그다음에 사회적인 지위도 높아지면서 서구가 앞서기 시작했다는 식으로 해석할 수 있겠습니다.

는 그 당시에 올리브가 어떤 해는 풍년이고 어떤 해는 흉년이었는데 탈레스가 기후 관찰을 잘 해서 언제 올리브가 풍년이 될지를 알았다고 합니다. 그래서 압착기를 다 사들였대요. 풍년 때 압착기를 사들이면 다른 사람들은 그것을 사용하지 못하는 거죠. 그래서 탈레스가 그것으로 기름을 짜서 돈을 굉장히 많이 벌 수 있었는데 그러지 않더라는 겁니다.

이 두 이야기가 의미하는 바가 뭘까요? 이 에피소드들은 상당히 중요한 메시지를 전달하고 있습니다. 플라톤과 아리스토텔레스의 메시지를 종합해보면, 탈레스는 혹은 탈레스 같은 자연철학자들은 상당히 현명한 사람들입니다. 자연이 어떻게 작동하는지 다른 사람보다 훨씬 더 잘 알고 있었죠. 그걸 통해서 돈을 벌고자 하면 혹은 권력을 얻고자 하면, 뜻대로 할 수 있었는데 그러지 않았습니다. 탈레스의 관심은 오로지 저 별에 있다는 것입니다. 별을 보다가 우물에 빠져서 노예 소녀에게 놀림감이 되는 그런 사람이었죠. 그러니까 실용적인 것과는 거리가 멀었다는 것입니다. 탈레스는 자신이 추구한 과학으로 돈을 벌거나 지위를 얻고자 한 것이 아니었습니다. 그 사람이 추구했던 것은 실용, 응용 같은 것이 아니라 그저 자연 현상의 본질을 밝히는 일이었습니다.

탈레스 다음으로는 아낙시만드로스Anaximandros를 꼽을 수 있습니다. 아낙시만드로스는 탈레스의 제자였을 것으로 추측됩니다. 그런데 탈레스를 비판합니다. 바로 근본 물질에 대한 견해가 달라서였죠. 탈레스는 세상의 근본 물질은 물이라고 했습니다. 그런데 아낙시만드로스는 물에서는 불 같은 것이 만들어질 수 없다면서, 물이 근본 물질이 될 수 없다고 했죠. 아낙시만드로스는 근본 물질은 어떤 성질을 가진 게 될 수 없다고 주장했습니다. 왜냐면 어떤 성질을 가지게 된다면 항

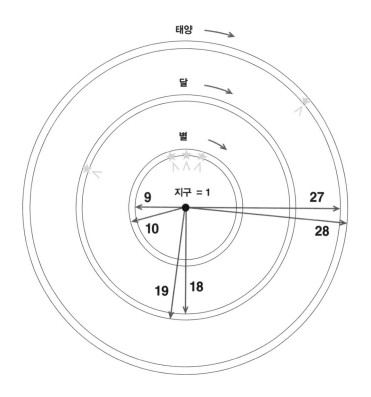

상 그것과는 반대 성질을 가진 것이 존재하기 때문에 근본 물질은 추상적인, 어떤 '무한자'가 되어야 한다는 것이었죠.

아낙시만드로스는 또 우주에 대한 첫 번째 기하학적인 모형을 제시합니다. 지구가 약간 실린더 모양으로 생겼다고 생각한 그는 지구의 가까운 곳에 별이 있다고 믿었습니다. 별이 있고, 달이 있고, 태양이 있는데, 별과 달과 태양의 거리는 9대 18대 27 정도라고 생각했습니다.[9-6] 터무니없는 이야기지만 중요한 것은 이러한 기하학적인 생각을 제시한 사람은 아낙시만드로스가 처음입니다. 이 아이디어가 200년 정도 뒤에는 상당히 정교하게 다듬어져 우리가 알고 있는, 잘 맞는 기하학적인 모형이 됩니다.

자연의 발견

바빌론과 메소포타미아의 과학에서 그리스의 과학으로 넘어가면서 무엇이 바뀌었을까요? 탈레스와 아낙시만드로스는 그 이전에 살았던 사람들과 대체 무엇이 다를까요? 그리스의 자연철학자들이 관심을 가졌던 것은 실용적이고 구체적인 계산이 아닙니다. 대신 그들은 자연의 본질, 우리가 살아가는 자연이라는 존재의 특성과 본질이 무엇인지에 관심을 가졌습니다. 그리고 그 자연에 본질이 있다면 그것은 하나거나 굉장히 작을 텐데 어떻게 이런 수많은 변화가 가능한가를 따지려고 있습니다. 문제 자체가 많이 달라졌죠.

메소포타미아의 수학자와 천문학자 들이 품었던 관심, 이집트의 천문학자와 의사 들이 가졌던 관심과 탈레스나 아낙시만드로스가 가졌던 관심은 그 정도가 많이 달라졌습니다. 훨씬 추상적인 것이었죠. 이 두 자연철학자 이후로 많은 사람들이 세상의 본질에 대해서 이런저런 이론들을 내놓습니다. 피타고라스 학파는 본질이 수數라고 봤는데, 원자라고 주장하는 사람도 있었죠. 엠페도클레스는 4원소설을 제기합니다. 물, 불, 흙, 공기가 자연의 본질적 원소라는 것이죠. 데모크리토스는 원자론을 주장합니다. 헤라클레이토스는 세상의 모든 것은 변한다고 주장했고, 반대로 파르메니데스는 변화라는 것은 있을 수 없다고 이야기했습니다.

그리스 시대에 나타나는 이런 변화들을 가만히 보면 하나로 개념화할 수 있습니다. 바로 자연의 발견 또는 자연의 발명이라는 것이죠. 이해하기 쉽지 않은 개념입니다. 자연이라는 것을 어떻게 발견하거나 발명할 수 있을까요? 이것은 신의 개입이나 인간적인 개입에 의해서 변하는 대상이 아니라, 계속 존재하는 자연이 있다는 것입니다. 신이 개입해서 그때그때 바꿀 수 있는 것이 아니라 계속 존재하고 과거에도 존재했고 지금도 존재하고 미래에도 존재하는 규칙적인 질서가 있다는 것이죠.

이런 모든 개념이 응축된 것이 코스모스cosmos입니다. 우리가 우주라고 보는 개념이죠. 우리가 살아가는 자연, 우주 전체에 어떤 질서 잡힌 외부의 세계가 있고, 우리는 그것을 탐구합니다. 인류 역사상 최초로 우리가 살아가는 자연과 우주에 대해 탐구한다는 점에서 자연의 발견 혹은 발명이라고 이야기할 수 있는 겁니다.

태양도 태양의 궤도에서 벗어날 수 없음을 이들은 발견했습니다. 그전까지 태양은 신적인 존재로 알려졌죠. 그런데 그게 아니라 태양도 자연적인 존재이고, 자신의 궤도에서 벗어날 수 없고, 굉장히 규칙적인 운동을 한다는 발견이 이루어진 것입니다. 코스모스는 신에 의한 것도 인간에 의한 것도 아니었습니다. 과거에 거기에 있었고, 지금도 있고, 미래에도 있는 것입니다.

이런 생각이 왜 고대 그리스에서 등장했을까요? 한 가지 배경은 고대 그리스라고 하면 대부분 아테네나 스파르타를 떠올립니다. 그런데 이런 생각이 등장한 곳은 밀레투스라는 지역입니다. 지금의 터키에 붙어 있는 지역이죠. 그 이오니아 지역에 살았던 학자들을 이오니아학파라고 합니다. 탈레스부터 시작해서부터 아낙시만드로스 같은 사람들이 속하죠. 어찌 보면 그리스의 변방에 있던 지역입니다. 이런 생각들이 모아져서 플라톤 때에 아테네 쪽으로 넘어와서 본격적으로 자연철학이 발전합니다.

그리스 과학의 특징

그리스 과학을 오랫동안 연구한 조지 E. R. 로이드George E. R. Lloyd라는 학자가 있습니다. 그는 1990년대부터 그리스와 중국을 비교하기 시작했습니다. 그는 서양에는 있고 동양에는 없는 것, 서양은 이렇고 동양은 이렇다는 식의 일반적인 해석을 거부했습니다. 대게 서양은 합리적이고 동양은 추상적이다, 서양은 개별성을 강조하고 동양은 전체성을 강조한다, 서양에는 기하학이 있고 동양에는 대수학이 있다는 식으로 이야기합니다. 하지만 로이드는 이런 생각들이 굉장히 단순화된 것이라며 받아들이지 않았습니다. 그에 대한 반례들을 모두 찾을 수 있다는 것이었죠.

로이드는 그리스에서 나타난 과학에 무언가 독특한 것이 있다고 이야기했습니다. 예를 들어 헤라클레이토스가 "만물이 변한다."고 했습니다. 헌데 헤라클레이토스의 말은 우리 눈에 정지해 있다고 보이는 것 자체도 변화한다는 의미입니다. 세상의 모든 것, 우리가 고정되어 있다고 보는 것들도 다 변한다는 것이죠. 그것에 맞서서 파르메니데스는 변하는 것은 없다고 말했습니다. 이 이야기를 할 때 파르메니데스가 의도했던 것은 우리가 변한다고 생각하는 것들, 눈에 순간순간 변하는 것들도 사실은 변하지 않는 것이라는 겁니다. 그러니까 이들의 사고 자체가 (이런 것을 합리성이라고 부를지도 모르지만) 조금은 극단적인 경향을 가지고 있었다는 게 로이드의 결론입니다. 왜 그랬을까요?

이에 대한 한 가지 해석으로 로이드는 사회적인 요소를 제기했습니다. 중국과 달리 고대 그리스에서는 학자에 대한 국가의 지원이 없었습니다. 그래서 학자들은 쉽게 국가의 지원을 받지 못한 상태로 학생

9-7
헤론의 증기 기구

들을 모아서 가르치는 것으로 생계를 유지해야만 했습니다. 학생들을 모으려면 다른 사람의 이론과 차별화되어야 했습니다. 심지어 그 다른 사람이 자신의 스승이라 할지라도 그것을 비판하기 위해 훨씬 극단적인 이론을 제시했죠. 너도 할 수 있고, 나도 할 수 있는 이론이 아니라 자신만의 독특한 이론이죠. 그렇게 극단적인 주장을 하고 그 주장에 대해 논증하는 방식의 학문 체계가 고대 그리스에서 발전했습니다. 그래서 더 많은 지지자와 학생을 얻으려는 노력에서 자신만의 독특한 철학, 타인에 대한 논박, 논쟁이 발전했다는 것입니다.

고대 그리스에서 기술을 하는 사람들도 있었습니다. 우리가 잘 알고 있는 아르키메데스Archimedes는 물을 퍼 올리는 스크루를 개발했죠. 그는 정역학이나 유체역학에서 상당히 중요한 업적을 남겼습니다. 그리고 증기를 이용해서 여러 가지 재밌는 기구들을 만든 헤론Heron도 있습니다. 헤론은 문 옆에 있는 잔에 불을 붙이면 증기의 힘으로 문이 저절로 열리는 증기 자동문을 만들었습니다. 또 증기를 이용해서 뱅글뱅글 돌아가는 기구를 만들기도 했죠. 그래서 어떤 사람은 헤론이 만든 이 기구가 인류 역사상 최초의 증기기관이라고 주장하기도 합니다.[9-7]

그런데 아르키메데스도 그렇고 헤론도 마찬가지로 현대적 의미의 엔지니어에 가까운 사람은 아니었습니다. 이들 역시 자연철학자였습니다. 아르키메데스가 정역학이나 유체역학을 세운 것도 철학적 작업의 일환이었죠. 헤론이 만든 많은 기구 역시 놀이를 위한 목적 혹은 자연철학적인 논증을 하기 위한 것이었습니다. 실용적인 것이 아니었습니다. 그쪽에 애초에 관심도 없었고요. 어쨌든 당시 그리스의 문화 속에서 몇몇 과학자나 철학자가 기술이라는 문제에 관심을 가졌다 하더라도 그것은 우리가 생각하는 장인들이 관심을 갖고 있었던 문제와는 굉장히 먼 개념이었습니다.

고대 그리스의 우주론

플라톤은 밀레투스의 학파의 자연철학을 받아들여서 체계화시키고, 자신의 관념론적인 철학 체계 속에 녹여냈습니다. 플라톤은 아카데미아academia라는 학교를 설립해서 오랫동안 학생들을 키워냅니다. 플라톤 아카데미의 현판에는 "기하학을 모르는 자는 들어오지 말라"는 유명한 경구가 붙어 있었다고 하죠.

재밌는 사실은 플라톤 자신은 기하학의 실용성을 비웃었다는 겁니다. 기하학을 실용적으로 활용하기 위해 배운다는 것은 바보 같은 행위라고 보았죠. 기하학에는 실용성이 없다고요. 오로지 철학적 목적에서 기하학을 배운다고 했죠.

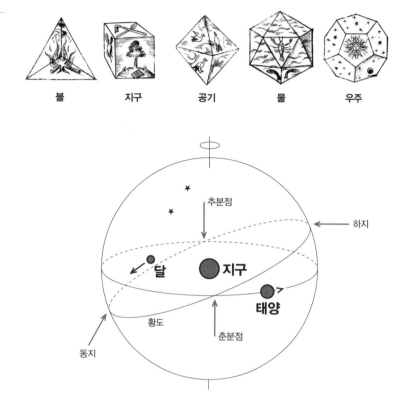

불　지구　공기　물　우주

플라톤은 이전에 있었던 네 개의 원소에 하나를 덧붙여 다섯 개의 정다면체를 대응시킵니다. 정육면체가 지구, 정사면체는 불, 정팔면체는 공기, 정이십면체는 물이었습니다. 정십이면체가 남는데, 이것이 가장 원형에 가깝기 때문에 정십이면체는 우주라고 이야기했습니다. 그리고 원 공간을 이용해서 지구에서 보는 태양과 별의 운동을 설명합니다. 플라톤에 이르면 태양과 별, 별자리들의 운동은 이 원운동만을 사용해서 상당히 정교하게 설명됩니다.[9-8]

플라톤이 골머리를 앓았던 문제 중 하나는 행성입니다. 당시 행성은 수성, 금성, 화성, 목성, 토성만 있다고 알려져 있었는데, 이 행성들이 역행운동이라는 것을 하더라는 겁니다. 가다가 거꾸로 돌아가요.

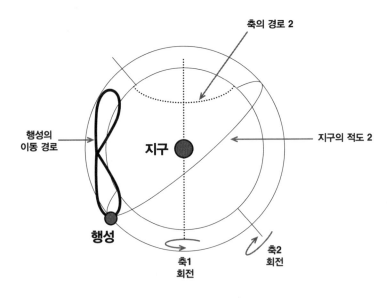

이것은 원운동만으로는 설명이 되지 않았습니다. 그런데 에우독서스 Eudoxus라는 플라톤의 제자가 구의 운동 세 가지를 조합을 해서 이 행성의 역행운동을 설명합니다.⁹⁻⁹ 플라톤은 기뻐했다고 하죠. 자신의 제자가 자신의 프로그램대로 구의 운동 세 개를 조합해 행성의 역행운동을 깔끔하게 설명해낸 것이니까요.

플라톤의 체계는 이후 아리스토텔레스에 의해서 일부 받아들여지고, 보완되고, 체계화됩니다. 아리스토텔레스의 우주론에 따르면 우주의 구조는 달을 중심으로 한 달 밑의 세상인 지상계와 달 위의 세상인 천상계로 나뉩니다. 천상계에서는 변화가 존재하지 않고 영원한 운동만이 존재합니다. 생성과 소멸이 없죠. 대신 지상계에서는 생성, 소멸, 변화가 존재합니다. 천상계의 운동은 원운동이지만 지상계의 운동은 수직 상승, 수직 낙하 운동, 그리고 그 질서에 어긋나는 비자연적인 운동으로 구성됩니다. 천상계는 제5원소인 에테르라는 원소로 이루어져 있고요. 그렇기 때문에 이것이 아무리 커도 마찰 같은 것들이 생기지 않습니다. 대신 지상계는 물, 불, 흙, 공기라는 네 가지 원소로 구성되어 있습니다. 이런 식으로 아리스토텔레스에 오면 우주론과 물질론 그리고 운동이론 같은 것들이 다 연결되면서 상당히 체계적인 자연철학이 완성됩니다.

플라톤의 골칫거리였던 행성의 역행운동은 제자인 에우독서스가 해결했습니다. 하지만 실질적인 해결은 프톨레마이오스에 이르러 제시됩니다. 프톨레마이오스는 주전원이라는 작은 원을 여러 개를 만들어서 그 행성이 실제 큰 원이 아니라 큰 원에 중심을 가지고 있는 주전원, 작은 원 위에서 운동을 한다는 식으로 문제를 해결합니다. 지구를 중심으로 큰 원을 그리면서 도는 게 아니라 원주 상에 있는 작은 원 위에서 운동을 한다는 것이죠. 작은 원 위에 행성이 올라가 있기 때문에 그 원이 회전을 하면서 행성이 움직입니다. 그런데 지구에서 보면 마치 이게 거꾸로 한번 왔다가 가는 것처럼 보이죠. 프톨레마이오스는 이런 운동을 조합해서 태양계 행성들의 운동을 상당히 깔끔하게 설명합니다.

코페르니쿠스와 과학혁명

시간을 한참 뛰어넘어 1533년으로 가보겠습니다. 1533년에 한 천문학자가 프톨레마이오스에 대해서 이런 언급을 합니다.

이심원을 고안했던 자들은 겉보기 운동들을 수치적으로 계산할 수 있었지만 한편으로는 움직임의 질서라는 제1원리와 모순되는 많은 것들도 동시에 인정했던 것입니다. 더구나 그들은 우주의 형태와 그 부분들의 정확한 대칭성을 발견하거나 추측을 할 수도 없게 되었습니다. 마치 각각 다른 사람으로부터 손, 발, 머리, 팔다리들을 취하여 아름답게 조합하였지만, 한 몸 안에 조화롭거나 각 부분이 서로 부합되게끔 조합하지는 못해서 사람이기보다는 괴물을 만드는 꼴과 같습니다.

그러니까 프톨레마이오스의 천문학적 체계가 이런저런 요소들을 끌어와서 현상들을 잘 설명하는 것 같지만 사실은 여기서 팔, 여기서 다리, 이쪽에서 머리, 이쪽에서 몸통 같은 것들을 끌어와서 하나로 붙였기 때문에 전체적으로 아름답지 않고 괴물같이 보인다는 지적을 하는 것입니다.

이 사람은 니콜라우스 코페르니쿠스Nicolaus Copernicus입니다. 16세기, 17세기의 과학혁명을 연 사람이죠. 그는 《천구의 회전에 관하여De revolutionibus orbium coelestium》라는 책의 서문에서 프톨레마이오스 이론의 문제점을 지적하고 그것을 극복하는 새로운 태양중심설을 제창합니다.

코페르니쿠스가 제기한 태양중심설, 즉 지동설에는 여러 문제가 있었습니다. 왜 지구가 도는데 우리가 못 느끼느냐, 왜 쏘아올린 화살은 제 자리에 떨어지느냐 같은 문제들이죠. 이런 문제들은 갈릴레오가 해결합니다. 그리고 갈릴레오가 해결하지 못한 문제들을 데카르트가 해결하고, 하위헌스가 해결합니다. 데카르트와 하위헌스가 해결하지 못한 문제들을 뉴턴이 풉니다. 천문학의 영역에서는 티코 브라헤가 나오고, 케플러가 나옵니다. 케플러의 법칙을 뉴턴이 증명하는 식으로 이어지죠.

코페르니쿠스에 이르러 고대 그리스 과학과 과학혁명 사이의 거리가 급격히 좁혀집니다. 만약 현대 과학의 기원이 근대 과학으로부터 시작했다고 가정한다면, 그리고 근대 과학의 기원이 17세기 과학혁명이었다고 하면, 그 과학혁명의 기원은 고대 그리스 과학이었다고 이야기할 수 있습니다. 그렇다면 현대 과학의 기원은 고대 그리스 과학에 있다는 것으로 이어질 수 있죠. 이 해석이 일반적인 해석입니다. 과학사학계에서는 대략 1970년대까지 이런 식의 생각이 주를 이루었습니다.

과학의 기원은 어디에 있는가

1980년대 이후에 이런 생각은 바뀌게 됩니다. 현대 과학의 기원은 과학혁명에 있고 과학혁명의 기원은 그리스 과학에 있다는 것이 전통적인 해석이었죠. 그런데 현대 과학은 90퍼센트가 실험과학입니다. 하지만 고대 그리스 과학에는 실험이 없었어요. 천문학, 수학, 이론물리학, 운동 이론, 물질 이론들이죠. 이런 과학에는 실험이 없습니다. 오히려 고대 그리스에서는 실험을 하면 안 된다는 생각이 있었어요. 실험을 하면 자연을 망친다는 것이죠. 관찰은 괜찮습니다. 자연을 가만히 들여다보는 관찰은 좋지만 실험을 하면 자연을 망친다고 생각했어요. 사람이 개입하고, 자연을 갖다 주무르고 뜯어 벗기면 그것이 어떻게 자연이냐, 그것은 인공이라는 생각이었죠. 인공은 과학자가 아니라 엔지니어, 장인들이 하는 것이고, 이것은 참된 과학의 방법에 위배되는 것이라고 생각했습니다.

그런데 지금 과학의 90퍼센트가 실험과학이라면 현대 과학의 기원을 그리스에서 찾는 게 이상하다는 생각이 제기된 겁니다.

그렇다면 실험은 도대체 어디서 나왔을까요? 고대 그리스에도 없었고, 중세에도 없었다면 과학 실험은 어디서 출발했을까요? 흔히 실험과학의 선구자로 프랜시스 베이컨을 꼽습니다.^{Q2} 베이컨이 어디서 그런 생각을 했는지 탐구해봤더니 대개 한두 가지 근원이 있었습니다. 하나는 기술입니다. 엔지니어들이 하는 활동에서 가지고 온 것이에요. 뭔가를 변형시키고 조작을 가하고 만드는 활동에서 실험이 생겨난 것이죠. 다른 하나는 연금술입니다. 연금술사들이 하는 활동에서 실험이 태어났죠. 실험은 고대 그리스에서는 과학이라고 간주하지 않았습니다. 자연철학자들은 오히려 실험을 하면 안 된다고 생각했죠. 플라톤과 아리스토텔레스의 이상과는 완전히 동떨어졌던 그런 활동이었습니다.

이렇게 보면 오히려 거꾸로입니다. 고대 그리스에서 나뉜 과학과 실용적 기술이 17세기를 거치면서 재결합해서 실험과학이라는 것을 낳은 것죠. 이것이 현대 과학의 기원이라는 것입니다. 그런 의미에서 보면 오히려 그리스 과학에서 멀어진 것이 근대 실험과학을 낳았고, 그 근대 실험과학이 현대 과학의 기원이라고 생각할 수 있지 않겠느

Q2 :: 실험과학의 선구자 베이컨 이전은 어땠을까?

베이컨 이전에도 실험이 있었습니다. 중세만 보더라도 스콜라철학에 맞지 않는 사람들이 있었어요. 프랜시스 베이컨과 이름이 같은 로저 베이컨Roger Bacon의 경우에도 여러 가지 의미에서 실험적인 연구를 실제로 했던 사람이고요. 로버트 그로스테스트Robert Grosseteste 같은 중세학자도 실험을 강조했습니다. 앨리스터 크롬비Alistair Crombie 같은 과학사학자는 프랜시스 베이컨이 아닌, 중세의 그로테스트와 같은 사람에서 실험과학의 근원을 찾아야 한다고 이야기했습니다.

그럼에도 베이컨 자신은 실험가는 아니었어요. 과학자라기보다는 법관이자 관료, 정치인이었죠. 실험하다가 동상에 걸려서 죽긴 하지만 말이죠. 그가 중요한 이유는 실험을 굉장히 철학적·체계적으로 또 설득력 있게 제시했다는 겁니다. 그 실험이 왜 자연의 비밀을 밝힐 수 있는지, 자연을 파괴하고 망치는 게 아니라 어떻게 자연의 비밀을 드러낼 수 있는 방법이 될 수 있는지, 그리고 그걸 위해서 왜 협동 연구가 필요하며 국가는 그것을 왜 지원해야 하는지까지 근대 과학에서의 실험과학적인 프로그램에 필요한 전체적인 연결망들을 같이 제시했습니다.

당시 맥락에서 보면 베이컨의 책을 읽고 감동을 해서 베이컨의 후계자를 자처하면서 베이컨의 프로그램들을 실현해보려는 후세 학자들이 생기기 시작합니다. 그들이 과학자 단체를 만들고 실제 실험을 하고 자연을 변형시키고 조작을 가하고 비틀면서 자연으로부터 새로운 현상들을 얻어내고 그것을 자연철학이라고 이야기했기 때문에 중세 학자들보다는 베이컨의 중요성을 부각시켜서 이야기한 부분이 있습니다.

냐는 것입니다.

　이 실험과학의 출발이 제가 처음에 말씀드린 브뤼노 라투르가 기술
과학이라고 부른 것의 출발이라고 볼 수가 있습니다. 테크노사이언스
란 과학과 기술의 인식론적 경계가 사라지면서 형성된 학문이죠. 따
라서 테크노사이언스의 기원은 기술과 과학이 다시 만나 시작된 실험
과학에 있다고 할 수 있습니다. 물론 이 이야기만으로도 다른 강의를
할 수 있을 만큼 충분한 주제입니다. 다른 기회가 있기를 바라며 강의
를 마치겠습니다. 고맙습니다.

QnA

과학과 기술의
기원에 대해
묻고 답하다

대담

홍성욱 교수
강연자

이상욱 교수
한양대 철학과

고계원 교수
고등과학원 수학과

송호근 교수
서울대학교 사회학과

고계원 강의에서 서양 중심의 과학사에 대해 이야기해 주셨는데요, 아랍 문명이 과학에 끼친 영향도 궁금합니다.

홍성욱 아랍 문명은 과학사에서 굉장히 중요하고, 또 큰 영향을 미쳤습니다. 앞선 제 강의가 서양의 고대부터 과학혁명까지의 과학사를 다룬 것은 아닙니다. 우리는 과학의 이론을 다양한 방식으로 생각해볼 수 있는데 그렇게 다양한 방식으로 생각하는 경향이 왜 일어났으며 왜 진행되고 있는가 하는 것을 조금 더 높은 차원에서 이해해보자 하는 게 목적이었습니다.

과학의 기원을 그리스 과학에서 찾는 학자들이 많습니다. 그렇기 때문에 그리스 과학과 그리스 과학에 영향을 줬다고 알려진 바빌론과 이집트, 그게 이어졌다고 알려진 과학혁명으로 강의를 했죠. 사실 아랍의 과학은 굉장히 유명했습니다. 알하젠 Alhazen같은 아랍의 수학자이자 물리학자는(이제 이븐 알하이삼Ibn Al-Haytham이죠) 광학과 시각에 대해 굉장히 중요한 업적을 남겼습니다. 예를 들어 고대 그리스인들은 우리가 사물을 인식하는 과정이 밖에서 빛이 들어와서 인식을 하는 건지 아니면 눈에서 빛이 나가는 건지에 대해 해결을 못했습니다. 이븐 알하이삼은 여러 가지 확실한 증거들을 대면서 눈에서 빛이 나가는 게 아니라 밖에서 빛이 들어오는 것이며, 시신경을 통해 전달되고, 예를 들어 망막에는 그림이 거꾸로 맺힌다는 것까지 밝혀냈습니다. 그뿐 아니라 대수학도 아라비아 지역에서 많이 발전했죠. 의학도 마찬가지입니다. 아랍의 천문학에서는 태양중심설에 대한 생각도 등장합니다. 아주 진지하게 제시한 것은 아닌데, 그렇게 생각할 수도 있다는 정도의 문제제기가 있었죠. 코페르니쿠스가 그 영향을 받았다는 해석도 있습니다.

이렇듯 아랍의 영향은 굉장히 여러 면에서 중요했다고 볼 수 있습니다. 사실 아직도 많이 연구가 안 된 문헌들이 과학사적으로 많이 남아 있습니다.

송호근 기원과 관련해 다시 한 번 질문하고 싶습니다. 기술의 기원은 무엇일까요? 생존을 추구하는 과정에서 수단으로 만들어진 건지, 욕구와 욕망의 표출 수단으로 만들어진 것인지, 모두를 포함한 것인지요? 과학에서는 기술을 어떻게 정의하는지 궁금합니다.

홍성욱 질문하신 부분과 제 강의 내용이 문제의식이 조금 다른 부분이 하나가 있는 것 같아요. 선생님께서는 과학이나 기술의 기원을 인간 마음의 어떤 부분에서 그 기원을 찾을 수 있느냐? 호기심이냐, 생존본능이냐, 아니면 잉여나 과잉을 만들어 내고 싶은 허영이냐 이런 것 중에서 하나일지 모른다고 보신 듯합니다. 그러니까 인간 마음의 어떤 부분이 기술의 근원이 되고, 인간 마음의 어떤 부분이 과학을 낳은 것이 아닌가 하는 부분에 더 관심이 많으신 것 같습니다. 사실 저도 이번 강의를 준비하면서 마음의 진화에 대한 연구들을 살펴보기도 했습니다. 사실 제 강의의 초점은 두 가지였습니다. 하나는 문명사적으로 어느 지역에서 기술 혹은 과학이 먼저 나왔는가입니다. 둘째는 왜 후대 역사학자들이 다른 것들은 배제한 채 그리스에 초점을 맞췄나 하는 것이죠.

그리스는 사실 과학뿐 아니라 철학의 진원지라고도 알려져 있습니다. 알파벳 문자의 진원지이기도 하죠. 수학, 기하학의 진원지이고요. 그러니까 서양 문명의 진원지라고 해석해도 무리가 없습니다. 서양 문명이 과학과 철학과 문자 등을 발전시켜 18세기 이후에는 다른 문명을 압도하고 지배하게

됩니다. 그 근원이 뭔지 찾아봤더니 그리스라는 것이죠. 그리스는 정치적으로도 민주주의의 근원이죠. 그러니까 좋은 것은 서양에서, 그것도 그리스에서 다 나왔다는 식의 생각들이 교육되고 있습니다. 과학사에서도 비슷한 해석이 지배적이었습니다. 다른 곳에서도 자연에 대한 지식을 발전시켰지만 그곳은 과학이 아니었다는 해석이 지배적입니다. 최근 1980년대 들어서 실험과학과 실험실, 실험적 실천에 주목을 함으로써 그런 해석이 바뀔 수 있는 여지가 생기기 시작했습니다. 하지만 선생님께서 말씀하신 과학의 마음과 관련한 부분은 아직 제대로 연구하지 못했습니다.

송호근 조선의 금속활자를 보면, 기술이 엄청나게 축적되었기 때문에 발명할 수 있었던 것인지, 어떤 사회적·권력적 배경이 있었던 건지 궁금합니다. 저는 후자로 설명하고 싶은데, 그렇게 보면 과학과 기술만으로는 설명하기 어려울 듯합니다. 그래서 과학과 기술의 관계가 어떻게 되는지 궁금합니다.

홍성욱 과학과 기술은 오랫동안 굉장히 다른 활동으로 발전했기 때문에 그것들이 만나기 위해서는 어떤 매개가 필요했습니다. 예전에 한 연구에서 제가 그 매개물을 세 가지로 제시한 적이 있습니다. 하나는 17세기부터 나오기 시작한 과학적 도구가 과학과 기술을 매개했다는 것입니다. 망원경을 비롯한 과학 측정 기기가 유럽의 학자들과 사회적으로 지위가 낮은 장인들을 연결시켜주었죠. 둘째로는 이런 과학자와 엔지니어가 만날 수 있는 공간이 생기기 시작한 것입니다. 아주 서서히 시작하는데 대표적인 게 18세기 영국에 있었던 루나소사이어티Luna Society입니다. 조사이어 웨지우드나 제임스 와트, 조세 프리스 틀리 같은 사람들이 교류

하면서 자연철학과 기술에 대해 논하고, 사업에 대해서도 이야기하는 공간이 생긴 거죠. 셋째는 19세기부터 과학과 엔지니어링 혹은 과학과 테크놀로지를 모두 아는 사람들이 생기기 시작합니다. 두 분야를 넘나들거나 양다리를 걸치거나 혹은 서로 다른 두 문화와 언어, 가치를 매개하기 시작하죠. 과학과 기술은 20세기에 들어서 앞서 말한 세 가지 기술적 매개, 공간적인 매개 그다음에 인적인 매개가 훨씬 더 가속화되고, 세계가 연결되는 과정들이 나타나기 시작한다는 게 제 의견 입니다.

이상욱 강연 제목이 '과학과 기술의 기원'인데 과학의 기원은 말씀을 하셨는데 기술의 기원은 말씀을 안 하시더라고요.

홍성욱 현대 기술이라고 하면 사실 개념이 너무 크잖아요. 테크놀로지라는 말 자체가 고대부터 현대까지 보편적으로 쓰였을 거라 생각하는데 사실은 아닙니다. 테크놀로지라는 말이 쓰이기 시작한 것은 19세기 중반으로, 이때는 기술이 상당히 발전해서 이미 기술사회가 되어 있었죠.
현대 기술의 기원은 그 기술이라는 말 자체가 지금의 용법으로 사용되기 시작한 19세기 중반으로 생각해볼 수 있습니다. 19세기 중반에는 전기 기술과 화학 기술을 중심으로 과학과 기술이 본격적으로 결합하죠. 과학의 내용이 기술을 규정하기 시작하고 과학자와 화학실험을 했던 화학자가 그 실험의 화학식을 이용해 염료를 만들어내면서 그것으로 사업을 하면서 백만장자가 되기도 하고요. 수학 실험실에서 문제를 풀던 물리학자들이 전기 산업에 뛰어들어 엔지니어들이 풀지 못했던 그 문제들을 풀면서 명성을 얻기도 하죠. 그런 것들이 그 무렵부터 나타나기 시작하는데, 그래서 그 시점을 생

각해볼 수 있겠습니다.

질문 1 '과학인'이라는 말보다는 '과학기술인'이라는 말을 더 많이 씁니다. 그럼 과학과 기술이 어느 정도 융합된 것으로 보는 것 아닐까요? 이 배경에 있는 역학 관계는 어떤 것이고, 어떻게 상호작용을 하는지 설명해주십시오.

홍성욱 과학기술이라는 말이 재밌어요. 우리나라에서 많이 쓰고 있죠. 신문 검색 사이트에서 '과학기술'이라는 키워드를 검색해보면, 과거에는 그렇게 많이 쓰이지 않았음을 알 수 있습니다. 1960년대 정도에 급격하게 사용되기 시작합니다. 일제 강점기나 개화기부터 과학기술이라는 말이 있었던 것이 아니라 상당히 최근에 본격적으로 사용되기 시작한 말이라는 거죠. 그러니까 박정희 시대를 거치면서 만들어져서 본격적으로 사용되기 시작한 말이라고 생각할 수 있습니다.
동아시아 다른 국가에서도 그렇게 많지 않습니다. 중국이나 일본에 단어는 있지만, 우리처럼 많이 사용하지 않아요. 제가 동아시아 학자들에게 직접 확인한 바로는 그렇습니다. 그러니까 '과학기술'은 한국의 독특한 말이에요. 영어에서도 science and technology라는 표현을 사용하지 이를 떼어서 사용하지는 않습니다. 브뤼노 라투르가 사용한 테크노사이언스는 우리가 과학기술이라고 부르는 것과는 철학적으로 굉장히 다른 의미를 갖고 있습니다.
과학기술, 과학기술자 등의 말들이 만들어지고 사용되고 보편화되는 과정에는 산합협동에 대한 강조가 있습니다. 세계사적으로 제2차 세계대전이 그 분수령이었다고 생각합니다. 연합군의 승리를 가져다준 결정적인 무기는 원자폭탄과 레이더였습

니다. 원자폭탄과 레이더 모두 공학자가 아니라 물리학자가 핵심적인 역할을 수행해 만들어졌습니다. 레이저나 트랜지스터의 개발 등에서도 마찬가지였습니다. 이러한 성과는 과학자와 엔지니어의 공동 연구를 촉진시켰고, 이런 생각들이 산학협동 프로그램으로 나온 것이 아닌가 합니다.

그럼에도 아직도 과학과 기술은 다른 부분들이 많이 있는 것 같아요. 추구하는 가치도 굉장히 다르고요. 과학자들은 아직도 실용적인 것들을 염두에 두지 않고 호기심에서 어떤 현상을 규명하고 비밀을 밝혀내는 것까지가 목적인 경우가 많습니다. 사실 거기서 끝나버리면 엔지니어링은 의미가 없잖아요. 공학은 어떻게 보면 거기서 시작을 해서 그것을 어떻게 우리에게 유용한 걸로 바꿀 것이냐 하는 문제에 집중합니다. 그러니까 그런 다른 가치 체계 때문에 기계적으로 공학자와 과학자를 붙여놨을 때는 생각했던 것만큼의 시너지 효과를 얻지 못하는 경우도 있습니다.

질문 2 과학기술과 관련해서 특히 현대적 맥락에서 정치·윤리적으로 복잡한 문제를 양산하는 데 수용성이라는 단어를 씁니다. 아마도 과학기술이 먼저 앞서 나가고 그 다음에 사람들이 처음 에는 낯설어하지만 결국 익숙해지기 때문에 처음 에는 문제로 인식하지만 나중에는 결국 삶의 일부 로 받아들이게 된다고 생각합니다. 그런 삶의 태도로 윤리적인 문제가 해결이 가능할지 답변 부탁드립니다.

홍성욱 사실 굉장히 중요한 질문인데요, 지금 충분히 답하기는 어려울 것 같습니다. 간단히 말씀드리면 사람들이 순응을 하고 과학질서를 따라가는 것 같지만, 연구자나 국가, 기업에서 봤을 때 사람

들이 거부하면 그 과학기술은 안 받아들여지는 거거든요. 그러니까 어떻게 하면 거부하지 않고 잘 전달할 수 있을 것인가 하는 게 과학사를 발전시키는 사람들이 신경 쓰고 있는 부분이에요. 한편으로 보면 우리가 따라가는 것 같지만 또 다른 편에서 보면 사람들이 거부하면 큰일 난다는 생각을 하는 거죠. 그러니까 그런 점을 함께 고려해야 되고, 그 과정에서 일반 시민들과 실제 연구자들 사이에 훨씬 더 긴밀한 대화와 상호 협력, 문제를 같이 해결을 해야 된다는 인식과 신뢰, 평등한 수준에서의 토론이 더 활성화되어야 할 겁니다.

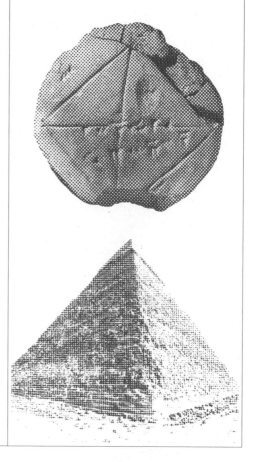

한국 과학기술의 기원

세종 시대의 과학을 어떻게 볼 것인가

박성래

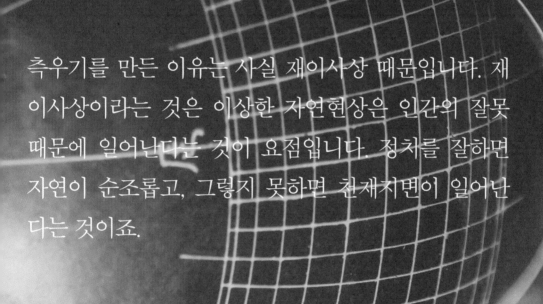

측우기를 만든 이유는 사실 재이사상 때문입니다. 재이사상이라는 것은 이상한 자연현상은 인간의 잘못 때문에 일어난다는 것이 요점입니다. 정치를 잘하면 자연이 순조롭고, 그렇지 못하면 천재지변이 일어난다는 것이죠.

박성래

1939년에 태어나 1961년 서울대학교 물리학과를 졸업했다. 졸업과 함께 조선일보에 입사하였으나 미국 캔자스 대학교 대학원 역사학과로 유학을 떠났다. 캔자스 대학교에서 석사학위를 받고, 하와이 대학교에서 1977년 박사학위를 받았다. 그해부터 한국외국어대학교 2005년까지 사학과 교수로 있으면서 교무처장과 부총장 등을 역임했다. 국사편찬위원회 위원과 문화재위원, 유네스코 위원을 맡았으며, 현재 과학기술한림원 명예회원이다. 《과학사 서설》, 《인물 과학사》(전2권), 《한국과학사상사》, 《과학사》(공저), 《중국 과학의 사상 》 등 과학사와 관련한 수많은 저서를 펴냈다.

제가 이야기할 내용은 우리나라 과학기술의 기원에 대한 것입니다. 지난 강의에서 들은 세계 과학의 기원은 그리스까지 거슬러 올라가는데, 우리나라는 아무래도 최근 한국과학기술연구원(KIST) 정도까지 갈 수밖에 없을 겁니다. 개인적으로 우리나라 과학의 기원은 1966년 한국과학기술연구원의 출범에 있다고 생각합니다.

흔히 우리 과학기술의 기원이라고 하면 여러 역사적 유물을 떠올릴 겁니다. 첨성대와 금속활자, 거북선, 측우기 등을 예로 들죠. 하지만 과학의 정의를 '자연에 대한 체계적이고 논리적인 사고'라고 한다면, 위의 사례들은 한국 과학기술의 기원으로는 어울리지 않습니다.

과학을 지나치게 오래전의 전통적인 현상으로 확장하는 것은 아무래도 부담스러운 일입니다. 서양의 경우는 조금 나았겠지만, 그렇다고 해도 고대 그리스까지 올라가는 것 역시 마땅치는 않습니다.

한국 과학기술의 기원은 세 가지로 나누어서 이야기하겠습니다. 첫 번째는 우리 전통과학에 대한 반성입니다. 두 번째로는 우리나라 과학의 시작을 KIST로 보는 이유에 대한 설명입니다. 그리고 마지막으로 우리나라 과학의 시작이 1960년대라면, 왜 그렇게 늦었는지, 중국과 일본은 어땠는지에 대해 이야기할 계획입니다.

우리는 뛰어난 민족일까

1931년 최남선이 쓴 《조선역사》를 보겠습니다. 최남선은 아시다시

피 문학가이자 시학자지만, 지금은 유감스럽게도 친일파로 더 잘 알려진 것 같습니다. 하지만 초기에는 그러지 않았죠. 이 책에서 최남선은 우리 민족을 천재 민족이라고 주장했습니다. 그러면서 아래의 문장을 남겼죠.

> 조선의 역사는 사회 가치로보다 문화 가치로 승(勝)한 기록이니 문화의 창조력에 있어서 조선인은 진실로 드물게 보는 천재민족이라 할 수 있다. 고려의 활자, 자기와 이조(李朝)의 정음, 측우기, 갑선, 비차 등은 이미 누구든지 아는 바이어니와……

10-1
〈천상열차분야지도〉

이런 몇 가지 예를 들면서 우리 민족은 천재 민족이라고 자찬을 했죠. 그 사례로 든 것이 거의 과학기술에 관한 것들입니다. 80년 전 식민지 지식인의 처지를 생각하면 그가 이렇게 생각한 것은 충분히 이해할 만합니다. 하지만 저는 이와 반대로 여기 든 예들이 과학이라고 하기 곤란한 이유를 제시하겠습니다.

먼저 조선시대 초기부터 제작되어 보급된 〈천상열차분야지도〉를 보겠습니다.[10-1] 〈천상열차분야지도〉는 1395년경, 그러니까 조선 왕조가 개국하고 4년 뒤에 만들었습니다. 여기 표시된 별이 1,460여 개 정도라고 합니다. 어쨌든 이 시기에 이렇게 정교한 천문도를 만든 나라는 중국과 조선뿐이었을 겁니다. 중국에는 이보다 1세기 앞서 거의 비슷한 수준의 〈천문도〉가 역시 돌에 새겨져 남아 있습니다. 조선의

﹥ 세종 시대의 과학기술

세종은 기술 혁신을 위한 지속적인 정책을 전개하여 과학성과 실용성을 동시에 추구했다. 기술 개발을 위해 인재를 뽑아 중국에 유학시키고 이들을 집단화하여 공동 연구를 수행하기도 하였다. 장영실, 정인지, 정초, 이천 등의 우수한 학자가 이 시기에 나타났다.

농사를 짓는 백성을 위해 우리나라의 토지와 기후에 맞는 농사법을 담은 《농사직설》을 편찬, 전국의 농부에게 보급하여 농업 생산량을 확대시키는 과학적인 농사에 힘썼다. 또한 해시계, 물시계, 측우기 등의 기구를 발명하고, 천체 관측을 했으며 역법을 담은 《칠정산》을 펴냈다.

세종 시대의 과학기술은 송·원 시대의 중국 과학을 모델로 한 경우가 많았다. 그 시기에 가장 앞선 선진 과학기술의 나라인 중국의 과학을 적극 받아들이려고 노력한 것은 어찌 보면 당연한 일이었다. 세종시대의 문헌들은 특히 원나라의 과학기술을 적극 수용했음을 강력하게 내세우고 있다. 원대의 과학기술은 이슬람 과학의 영향을 직접적으로 많이 받았다. 이슬람 과학은 그 시기 세계 최고 수준의 과학기술이었고, 그 내용 중에는 이집트·그리스·로마 시대에 축적된 과학기술의 전통도 담겨 있었다. 천문 역법의 과학은 특히 세종 시대 과학자들을 매료시켰다고 전해진다.

〈천상열차분야지도〉가 중국의 것을 참고해서 만들어졌을 수도 있습니다.

〈천상열차분야지도〉라는 이름이 참 재미있습니다. 하늘의 현상을 차에 따라서 분야별로 나누어 표시한 이름이라는 뜻입니다. 가로세로 1미터쯤 되는 돌판에 새겨놓았는데, 상당히 정교합니다.

세종 때는 대표적인 해시계인 앙부일구仰釜日晷를 만들었습니다.[10-2] 교과서에도 나오고 1만 원짜리 지폐에도 나오죠. 하지만 그렇게 대단한 의미를 지닌 물건은 아닙니다. 왜냐하면 일단 이것은 해시계입니다. 외국에 가면 사실 온갖 디자인의 해시계가 있습니다. 태양의 기울기로 시간을 잰 것은 사실 아주 오래된 일입니다. 어쩌면 선사시대부터 시작했을지도 모르죠. 그래서 이것이 세계적으로 내세울 어떤 대단한 발명품은 아닙니다.

앙부일구는 양력 날짜를 알 수 있습니다. 정확하게는 아니고 짐작을 할 수 있습니다. 열세 개의 줄이 있는데 이것이 24절기, 즉 양력을 나타냅니다. 제일 안쪽 줄은 하지를 따라가고, 제일 바깥쪽 줄은 동지를 따라가죠.

해시계 말고 물시계도 있습니다. 자격루죠.[10-2] 자격루는 정해진 시간을 알려주는 장치가 되어 있는 일종의 자동 시계입니다. 흔히 자격루를 장영실이 만들었다고 알고 있는데, 우리가 아는 유명한 자격루는 그보다 100년 뒤인 중종 때 만들어진 것입니다. 자격루에서 중요한 것은 위에서 물을 부었을 때 그 물이 떨어지는 양을 일정하게 조절

10-2
앙부일구와 자격루

하는 것입니다. 수위가 일정하게 유지되면 같은 시간에 같은 압력으로 물이 내려오게 되죠. 시계가 일정한 수위에 오르면 잣대가 기울어지면서 쇠구슬이 떨어집니다. 이 쇠구슬이 홈통을 지나가면서 여러 가지를 격발하게 해놓았죠. 종도 치고, 징도 울리고 그러죠.

세종 때는 간의라는 것도 만들었습니다.[10-3] 경회루 연못 뒤에 높이 9미터 정도의 간의대를 만들고 그 위에 설치했죠. 간의는 천문 관측 장치입니다. 매일 밤마다 다섯 명의 천문관이 밤새 별을 관측했죠. 예나 지금이나 천문학자는 참 고생스러운 직업입니다. 간의대 옆에는 구리로 만든 규표라는 게 있습니다. 9미터 높이의 구리로 만들었다고 해서 동표라고도 하는데, 긴 막대의 그림자가 떨어지는 지점에 관측 장치를 이동시켜가면서 정오 그림자의 길이를 잽니다.[10-4] 이렇게 해서 일종의 달력을 만드는 데이터를 얻습니다. 평균치를 얻기 위해 아마도 10년 넘게 자료를 수집했을 겁니다. 옛날에 이런 방식으로 달력을 만드는 방법, 그러니까 정확한 날짜를 계산하는 방법은 중국

336 기원 the Origin

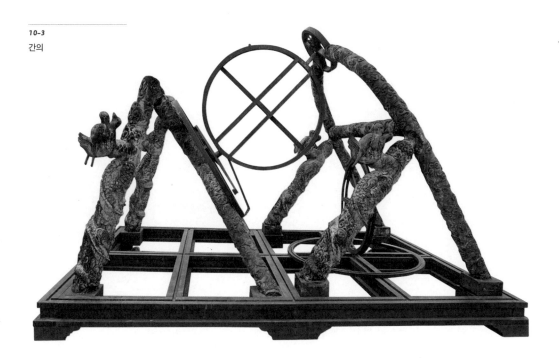

정도만 가능했습니다. 우리나라에서는 세종대에 처음 가능해졌던 것입니다.

이동식 관측 장치는 카메라처럼 생겼습니다. 어둠상자에 작은 구멍을 뚫어서 빛을 들어오게 만들죠. 물체의 상이 거꾸로 맺히죠. 이 장치를 이미 세종 때 만들었습니다. 그림자의 길이가 길면 그 끝을 정확하게 알 수 없죠. 그래서 그림자가 나타나는 위치를 이 장치를 이용해 정확하게 잴 수 있었습니다.

측우기

측우기는 우리나라 전통 과학과 관련하여 굉장히 유명한 물건입니다. 그러나 측우기 하나 가지고 과학이 발달했다고 말하기는 쉽지 않죠.^{Q1} 측우기는 아시는 대로 강우량, 비가 내린 양을 측정하는 도구입니다. 오늘 얼마 내렸고, 그제는 얼마 내렸고 통계를 내기 위해서죠. 그러면 연중 강우량 분포를 예측할 수 있습니다.¹⁰⁻⁵

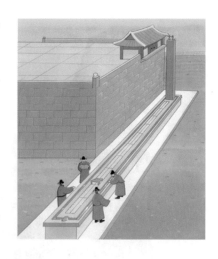

측우기는 세종대왕이 만들었다고 알려져 있지만, 사실 문종이 만든 거예요. 《조선왕조실록》에 따르면 1441년 8월에 호조의 건의로 제작되었다고 하는데요, 그전에 세자(훗날 문종)가 이를 만들어서 궁궐 안에서 비의 양을 측정했다는 기록이 있습니다. 그러니 측우기의 발명자는 문종이라 할 수 있죠.

10-4
규표

강우량을 정밀하게 측정하고, 또 하천의 수량을 정확하게 재는 것은 근대 과학의 계량적 특성을 잘 보여주는 사례입니다. 그리고 자연현상의 정밀 측정이란 근대 과학의 시작으로 꼽히기도 하죠. 그런데 안타까운 것은 이런 통계를 낸 사실이 없다는 겁니다. 그저 측정만 했어요. 아무리 뒤져도 강우량 통계를 낸 기록은 찾을 수 없습니다.

서양에서는 17세기에 기압계, 고도계, 온도계, 시계, 망원경, 현미경 등의 자연 관측 기구들이 발명됐습니다. 이런 관측과 예측을 바탕으로 과학혁명이 일어날 수 있었죠. 하지만 조선에서는 이런 몇 가지의

Q1 :: 측우기가 조선시대 과학의 증거가 될 수 없는 이유는 무엇인가요?

과학적인 활동이 있었다고 주장하려면, 단순한 측정 행위 이상의 분석 활동이 있었다는 것을 보여야 합니다. 측우기를 이용한 강우량 측정이 정기적으로 이루어졌던 것은 맞습니다. 그러나 이를 통해 얻은 데이터를 통계적으로 분석하고, 이를 통해서 다음 해의 강우량을 예측하는 일은 없었습니다.

측우기는 과학적 활동을 위한 도구라기보다는 재이사상과 밀접한 관련이 있는 물건으로 추측됩니다. 재이사상이란 인간이 정치적으로 잘못했기 때문에 이상한 자연현상이 발생한다는 생각인데요. 쉽게 말해 비가 너무 오지 않거나 해서 그해 농사를 망치면 임금 탓으로 보는 겁니다. 측우기도 하느님의 뜻을 읽으려 노력하는 세종의 충정을 나타내는 것이지, 직접적으로 농사를 잘 짓는 데 활용했다고 보기는 힘들 것 같습니다.

단편적인 발달이 있었을 뿐, 그것이 근대 과학의 발생으로 이어지지는 못했습니다.

측우기에 관한 여담을 하나 소개하겠습니다. 측우기에서 문제가 되는 것은 제작 연도를 나타내는 건륭이라는 말입니다. 측우기 옆면에 "건륭 경인년 5월에 만들었다(乾隆庚寅五月造)."라는 문장이 새겨져 있습니다.¹⁰⁻⁵ 아시다시피 건륭은 청나라 황제 고종의 연호입니다. 조선시대에는 우리나라가 독자적인 연호를 사용하지 않고 청나라 연호를 사용했죠.

측우기를 세계에 처음으로 소개한 사람은 일본의 과학자 와다유지和田雄治입니다. 그는 동경대학교 물리학과를 나오고 프랑스 유학을 다녀왔습니다. 그리고 조선에 파견되어 제물포 기상대를 설치했죠. 그때 우리나라에 있으면서 우리나라의 과학 유물에 관심을 가지고 측우기나 첨성대에 관한 글을 쓰고 외국에도 소개합니다. 우리나라의 측우기가 이탈리아의 가스텔리가 만든 것보다 200년쯤 앞섰다는 사실도 알렸죠. 이런 내용을 유명한 과학 전문지《네이처》에 실었습니다.

와다유지가《네이처》에 논문을 발표했을 때 그 논문을 본 중국인이 있었습니다. 하버드 대학교에서 기상학을 공부하던 주커팅竺可楨이라는 사람이죠. 이 사람은 여기 써 있는 '건륭'이라는 연호를 보고 이것이 중국의 발명품이라고 우겼습니다. 그래서 중국 사람들은 지금도 측우기를 중국 것으로 알고 있습니다.

10-5
측우기

재이사상과 칠정산

측우기를 만든 이유는 사실 재이사상災異思想 때문입니다. 재이사상이라는 것은 이상한 자연현상은 인간의 잘못 때문에 일어난다는 것이 요점입니다. 정치를 잘하면 자연이 순조롭고, 그렇지 못하면 천재지변이 일어난다는 것이죠. 비가 많이 와도 임금 잘못이고, 가뭄이 들어도 임금 잘못입니다. 하늘에서 별똥별이 떨어져도 임금 잘못이죠. 따라서 측우기를 만든 것도 사실 당시 위정자들이 자신이 얼마나 하늘의 뜻을 읽으려고 애를 쓰는지 보이려는 목적이었습니다. 농사가 잘되고 백성들의 삶을 평안하게 하려는 것이지, 과학의 발전을 위한 게 아니었죠.

제가 미국에서 유학하던 시절에 열심히 공부했던 부분이 바로 우리 역사에 나타난 재이 기록이었습니다. 《삼국사기》, 《고려사》, 《조선왕조실록》 등을 싹 뒤졌죠. 그렇게 조사한 재이 기록은 삼국시대 1,000개, 고려 6,000개, 조선 초기 100년 동안 8,500개 정도 남아 있습니다.

이런 연구가 통계로 드러나면 어떤 객관적인 역사적 사실과 연관되어 우리 역사를 해석하는 데 도움이 되리라 생각했죠. 하지만 컴퓨터 프로그램을 이용해 데이터를 내니 실망스러운 결과로 이어졌습니다. 이 많은 자료가 사실상 통계로는 아무 의미도 없었던 것이죠. 자연현상에 대한 기록이 아주 불규칙했고, 그런 기록이 남게 된 것은 당대의 정치적 상황에 관한 것임을 밝혀낼 수가 있었습니다.

이렇게 열심히 천문을 관측하고 역산학을 발달시킨 결과로 얻은 성과가 1442년(세종 24)의 《칠정산七政算》 내편과 외편입니다.[10-6] 일곱 개의 움직이는 천체, 즉 '칠정'의 운동을 계산하는 천문 계산법을 한양 기준으로 완성한 책이죠. 이는 당시 중국과 아랍에 이어 세계에서 세

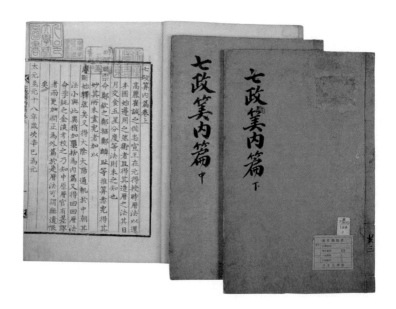

번째로 첨단과학 수준에 도달한 것을 의미합니다. 중국의 계산 방식을 한양 기준으로 수정해 완성한 것을 내편內篇이라 하고, 아랍 계산법을 한양 기준으로 계산한 것을 외편外篇이라 불렀죠. 칠정산은 앞에서 설명한 간의와 규표를 이용해 작성했습니다. 그런데 이렇게 세계에서 가장 발달한 천문학 수준에 이르렀지만 그것이 이어지지는 못했습니다.

조선은 임진왜란 이후 열두 번 조선통신사를 일본으로 파견했습니다. 가장 많을 때는 400명이 가고, 보통 350명 정도가 가죠. 일본은 바다에 고립되어 있는 섬나라이기 때문에 선진 문물에 대한 욕구가 컸습니다. 자신들의 수준이 얼마나 되는지도 궁금해했죠. 그래서 조선통신사가 올 때만 목이 빠지게 기다렸습니다.[10-7]

그중 박안기朴安期가 1643년 통신사의 독축관讀祝官으로 일본에 건너가 당대 최고 천문학자들에게 조선의 《칠정산》을 설명해줬죠. 일본은 그에게 배운 지식을 바탕으로 연구하여 1683년 시부카와 하루미澁川春

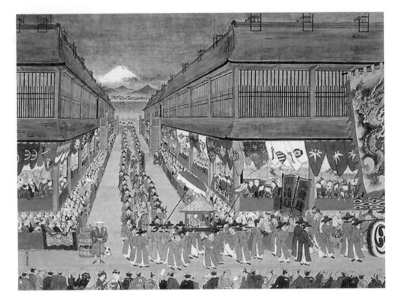

海가 《정향력貞享曆》을 만들어 일본에 맞는 천문 계산법을 완성했습니다. 여기까지는 조선이 일본을 앞섰고, 일본에 영향을 주었음을 보여줍니다. 하지만 이런 전통 과학의 성공이 오늘 우리의 과학을 만든 원조라 내세우기는 모자란 점이 있습니다.

우리나라 근대 과학의 시작

우리나라는 1876년 강화도조약에 의해 외국에 문을 열었습니다. 일본의 강압에 어쩔 수 없이 진행됐죠. 과정이야 어땠든 문호를 개방하니까 일본을 중심으로 서양 사람들이 드나들기 시작합니다. 그때부터 우리나라가 서양 문명에 눈을 떴다고 할 수 있죠.

일본과 중국에 사절을 보냈습니다. 일본에는 1881년에 신사유람단을 보냈고, 중국에도 같은 해에 영선사를 보냈죠. 하지만 별다른 성과는 없었습니다. 외국의 선진문물을 제대로 흡수하지도 못했고, 그중에서 우리나라의 근대화에 이바지한 사람도 별로 없습니다. 또 육영공원育英公園 같은 교육기관을 설치했습니다. 여기서는 서양 선교사를 교사로 채용해서 영어와 서양식 교육을 실시했죠.

1883년에는 《한성순보》라는 신문이 발간됩니다. 우리나라 최초의 신문이죠. 이 신문에 실린 글들은 대부분 과학기술에 대한 이야기입니다. 신문이 하는 일이라는 게 새로운 소식, 외국의 신기술을 소개하는 것이기 때문이죠. 그보다 뒤에 발간된 《독립신문》도 마찬가지로 서양의 새로운 과학기술을 소개하는 데 많은 지면을 할애했습니다. 주로 중국의 대중적인 과학 잡지 기사를 베껴온 것들이었죠.

이 시기부터 자비로 유학을 떠나는 사람이 생기기도 합니다. 우리나라 최초의 유학생, 최초의 외국 대학 졸업자는 변수邊燧라는 사람입니다. 변수는 1886년에 미국 메릴랜드 대학교에 들어가 1890년에 졸업했죠. 하지만 갑신정변에 가담한 개화파의 한 사람이었기 때문에 졸업을 하고도 쉽사리 조선에 돌아오지 못했습니다. 결국 모교에서 일자리를 얻어 근무하다가 졸업 후 넉 달 만에 학교 근처에서 기차에 치여 사망했죠.

우리나라에서 처음으로 미국의 대학을 졸업한 여성은 김점동金點童입니다. 1900년 볼티모어 여자의과대학을 졸업한 다음 즉시 귀국하여 최초의 서양 교육을 받은 여의사로 활약했죠. 그러나 귀국 후 환자 진료 등에 온 힘을 다한 나머지 10년 만에 폐결핵으로 세상을 떠나요. 이때 서른세 살이었습니다.

서재필은 좀 유명할 겁니다. 서재필은 우리나라에서 최초로 외국에서 의학 교육을 받은 남자죠. 1893년 컬럼비아 대학교 의과대학을 졸업했지만 그 역시 갑신정변에 가담했던 핵심 개화파로서 쉽사리 귀국할 수 없었어요. 결국 미국 여성과 결혼하고 필립 제이슨Philip Jaisohn이라는 미국 이름으로 살다가 1895년 말 정치적 환경이 호전되자 귀국했죠. 조선에 와서는 중추원 고문 자격으로 머물며《독립신문》을 창간하고 독립협회를 주도했습니다. 의사도 과학자이긴 과학자죠. 그래서 넓은 의미에서 보자면 서재필이 한국 최초의 과학자에 속한다고 할 수 있어요. 하지만 서재필은 의사로서의 활동은 거의 하지 않았어요. 그가 쓴 것이 분명한《독립신문》의 몇몇 글에서도 과학에 대한 내용은 별로 없었죠.

한 사람 더 유학생을 소개하겠습니다. 1906년 동경제국대학 조선 공학과를 졸업한 상호尙灝라는 사람입니다. 조선 기술은 1900년대 초에는 세계 최첨단 기술입니다. 그런 최첨단 기술을 동경제국대학에서 공부하고 바로 귀국했어요. 1907년에 경성박람회 고문, 농상공부 공무국장에 취임했던 것으로 밝혀져 있으나, 그 후 소식은 아직 연구된 것이 없습니다. 하지만 일제 강점기 때 약간의 벼슬을 맡아서 최근《친일인명사전》에 올라 있는 것 같습니다.

이광수의 절망과 일제 시대의 과학운동

일제 강점기의 대표적인 문학가 이광수가 남긴《무정》이라는 소설의 한 대목을 보겠습니다. 1917년《매일신보》에 연재된 이 작품은 경성학교의 영어 교사 이형식이 두 여성 사이에서 방황하는 이야기입니다. 끝부분에서 주인공은 미국에 유학하여 생물학을 공부하겠다고 다짐하는데, 여기에 소설가 자신이 붙인 논평이 있습니다.

"나는 교육자가 되렵니다. 그리고 전문으로는 생물학을 연구할랍니다." 그러나 듣는 사람 중에는 생물학의 뜻을 아는 자가 없었다. 이렇게 말하는 형식도 물론 생물학이란 뜻은 참 알지 못하였다. 다만 자연과학을 중히 여기는 사상과 생물학이 자기의 성미에 맞을 듯하여 그렇게 작정한 것이다. 생물학이 무엇인지도 모르면서 새 문명을 건설하겠다고 자담하는 그네의 신세도 불쌍하고 그네를 믿는 시대도 불쌍하다.

이것이 이광수의 말이죠. 당시 조선의 식자들은 '조선이 자연과학을 일으키지 않아서 발전하지 못했다, 식민지에서 해방하려면 자연과학을 일으켜야 한다'고 생각했습니다. 그러니까 자연과학의 필요성이 강하게 드러나긴 했지만 무얼 어떻게 해야 할지 모르는 거예요. 생물학이 뭔지도 모르면서 새 문명을 건설하겠다는 그 사람도 불쌍하고, 그런 사람을 믿는 수밖에 없는 시대도 불쌍하다는 것이죠. 지금부터 100년 전의 상황이었습니다.

우리나라가 해방되기 직전인 1944년 이광수는 이런 말을 합니다.

아시아 10억은 영미의 식민지 토인이라는 운명 아래서 신음하지 않으면 안됩니다. 우리 10억은 점점 선조의 문화도 정신도 잃고 미·영인의 변소를 소제하고, 찌꺼기를 얻어먹지 않으면 안 됩니다.

한탄이죠. 저 역시 이런 생각으로 1950년대에 대학에 들어갔고, 유학을 떠난 겁니다. 과학기술에 투자하지 않고 살다간 정말로 이렇게 되기 십상이죠. 이런 것이 당시의 사정이라는 것을 이해해주십시오. 당시 최고의 지식인도 희망이 없다고 생각한 때였어요.

우리나라 현재 과학의 날은 4월 21일입니다. 1967년 과학기술처가 문을 연 날을 기념한 것이죠. 말도 안 되는 이야기죠. 우리 역사에 과학과 관련한 훌륭한 날들이 많은데, 그런 것을 모르니까 자기네 기관 설립한 날을 '과학의 날'이랍시고 정해놓은 겁니다.

일제 강점기 때도 과학의 날이 있었습니다. 그때는 '과학데이'라고 했죠. 1934년부터 시작되었는데, 요란하게 벌어졌어요. 자동차를 동원해서 서울 시내를 도는 행사를 벌이고, 과학의 노래라는 걸 만들기도 했죠.^Q2

이 과학데이를 추진한 사람은 김용관金容瓘입니다. 1934년 4월 19일에 행사를 했죠. 4월 19일은 바로 찰스 다윈이 세상을 떠난 날입니다. 그리고 1934년은 다윈의 사망 50주기가 되는 해였죠. 언론, 법조, 교육, 종교계를 망라한 지도급 인사들이 모두 참여한 민족운동으로 열렸습니다. 합창단이 트럭을 타고 서울 시내를 돌면서 노래를 하고, 공연장에 가서 공연을 하고, 라디오에서도 과학의 날 행사를 하고 그랬죠. 그러니까 대단한 규모의 행사였던 겁니다. 그러나 과학이라는 명분으로 허락했던 행사는 1938년 이후 김용관의 투옥 등으로 시들어갔습니다.

일제 강점기 때 일본에 유학을 떠나 4년제 이공계 대학을 졸업한 우리나라 사람을 조사한 적이 있습니다. 모두 204명이 나왔습니다. 그 중에서 박사학위를 받은 사람은 딱 다섯 명입니다. 이공계만 한정한 것입니다. 의학, 농학, 생물학은 제외한 거고요.

Q2 :: 과학의 날은 어떻게 해서 정해졌나요?

1934년 4월 19일 찰스 다윈의 기일을 기념하여 제정한 '과학데이'가 기원입니다. 일제 강점기였던 당시 한국 국민들에게 과학과 기술의 중요성을 일깨워주기 위한 운동의 하나로 전개되었습니다. 일제는 과학데이 행사를 처음에는 허용해주었으나, 차츰 민족운동의 성향이 짙어지자 1938년 제5회 행사가 끝난 뒤 실무 책임자 김용관을 투옥해버렸습니다.

광복 후 정부는 과학기술처 발족 1주년을 기념하여 1968년 4월 21일 제1회 과학의 날 행사를 개최하였으며, 1973년 3월 30일 제정 공포한 '각종 기념일 등에 관한 규정'에 따라 확정하였습니다.

미국에 유학한 사람도 비슷하게 200명 정도 나왔습니다. 재미있는 것은 일본에서 공부한 사람은 대부분 귀국했는데, 미국에서 공부한 사람은 그런 경우가 별로 없었습니다. 그냥 눌러앉은 거죠.

하여튼 일본에서 박사학위까지 받아온 사람이 다섯 명인데, 그중 이태규와 이승기라는 두 사람이 유명합니다. 이태규는 일본에서 박사학위를 받은 뒤 미국으로 갔습니다. 오랫동안 유타 대학교에서 학생들을 가르쳤죠. 저보다 조금 이른 세대의 선배 과학자를 많이 배출했습니다. 유타 대학교의 교수를 하다가 우리나라에 돌아와서 한국과학기술원(KAIST)의 교수가 되었습니다.

이승기는 화학공학을 전공했습니다. 해방 후에 북한으로 넘어갔죠. 이승기는 비날론이라는 일종의 나일론 사촌쯤 되는 섬유 발명을 했습니다. 또 이것을 대량생산하는 성과를 내서 1960년대 북한에서 모직 혁명을 일으켰죠. 그 덕에 레닌 상도 받고 김일성 상도 받고 그랬을 겁니다. 북한에서 굉장히 큰 과학 업적을 세웠죠.

한국 과학기술의 시작

한국 과학기술의 시작은 원자력원의 설립과 함께 시작되었다고 할 수 있습니다. 원자력원은 1950년대 초에 미국이 원자폭탄으로 일본을 굴복시킨 뒤 비판이 많아지자 이를 누그러뜨리기 위해 만든 '평화를 위한 원자Atom for Peace' 프로그램의 일환으로 생긴 것이죠. 이 프로그램은 전 세계에 교육 원조를 해주는 것이었습니다. 학교를 세워주고 시설을 설치해주기도 했죠. 또 후진국 학생들을 미국에 유학을 시키고, 유학 자금을 대주고, 결정적으로 원자력을 생산하고 이용하는 방식을 보급했죠.

이 덕에 우리나라 대학의 많은 교수들이 미국으로 유학을 떠납니다. 실제로 한국 정부는 1956년부터 미국, 영국, 프랑스 등 선진국에 유학생을 파견하기 시작합니다. 1957년부터 1964년까지 원자력 장학생으로 서구에 유학을 떠난 한국 학생은 237명이라는 통계가 있습니다. 그 사이 1959년 1월에는 정식으로 정부에 원자력원이 세워지죠. 이름은 원자력원이었지만, 실제로는 당시 한국의 과학기술을 총괄하는 연구 행정 기구였고, 그에 이어 원자력연구소가 태어나기도 했습니다. 1967년 원자력원을 확대하여 과학기술처가 탄생하죠.

이렇게 원자력과 관련한 유학생 외에 우주선 유학생이라는 것도 있었습니다. 제가 대학에 입학한 해에 일어난 어느 '사건' 때문이죠. 1957년 10월 4일. 무슨 일이 일어났을까요? 당시 구소련이 스푸트니크 I 호를 발사한 것입니다. 미국이 자극을 받아 우주 개발에 적극적으로 나서죠. 그 덕에 미국에서 수많은 장학금을 만들어서 아시아의 유학생을 많이 받아들입니다. 제 친구들이 그 덕에 미국 유학을 많이 떠났죠. 이때 외국에서 선진 과학을 배운 제 선배와 동료 들이 우리나라 과학의 터를 닦고, 과학 발전의 기틀이 되었습니다.

이렇게 시작된 과학 한국은 1966년 KIST 설립을 기점으로 발전의 길로 접어듭니다. 개화기 이후 지지부진했던 근대 과학 흡수가 해방 후 가속화되면서 그 열매를 1966년 이후 한국이 거둬들이기 시작한 것이죠. KIST는 1965년 5월 한미 정상회담의 산물이었어요. 우리나라가 베트남전쟁에 참전하자 그것에 대한 감사의 표시로 미국이 큰 도움을 주었죠. KIST를 설립한 뒤 외국에서 과학을 공부한 우리나라의 인재들을 끌어들이기 시작했습니다. 그전에는 그 사람들이 공부를 그렇게 했어도 우리나라에서 할 일이 없었거든요. 그래서 외국에 있었는데 KIST를 설립하면서 외국에 있던 우리 과학자들을 많이 데려

10-8
한국과학기술연구원

옵니다. 설립 이후 1979년까지 KIST가 유치한 한국 과학기술자가 238명이었다는 통계도 있죠. 당시 재미 한국 과학기술자는 2,400명 정도였는데, 약 10분의 1이 고국으로 돌아왔다는 겁니다.[10-8]

KIST가 출범한 뒤 정부 출연 연구기관이 많이 생기기 시작했습니다. 그많은 한국의 과학자들이 자리를 잡게 되었죠. 이런 인력의 등장은 정부 연구소 못지않게 대학과 산업체 연구소를 활성화시켰고, 인력 양성의 국산화가 가속화되었습니다. 당연히 대학의 과학기술 교육도 충실해져서 국내에서도 높은 수준의 과학자와 기술자를 양성할 수 있게 되었습니다. 과학 교육도 훨씬 나아지고, 과학기술의 대중화도 상당 부분 발전되었죠. 과학의 주변 학문도 발달하여 과학사, 과학철학, 과학정책, 과학사회학 등등의 세부 분야도 발전했습니다.

한중일의 과학 발전사

마지막으로 한중일 삼국의 과학기술 발전사에 대해 살펴보겠습니다. 아시아의 과학기술 발전사는 사실상 서양 문명의 수용사와 궤를 함께합니다. 중국은 삼국 중에서 서양 문물과 가장 먼저 접촉했습니다. 사실 중국은 고대부터 서역과 자주 교류를 해왔습니다. 일본의 경우 중국보다 접촉한 연도는 늦지만 가장 빠른 속도로 수용했습니다. 일본은 1868년 메이지유신 이후 서구의 근대 과학을 삼국 중에서 가장 적극적으로 받아들입니다. 이후 모든 전통적인 것을 송두리째 버리고 서양 근대 과학에 몰입하는 태도를 취합니다. 일례로 이때 음력을 없애고 양력만 사용하기로 했어요. 그 이후 일본은 지금까지 오로지 양력만 사용합니다.

유학으로 시작된 일본의 근대 과학 수용은 앞으로 전진만 했어요. 1870년대에는 수많은 서양 과학자를 고용하여 국립대에서 일본인 청년들을 가르치게 했고, 대학을 나온 청년들을 미국과 유럽에 유학 보냈습니다. 메이지유신을 시작으로 일본은 탈아입구脫亞入歐를 모토로 삼아 사회 대변혁을 꾀하기 시작했죠.

1543년 처음으로 서양 선교사와 상인들이 가고시마에 표류해온 이후 일본은 적극적으로 서양 문물을 적극적으로 받아들입니다. 17세기 초에 물론 가톨릭교도에 대한 탄압과 처형이 있었지만, 곧 서양 과학기술을 받아들이려는 자세로 바뀌었죠. 특히 네덜란드와 긴밀한 관계에 있던 일본은 나가사키에 화란상관을 세웠고, 이를 통해 서양의 과학기술을 익히게 되었습니다. 당연히 거기 순응하는 일본 젊은이들이 네덜란드어를 배워 화란학문, 즉 난학이 성하게 됩니다.

1774년에는 네덜란드어를 배운 일본 청년들이 서양 책을 자기네

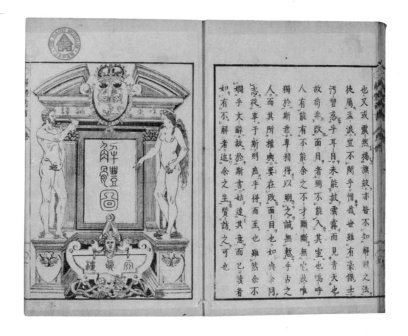

10-9

《해체신서》

말로 번역합니다. 그 책이 바로 서양 해부학 책인《해체신서^{解體新書}》입니다.¹⁰⁻⁹ 2년 뒤에는 일본인 학자가 정전기 발생 장치를 만들어내기도 했죠. 곧 물리, 화학 등 서양의 근대 과학이 일본에 번안되어 나온 것은 물론입니다.

중국은 사정이 달랐습니다. 중국에는 수백, 수천 권의 책이 중국어로 번역되었습니다. 그런데 중국인이 아니라 서양의 선교사들이 중국어를 배워서 번역한 겁니다. 이런 부분은 일본보다 100년 뒤집니다.

일본의 서양 시찰단은 1871년부터 2년 이상 서양 열두 개 나라에 떠나 온갖 것을 관찰하고 기록해 1878년 그 결과를 100권의 책으로 냈습니다. 시찰단에는 이토 히로부미도 있었고 당시 약관의 일본 천황도 있었습니다. 64명의 일행 중 43명이 미국으로 떠났죠. 물론 서양 유학은 그전에 이미 시작되고 있었습니다. 유학을 떠났던 사람들이 돌아오고, 일본 본토에서 서양 과학자들의 교육을 받은 사람들이 늘어나면서 일본은 1880년대부터 이미 자국 출신의 과학자를 배출하기 시작합니다.

1903년 원자론을 주장하여 세계적 관심을 끈 물리학자 나가오카 한타로長岡半太郎도 있고, 최초로 병원균을 발견한 미생물학자들도 배출했죠. 일본 1,000엔 화폐의 주인공인 노구치 히데요野口英世가 그런 사람이죠. 1897년에는 시가 기요시志賀潔가 이질균을 발견하기도 했습니다. 20세기 초에 이르면 일본 과학은 이미 세계적인 수준에 이르렀고, 그렇게 빠르게 발달한 과학기술로 세계대전을 일으켰다고 할 수 있죠.

중국의 근대 과학 수용

중국은 1601년 마테오 리치Matteo Ricci가 선교사로 처음 북경에 자리 잡으면서 서양 과학 문명을 본격적으로 받아들이기 시작했습니다.[10-10] 하지만 그다지 적극적이진 않았죠. 중국은 오히려 서양에 무관심했습니다. 많은 서양 선교사들이 건너와 그들의 책을 중국어로 번역했지만, 중국인이 서양의 책을 번역하지는 않았습니다. 서양 역산학의 우월함을 인정하여 서양 천문학을 수용하고 선교사들에게 중국 역산기구인 흠천감欽天監의 책임을 맡기면서도 서양 언어를 익혀 서양 과학과 기술을 번역하지는 않았죠.

이러한 중국의 태도는 특유의 중화사상에서 비롯됩니다. 1793년 건륭제의 83회 생일 때 영국은 러시아 대사였던 조지 맥카트니를 사절로 보냈습니다. 그러나 청나라는 그가 세 번 무릎 꿇고 아홉 번 절하는 삼궤구고三跪九叩를 거절했다면서 쫓아내버렸죠. 그러면서 이렇게 말했습니다.

10-10
마데오 리치

우리는 물산이 풍부하여 없는 것이 없으니, 우리에게 없는 것을 오랑캐(英國)에게서 구할 필요가 없다.

　1840년 아편전쟁으로 참혹한 결과를 얻기 전까지 중국인은 서양을 제대로 바라보지 않았습니다. 아편전쟁 이후 증국번曾國藩 등이 주도하며 중체서용中體西用 운동을 일으켰으나 한계가 분명했습니다. 그래서 등장하는 주장이 전반적인 서양화, 즉 변법개제變法改制 운동이었죠. 1898년 캉유웨이康有爲, 량치차오梁啓超가 주동한 무술정변戊戌政變은 러시아 표트르 대제의 정책과 일본의 메이지유신을 모델로 삼아 출발했죠. 이 급진개혁 운동은 광서제光緖帝의 재가 아래 추진됐지만, 100일 천하로 끝나고 말았습니다. 서태후西太后가 시계를 거꾸로 돌려버렸기 때문입니다.

　1860년대 이후 중국은 서양에 사절단을 보내고 유학생도 파견했지만, 일본과는 비교가 되지 않았습니다. 서양에 유학한 첫 중국인은 용굉容閎이라는 사람인데, 1847년 열아홉 살에 미국에 유학하여 1854년에 예일 대학교를 졸업하고 귀국했죠. 1872년 청나라가 어린이 유학생을 미국에 보낸 것은 그의 주장이 채택되었기 때문이죠. 그가 이끈 중국 소년 유학생들은 1875년까지 해마다 30명씩 미국에 갔으나 이에 대한 반대 여론이 높아지자 1881년 유학생을 귀국시켜버리는 명령이 내려집니다. 용굉의 미국 친구였던 유명 작가 마크 트웨인Mark Twain과 그랜트 대통령 등이 탄원서를 보내도 소용 없었죠.

서양화에 대한 강한 반발 속에서 중국의 서양 과학 수용은 실효를 거두기 어려웠습니다. 수학자 이선란李善蘭 등이 수많은 서양 과학기술서를 중국어로 번역했지만, 중국의 과학은 지지부진했죠.

과학주의

이렇게 일본과 중국이 어떤 과정으로 근대 과학을 수용했는지 살펴보는 것은 우리에게도 큰 도움이 됩니다. 중국과 한국은 19세기 말까지 일본과는 비교가 되지 않을 정도로 서양 과학에 부정적인 반응을 보였습니다. 그 결과 20세기 초에는 이미 세 나라의 과학 수준이 엄청나게 벌어졌죠. 이를 자각하면서 중국과 조선의 지식층 사이에는 오히려 그 회한이 쌓여, 과학숭배 사상이 자랄 수밖에 없었습니다.

그런 지적 경향, 즉 과학주의는 중국에서 사회에 대한 과학적 접근을 가속화하여 중국의 공산화로 나타났습니다. 또 그런 인식을 길러 간 식민지 조선의 지식인들 역시 그런 과학주의가 성하던 북쪽에서 힘을 모아 과학의 발전에도 힘을 쓰면서 과학적 사회주의를 건설하려 노력하게 됩니다. 일본에 유학한 많은 조선 청년들이 해방과 함께 북으로 자진 월북한 것은 이런 당시의 과학주의 때문이었다고 볼 수 있습니다.

19세기 말까지 중국은 그들이 1860년대 이후 만들어놓은 과학 용어를 사용했지만, 청일전쟁에서 패배한 뒤 자신을 잃고 일본식 용어로 급격히 기울어집니다. 조선에서는 19세기말까지는 중국에서 만든 과학 용어를 사용했지만, 1905년 을사조약 이후 저절로 일본 용어를 사용해 오늘까지 이르게 됩니다. 중국은 문화대혁명을 거치면서 자신들이 만든 과학 용어를 사용하려는 노력을 했고, 일부 성공한 경우도 있었습니다. 하지만 한국은 일제 식민지배의 역사 때문인지 그런 노력이 미미했습니다. 한참 늦은 감은 있지만, 한국 과학도 '민족과학'을 위한 노력이 필요하지 않겠나 하는 생각이 듭니다.^{Q3}

Q3 :: 민족과학의 개념이 궁금합니다.

현대에 와서 과학이 보편적인 지식체계로 자리 잡은 것은 분명합니다. 그러나 이것을 우리 것으로 만드는 노력이 조금 필요하다는 생각입니다. 예를 들면 용어를 한국어에 더 맞게 만들어 써보는 것을 생각해볼 수 있지요. 중국 같은 경우 일본이 만든 단어를 임시적으로 사용했지만, 차차 자체적인 단어를 만들어 썼습니다. 100종이 넘는 원소의 표기도 기존에 없던 글자를 새로 만들어 나타내는 방법을 개발해 해결했죠. 단 하나의 글자임에도 금속 원소와 비금속 원소가 구별되는 등 효율적인 측면이 있습니다.

우리 또한 과학을 어떻게 하면 더 익숙하게 만들 수 있는가에 대한 고민이 필요합니다. 제도나 문물, 용어와 같은 것을 우리 것으로 만들 수 있는 것은 좀 우리 것으로 만드는 것이 과학을 더 익숙하게 할 수 있는 길이 아닐까요? 그래서 제가 '민족과학'이라는 용어를 만들어 사용했습니다.

QnA

한국 과학기술의
기원에 대해
묻고 답하다

대담

박성래 교수
강연자

유정아 아나운서
서울대학교 강사

이현숙 교수
서울대학교 생명과학부

주일우 대표
문학과지성사

주일우 한국의 과학기술이 중국과 일본에 비해 늦어진 부분에 대해 이야기를 마저 해주셨으면 좋겠습니다.

박성래 우리 과학사에서 주목할 것은 세종대왕 시대 당시의 과학을 어떻게 볼 것인가 하는 문제와 개화기 이후 근대인들의 과학 수용 과정을 어떻게 평가할 것인가 이 두 가지입니다. 서양 과학이 우리나라에 들어오게 되는 과정을 소개할 때 가장 중요한 것은 일본, 중국과 비교해서 우리는 지리적인 여건에서부터 좀 뒤질 수밖에 없었다는 것입니다.

우리나라는 서양 사람들의 항로에서 떨어져 있었습니다. 서양 사람들이 조선이라는 나라에 대해서는 잘 알지 못한 반면 일본은 오히려 좀 알려져 있었어요. 풍랑을 만나서 일본에 처음 간 것으로 우리는 알고 있지만, 그것만이 아니었거든요. 일본과 중국은 방문이 잦았고 우리는 그렇지 못했죠. 그래서 처음 서양 사람들이 온 것과 그 문화를 처음 배운 것, 그다음에 선교사가 처음 온 것을 비교할 수 있습니다. 이런 몇 가지를 가지고 비교하면 여러 가지 상황들이 뚜렷하게 나타나게 됩니다. 일본의 경우엔 1774년에 해부학 책을 일본 사람들이 번역했고, 중국에서는 그보다 100년쯤 뒤에야 서양의 과학책을 중국말로 번역하는 중국인이 생깁니다. 조선의 시기에 대한 연구는 아직 시작 단계에 있습니다.

이현숙 조선의 당시 수학의 수준은 어떠했는지 궁금합니다.

박성래 우리나라의 전통과학은 대체로 중국의 것을 많이 배워왔습니다. 중국의 수학은 상당한 수준에 있었고, 송나라 때까지는 세계에서 좀 앞서는 부분이 있었던 것 같아요. 하지만 17세기 들어서면서 서양이 월등히 앞서기 시작하죠. 특히 수학은 더 그렇습니다. 17세기 서양에서는 수학만이 아니라 자연과학 전반이 굉장히 발전했습니다.

그에 비해서 동양에서는 근대적인 과학이라고 할 만한 폭발적인 발전을 이루는 일은 없었습니다.

질문 1 임진왜란 이후에도 일본과 계속 교류가 있었는데 우리나라의 근대 과학 발전이 늦어진 이유는 무엇인가요?

박성래 일본과 우리나라는 가까운 나라이지만 불과 200년 전에는 전혀 교류가 없었습니다. 조선통신사가 임진왜란 이후에 열두 번 일본에 갔지만, 그건 일본이 간청해서 간 것일 뿐이지 무언가를 교류할 기회는 거의 없었어요. 일단 말이 달라서 커뮤니케이션이 어렵기도 하고 서로 만날 기회가 거의 없었으니까요. 그리고 일본도 쇄국을 심하게 했고, 우리도 쇄국을 심하게 했어요.

중국에서는 500년 쯤 전에 서양 선교사가 이미 드나들었습니다. 1601년에 마테오리치라는 이탈리아 출신 선교사가 중국에 갔고, 그 이후부터 북경에 선교사가 끊임없이 주재를 했죠. 일본은 그보다 조금 뒤부터 선교사들이 와서 활동을 시작합니다. 임진왜란 후에는 수많은 선교사가 일본에서 희생됐지만 그 뒤로는 서양 선교사—선교사라기보다는 서양 장사꾼들이죠—를 통해서 서양 문물을 여러 분야로 받아들이고 근대화에 성공하게 됩니다. 하지만 중국 사람들은 그렇지 못했죠.

중국에서는 마테오리치 이후 1800년대 후반까지 200년 동안 서양의 책이 번역되어 나왔지만, 전부 선교사가 중국말을 배워 옮기면 중국 사람이 그걸 한자로 쓴 거지, 중국 사람이 서양말을 배워서 번역한 책은 없습니다. 그래서 전혀 서양을 대하는 태도가 달라요.

중국은 자신의 나라에 이국적인 것들이 너무 많았기 때문에 서양의 말을 배울 필요도 없었고, 서양 문물을 받아들여야겠다는 생각도 없었습니다. 아편전쟁의 패배를 통해 군대를 근대화하고, 청일전쟁의 패배를 통해 제도까지 바꿔야겠다는 노력을 합니다. 그리고 1900년대 초부터는 전적으로 서양의 것으로 바꿀 수밖에 없다는 필요성을 느끼게 되고, 그 대표적인 노력이 과학이 제일이라는 '과학주의'입니다. 일본에서는 그런 일이 없었습니다. 중국은 과학주의가 왕성하게 일어나서 1923년에는 대규모의 지식인 논쟁이 벌어지는데, 그게 〈과학과 인생관〉이라는 논쟁입니다. 과학이 중요하냐, 인생을 어떻게 보느냐가 중요하냐는 거였죠. 그 논쟁을 통해 과학과 민주주의가 중국 지식인들의 중심에 자리잡게 됩니다.

과학주의의 클라이막스는 바로 공산주의였습니다. 그렇기 때문에 지식인들은 전폭적으로 공산주의를 받아들이게 되고, 그것이 마오쩌둥을 낳죠. 조선시대에 일본이나 중국으로 유학 갔던 식자들도 이를 통해 공산주의를 알게 되고, 그 영향을 받아 이 운동을 일제 강점기에도 했죠. 그 잔재가 결국 해방 이후 남북 분단으로 이어지고, 우리는 첨예한 대립을 하게 된 것이죠.

결국 일본을 통한 서양 문물의 접근은 쇄국 정책으로 힘들었으며, 서양의 문물이 필요 없었던 중국은 전쟁의 패배를 통한 수용으로 과학주의를 낳고 그 영향으로 일본과 우리나라까지 공산주의가 영향을 미쳤다고 볼 수 있습니다.

사진 출처

* 이 책에 수록된 그림 및 사진은 적법한 절차를 거쳐 사용되었습니다. 일부를 제외한 수록된 일러스트 작업에 대한 권리는 (주) 휴머니스트 출판그룹에 있습니다.
* 게재 허락을 받지 못한 일부 사진에 대해서는 저작권자가 확인되는 대로 허락을 받고 사용료를 지불하도록 하겠습니다.

1강 우주의 기원

1-1 © NASA, ESA, and Hubble Heritage Team (STScI/AURA, Acknowledgment: T. Do, A.Ghez (UCLA), V. Bajaj (STScI)

1-2 © NASA; ESA; G. Illingworth, D. Magee, and P. Oesch, University of California, Santa Cruz; R. Bouwens, Leiden University; and the HUDF09 Team

1-3 © Jeffrey Newman (Univ. of California at Berkeley) and NASA/ESA

1-4 © NASA

1-8 © A. Bolton (UH/IfA) for SLACS and NASA/ESA

1-9 © ESA and the Planck Collaboration

1-10 © Springel et al. (2005)

2강 물질의 기원

2-2 © NASA, ESA, H.Teplitz and M.Rafelski (IPAC/Caltech), A. Koekemoer (STScI), R. Windhorst(ASU), Z. Levay (STScI)

2-5 source: AAAS

3강 지구의 기원

3-1 © 최덕근

3-2 © Colin T. Scrutton(1963)

3-3 © shutterstock

3-4 © NASA/JHUAPL/SwRI

3-5 © NASA/JPL-Caltech

3-6 © 최덕근

3-8 © 최덕근

3-9 © shutterstock

4강 생명의 기원

4-1 © shutterstock

4-2 © Andree Valley

4-3 © Cambridge University Library

4-4 © Cambridge University Library

4-5 © The Darwin Archive

4-6 ⊚① cristie

4-7 © Leonard Eisenberg, 2008

5강 암의 기원

5-2 ⊚① New York Academy of Medicine

5-3 © *Nature*

5-4 ⊚① U.S. National Library of Medicine

5-5 ⊚① Mara Kardas-Nelson

6강 현생인류와 한민족의 기원

6-4 source: Jana Brenning

6-5 © shutterstock

6-8 © Garland Science, 2012

7강 종교와 예술의 기원

7-1 ⓒⓘ Bill Spencer

7-2 ⓒⓘ Anthropos museum, Brno

7-3 ⓒⓘ Ramessos

7-4 © Marc Chagall / ADAGP, Paris - SACK, Seoul, 2016

7-5 ⓒⓘ José-Manuel Benito Álvarez

7-6 © shutterstock

7-7 © 배철현

7-9 ⓒⓘ Juan Jose Mazzoleni

8강 문명과 수학의 기원

8-1 ⓒⓘ Aiwok

8-2 ⓒⓘ Sciecne Museum of Brussels

8-4 © shutterstock

8-5 © shutterstock

8-8 © shutterstock

8-9 © shutterstock

9강 과학과 기술의 기원

9-1 ⓒⓘ George Behler

9-2 ⓒⓘ Jacques Bordaz

9-3 ⓒⓘ Jégues-Wolkiewiez, 2005

9-4 © shutterstock

9-5 ⓒⓘ MD Lozar

10강 한국 과학기술의 기원

10-2 © 박성래

10-3 © 박성래

10-4 © 박성래

10-6 © 규장각한국학연구원

10-7 © 神戸市立博物館

10-8 © 한국과학기술연구원

10-9 ⓒⓘ Babi Hijau

10-10 ⓒⓘ WIKIPEDIA

찾아보기

ㅈ

ㅊ

렉처 사이언스 KAOS 01

기원 the Origin

기획 | 재단법인 카오스
지은이 | 김희준 박성래 박형주 배철현 우종학 이현숙 이홍규 최덕근 최재천 홍성욱

1판 1쇄 발행일 2016년 5월 16일
1판 2쇄 발행일 2016년 8월 26일

발행인 | 김학원
경영인 | 이상용
편집주간 | 김민기 위원석 황서현
기획 | 문성환 박상경 임은선 김보희 최윤영 조은화 전두현 최인영 이혜인 이보람
디자인 | 김태형 유주현 최우영 구현석 박인규
마케팅 | 이한주 김창규 이정인 함근아
저자·독자서비스 | 조다영 윤경희 이현주(humanist@humanistbooks.com)
스캔·출력 | 이희수 com.
용지 | 화인페이퍼
인쇄 | 삼조인쇄
제본 | 정성문화사

발행처 | (주) 휴머니스트 출판그룹
출판등록 | 제313-2007-000007호(2007년 1월 5일)
주소 | (03991) 서울시 마포구 동교로 23길 76(연남동)
전화 | 02-335-4422 팩스 | 02-334-3427
홈페이지 | www.humanistbooks.com

ⓒ 김희준 외, 2016

ISBN 978-89-5862-373-1 04400
ISBN 978-89-5862-372-4 (세트)

* 이 도서의 국립중앙도서관 출판시도서목록(CIP)은 서지정보유통지원시스템 홈페이지(http://seoji.nl.go.kr)와
국가자료공동목록시스템(http://www.nl.go.kr/kolisnet)에서 이용하실 수 있습니다.(CIP제어번호: 2016011652)

만든 사람들

편집주간 | 황서현 기획 | 임은선(yes2001@humanistbook.com), 조은화
편집 | 정일웅 디자인 | 민진기디자인
사진 제공 | 재단법인 카오스

이 도서의 국립중앙도서관 출판예정도서목록(CIP)은 서지정보유통지원시스템 홈페이지
(http://seoji.nl.go.kr)와 국가자료공동목록시스템(http://www.nl.go.kr/kolisnet)
에서 이용하실 수 있습니다.
CIP제어번호: CIP2015029214(양장), CIP2015029215(반양장)

창조산업

이 론 과 실 무

로저먼드 데이비스 · 고티 시그트호슨 지음
박동철 옮김

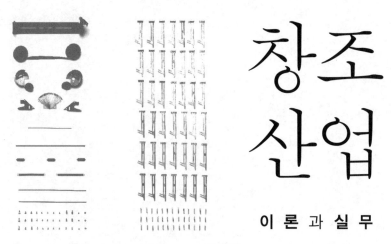

창조
산업
이 론 과 실 무

Introducing the
Creative Industries

박동철 옮김 로저먼드 데이비스 · 고티 시그트호슨 지음

한울
아카데미

차 례

제1부

창조산업에서 일하기